METHODIX
analyse

300 méthodes
250 exercices corrigés

Xavier MERLIN
Ancien élève du lycée Louis-Le-Grand
Elève à l'Ecole Polytechnique

ellipses

EDITION MARKETING
EDITEUR DES PREPARATIONS
GRANDES ECOLES MEDECINE
32, rue Bargue 75015 PARIS

ISBN 2-7298-4336-1

Avant-propos

> « *Il nous semble indispensable de rappeler aux candidats qu'une réflexion attentive sur les* ***méthodes*** *utilisées dans* ***quelques exercices bien choisis*** *est plus instructive que le bachotage d'une quantité phénoménale d'exercices appris par cœur. L'examinateur attend des élèves qu'ils fassent preuve de* ***méthode.*** »
>
> Extrait du rapport de concours 1991 de l'Ecole Polytechnique.

C'est fort de ces recommandations et de mon expérience personnelle de préparationnaire que j'ai décidé d'écrire cet ouvrage.

Tant par son contenu que par sa présentation, il change radicalement des ouvrages de cours magistraux ou des compilations interminables d'exercices dont disposaient jusqu'alors les élèves de classes préparatoires, scientifiques ou commerciales, et les étudiants du premier cycle.

Il se veut résolument efficace, donc nécessairement concis mais complet. Chaque chapitre se compose de trois rubriques :

LES METHODES :

Les éléments du cours d'analyse ne sont pas présentés de façon linéaire, mais sous forme d'une liste de méthodes regroupées autour d'un thème, véritable grille de résolution d'exercices d'oral ou de problèmes d'écrit. Au total, près de 300 méthodes pour venir à bout de l'analyse...

ASTUCES, ERREURS ET RAPPORTS DE CONCOURS :

Parce qu'il s'en faut de peu pour démarrer certains exercices, connaître les astuces clés de l'analyse est un impératif.
Parce qu'une erreur classique n'en reste pas moins grave, être averti des gaffes à éviter constitue un atout supplémentaire.
Parce qu'enfin il faut bien savoir à quelle sauce on va être mangé, les commentaires sarcastiques et incisifs des examinateurs et correcteurs de concours est une information capitale.

EXERCICES :

250 extraits de planches d'oral ou de problèmes de concours ont été choisis pour faire un tour complet de l'analyse au programme. Leur corrigé méthodique et détaillé montre que la résolution d'un exercice doit procéder d'une démarche naturelle, où le hasard n'a pas de place.

Le caractère trop systématique de cette présentation des choses choquera sans doute quelques puristes, qui y verront un bachotage extrême et des mathématiques dénaturées.
A ceux-là je répondrai par avance que les classes préparatoires comme l'université sont des lieux où l'on cherche à réussir ses examens ou ses concours et à intégrer, en visant une efficacité maximale. Celle-ci passe forcément, à mon sens, par une schématisation des maths qui leur ôte momentanément leur charme.

Je terminerai en remerciant ceux de mes amis qui m'ont soutenu dans ce projet passionnant, tout particulièrement Antoine Ducros, qui a entre autres accepté de relire le manuscrit.

L'auteur.

Liste des principales abréviations utilisées

ACV	(série ou intégrale) absolument convergente
CL	(théorème de) Cauchy-Lipschitz
CV	(suite ou série) convergente
CVN	(série de fonctions) normalement convergente
CVU	(suite ou série de fonctions) uniformément convergente
DAS	développement asymptotique (d'une suite, d'une fonction)
DL	développement limité
DSE	(fonction) développable en série entière
DSF	(fonction) développable en série de Fourier
DV	(suite, série ou intégrale) divergente
ED	équation différentielle
EDH	équation différentielle homogène
EDP	équation aux dérivées partielles
IPP	intégration par parties
SCV	(série ou intégrale) semi-convergente
SSI	si et seulement si
TAF	théorème des accroissements finis
TDV	(série ou intégrale) trivialement divergente
TG	terme général (d'une intégrale ou d'une série)
TL	(formule de) Taylor Lagrange
TRI	(formule de) Taylor avec reste intégral
TY	(formule de) Taylor Young
TVI	théorème des valeurs intermédiaires
$\approx$	(suite, série, intégrale ou fonction) équivalent(e) à

Première partie

GENERALITES

Chapitre 1
METHODES DE RAISONNEMENT

Le but de ce court chapitre est de faire un rappel des principales méthodes de raisonnement et le cas échéant des fautes commises. Nous espérons toutefois que l'ensemble des résultats regroupés ici ne sera pas une découverte pour le lecteur.

On trouvera des exemples de tels raisonnements tout au long du livre.

METHODE 1 : Le raisonnement par récurrence

Il y a deux types de récurrences :

- ⇨ La récurrence faible : $\exists N$ tel que $\forall n \geq N \ \mathcal{P}(n) \Rightarrow \mathcal{P}(n+1)$.
- ⇨ La récurrence forte : $\exists N$ tel que $\forall n \geq N \ \left(\forall k \leq n \ \mathcal{P}(k)\right) \Rightarrow \mathcal{P}(n+1)$.

Les erreurs classiques d'un raisonnement par récurrence sont :

- ⇨ Oublier de vérifier que $\mathcal{P}(n)$ est vraie pour de petites valeurs de n.
- ⇨ Se servir de $\mathcal{P}(n+1)$ pour démontrer ... $\mathcal{P}(n+1)$!

Il ne faut pas mépriser les petites valeurs de n sous prétexte que la vérification de $\mathcal{P}(n)$ est alors triviale. D'une part celle-ci peut être délicate. D'autre part la logique du raisonnement est alors faussée. Enfin, **les problèmes qui se posent pour les petites valeurs de n sont les mêmes que pour les grandes valeurs**, sauf que les calculs sont plus simples !

CAS D'UTILISATION DES RECURRENCES :

Suites et séries : monotonie, encadrements, etc.

Fonctions : montrer des propriétés sur les dérivées successives (fonction C^∞...)

Intégration : formules de récurrence par intégration par parties.

Polynômes : récurrences sur le degré ; passage de n à n+1 par intégration...

Ensembles : récurrence sur le cardinal.

Groupes : idem ; utilisation des quotients pour appliquer l'hypothèse de récurrence.

Espaces vectoriels et matrices : récurrence sur la dimension ; utilisation des supplémentaires et des propriétés de stabilité.

INDICATION :

Dès qu'on vous demande de démontrer une propriété « **pour tout entier n** », vous pouvez essayer d'appliquer une récurrence !

METHODE 2 : Raisonnement par l'absurde et contraposition

Il faut faire la différence du point de vue logique entre ces deux raisonnements.
Soit à prouver que : A $\Rightarrow$ B.

Par l'absurde : supposer **A et non B**. Chercher à aboutir à une contradiction.

Par contraposition : prouver que **non B** $\Rightarrow$ **non A**.

EXEMPLES TYPIQUES D'APPLICATION :

Prouver qu'un réel est nul : supposer qu'il ne l'est pas.

Prouver qu'il existe un réel tel que : supposer qu'il n'en existe pas.

METHODE 3 : Raisonnement par équivalences : C.N.S.

❑ Lorsqu'on veut prouver que deux propositions sont équivalentes, il est généralement dangereux de prouver directement cette équivalence.

❑ Mieux vaut prouver séparément les deux implications, d'autant que généralement l'une des deux est très simple.

❑ Lorsqu'on demande de trouver une (ou des) condition(s) nécessaire(s) et suffisante(s) (CNS), commencez par raisonner par implications, en regardant ce qu'entraînent vos hypothèses. Essayez ensuite de remonter.

❑ Une situation trompeuse est généralement mal interprétée par les candidats :

« Prouver que les éléments de E sont **exactement les** fonctions telles que... »

Il y a bel et bien deux choses à démontrer, à savoir une double inclusion :

- les éléments de E sont des fonctions telles que...
- les fonctions telles que sont effectivement des éléments de E.

❑ **Preuve cyclique** : supposons que l'on vous demande d'établir l'équivalence :

$$(i) \Leftrightarrow (ii) \Leftrightarrow (iii) \Leftrightarrow (iv)$$

Il est hors de question de démontrer toutes les équivalences ! La bonne méthode est de partir d'un bout, et d'essayer d'y revenir en passant par toutes les propositions.
Ainsi, il est (nécessaire et) suffisant de montrer que par exemple :

$$(ii) \Rightarrow (i) \Rightarrow (iv) \Rightarrow (iii) \Rightarrow (ii)$$

FAUTE DE LANGAGE TRES MAL PRISE PAR LES EXAMINATEURS ET CORRECTEURS :

Lorsqu'au cours d'un exposé oral, vous dites :

« il **faut** montrer que »

assurez-vous que vous ne voulez pas plutôt dire :

« il **suffit** de montrer que »

En français, on ne fait pas toujours la différence. Elle existe pourtant en maths.

METHODE 4 : Preuve d'existence et d'unicité

❑ Il y a deux règles d'or si vous voulez parvenir au but sans encombres :

1 : Séparer la preuve de l'existence de celle de l'unicité.

2 : Commencer par prouver l'unicité
(c'est souvent plus simple et ça peut donner une idée pour l'existence).

❑ **PREUVES D'UNICITE** :

Preuve directe :

➩ Certains théorèmes assurent de l'unicité d'un élément (cf. fonctions implicites).

➩ Des arguments de monotonie stricte, d'injectivité peuvent permettre de conclure.

➩ L'élément est peut-être défini par un système à solution unique (cf. Cramer).

Preuve indirecte :

➩ En raisonnant par l'absurde, on suppose qu'il y a deux éléments **distincts** satisfaisant aux conditions. On cherche alors une contradiction.

❑ **PREUVES D'EXISTENCE :**

Preuve déductive :

➩ Par application d'un théorème qui assure de l'existence d'un objet (cf. accroissements finis, formule de la moyenne, définition de la valeur d'adhérence, etc.)

Ces théorèmes assurent que l'élément existe, mais ne donnent pas de renseignement précis sur sa valeur (tout au plus des encadrements).

➩ Par étude des solutions du système que x doit satisfaire (déterminant ?...)

Preuve constructive :

Il s'agit au contraire d'expliciter complètement un élément satisfaisant aux conditions requises. A ce propos, la vérification de l'unicité peut vous donner une idée de la forme que doit avoir l'élément que vous cherchez.

Ce genre de preuve est parfois délicat, car l'objet à construire peut être la limite d'une suite..., donc nécessiter beaucoup de travail.

REMARQUE :

Dans certains cas, l'unicité peut impliquer l'existence. Par exemple, le fait que dans un espace vectoriel de dimension finie, il y ait équivalence entre surjectivité et injectivité a cette conséquence...

Lu dans les rapports de l'X

❑ « Un « détail » : le raisonnement par récurrence ne se réduit pas à la locution *et ainsi de suite*... Il faut préciser sur quel indice porte la récurrence, détailler l'hypothèse de récurrence, savoir si le passage de n à n+1 vaut dès zéro ou non. » (X 89)

❑ « Un effort de raisonnement par analyse-synthèse (c'est-à-dire par conditions nécessaires et suffisantes) — démarche qui semble tout à fait ignorée — serait des plus profitables aux futurs candidats. » (X 89)

❑ « L'idée d'utiliser les symétries d'un problème est assez peu répandue. » (X 86)

❑ « Perdre son temps à chercher une astuce, qui souvent n'existe pas, n'est pas une bonne méthode ! » (X 86)

❑ « Celui qui semble capable de démontrer une proposition et son contraire sera sanctionné. » (X 89)

Chapitre 2
METHODES DE TOPOLOGIE

Ce chapitre a pour but de faire le point sur l'ensemble des résultats topologiques simples dont on a besoin pour faire les exercices et problèmes de concours (c'est une démarche très pragmatique), en donnant toutes les méthodes associées.

On n'a pas jugé utile d'ajouter des exercices à ce chapitre pour une raison assez simple : la topologie intervient dans tous les chapitres d'analyse suivants, et on se sert constamment des résultats rappelés ici.

Enfin, on a séparé les propriétés en deux types :

- ❑ Celles qui relèvent de la topologie générale.
- ❑ Celles qui sont liées à l'existence d'une métrique (d'une distance) sur E.

Il va sans dire que les propriétés métriques sont beaucoup plus maniables, puisqu'elles ressemblent fort aux propriétés de **R**.

I. Ouverts

TOPOLOGIE GENERALE :

(Les ouverts sont définis lorsqu'on se donne une topologie sur E).

❑ Une partie est ouverte **ssi** elle est voisinage de chacun de ses points.

❑ Une réunion quelconque d'ouverts est un ouvert.

❑ Une **intersection finie** d'ouverts est un ouvert.

❑ L'image **réciproque** $f^{-1}(O)$d'un ouvert par une application continue est ouverte.

TOPOLOGIE METRIQUE :

❑ Une partie O est ouverte ssi $\forall x \in O$, O contient une boule ouverte $B(x,r)$.

❑ Toute réunion de boules ouvertes est un ouvert.

II. Fermés

TOPOLOGIE GENERALE :

❑ Une partie est fermée **si et seulement si** son complémentaire est un ouvert.

❑ Une intersection quelconque de fermés est fermée.

❑ Une **réunion finie** de fermés est un fermé.

❑ L'image **réciproque** $f^{-1}(F)$d'un fermé par une application continue est fermée.

TOPOLOGIE METRIQUE :

❑ Critère séquentiel de caractérisation des fermés :
Une partie F de E est fermée ssi toute suite (x_n)d'éléments de F convergeant **dans E** converge **dans F**.

III. Densité

TOPOLOGIE GENERALE :

❑ Une partie X est dense dans E **si et seulement si** son adhérence $\overline{X}$ est égale à E.

❑ Une partie X est dense dans E **ssi** tout ouvert non vide de E rencontre X.

TOPOLOGIE METRIQUE :

❑ Une partie X est dense dans E ssi tout y de E est limite d'une suite (x_n)de pts de X.

IV. Complétude

TOPOLOGIE GENERALE :

❑ La notion de complétude est liée à l'existence d'une distance sur E, donc ne relève pas de la topologie générale (ie la donnée des ouverts).

TOPOLOGIE METRIQUE :

❑ Un espace métrique E est complet ssi toute suite de Cauchy de E converge **dans E**.

❑ Toute partie fermée d'un espace complet est elle-même complète.

❑ Toute partie complète d'un espace E quelconque est fermée dans E.

❑ Dans un espace complet, on a le **théorème du point fixe**, c'est-à-dire qu'une application k lipschitzienne avec $0<k<1$, admet un unique point fixe.

V. Compacité

TOPOLOGIE GENERALE :

❑ E est compact ssi E est séparé et de tout recouvrement de E par des ouverts on peut extraire un recouvrement fini.

❑ Toute partie fermée d'un espace compact est compacte.

❑ Toute partie compacte est fermée.

❑ Toute suite d'un compact admet une valeur d'adhérence.

TOPOLOGIE METRIQUE :

❑ Tout espace métrique compact est complet.

❑ Une partie F est compacte ssi toute suite de F admet une valeur d'adhérence.

❑ Dans $\mathbf{R}^n$, dans $\mathbf{C}^n$ et les espaces vectoriels normés (seulement !) :
Une partie est compacte si et seulement si elle est fermée et bornée.

VI. Connexité

TOPOLOGIE GENERALE :

❑ E est connexe si et seulement si les seules parties ouvertes et fermées de E sont E lui-même et la partie vide.

❑ E est connexe ssi il n'existe pas de partition de E en 2 ouverts disjoints non triviaux.

❑ E est connexe ssi il n'existe pas de partition de E en 2 fermés disjoints non triviaux.

❑ Une partie connexe par arcs est connexe, la réciproque est fausse.

❑ Les parties connexes de **R** sont les intervalles de **R**.

VII. Propriétés des fonctions continues

On rappelle ici le comportement des fonctions continues vis-à-vis de ces structures topologiques.

OUVERTS :

❑ L'image **réciproque** $f^{-1}(O)$ d'un ouvert par une application continue est ouverte.

FERMES :

❑ L'image **réciproque** $f^{-1}(F)$ d'un fermé par une application continue est fermée.

COMPACTS :

❑ L'image continue d'un compact est compacte.

❑ Une fonction continue sur un compact y est uniformément continue.

❑ Une fonction continue sur un compact à valeurs dans **R** est bornée et atteint ses bornes.

CONNEXES :

❑ L'image continue d'un connexe est connexe.

Erreurs

Il serait trop long d'énumérer les erreurs entendues en topologie, toutes plus énormes les unes que les autres.

Testez-vous en déterminant pourquoi les propositions suivantes sont **FAUSSES** :

❑ L'image d'un ouvert par une application continue est ouverte.

❑ L'image d'un fermé par une application continue est fermée.

❑ Une partie qui n'est pas ouverte est fermée.

❑ Une partie est compacte si et seulement si elle est fermée et bornée.

❑ Une partie con**n**exe est con**v**exe.

❑ Une partie F est fermée ssi toute suite de points de F converge dans F.

❑ Une partie connexe est connexe par arcs.

❑ **R** est compact.

❑ $\mathbf{R}^*$ est connexe.

Lu dans les rapports de l'X

❑ « Le théorème de Dini est considéré (par les candidats) comme faisant partie du programme, alors que son utilité au niveau du programme n'est pas évidente et qu'une demande de démonstration se solde souvent par un échec. » (X 89)

❑ « Le fait que la topologie soit un peu moins à la mode ne saurait justifier l'ignorance des propriétés élémentaires des fonctions continues sur un compact, ou des arguments classiques de compacité. » (X 87)

❑ « Un sous espace non fermé n'est pas forcément un ouvert ! » (X 87)

❑ « (On relève) des insuffisances en topologie concernant les voisinages d'un point, les ouverts, les fermés, la compacité et la manipulation des suites extraites, la propriété de Borel Lebesgue et la connexité. » (X 91)

❑ « Par ailleurs, un fermé de **R** devient un intervalle auquel on consent à ajouter quelques points isolés, ce qui est tout de même un peu restrictif ! » (X 91)

Chapitre 3
METHODES TOPOLOGIQUES DANS LES ESPACES VECTORIELS NORMES

On se place dans un espace vectoriel sur **R** ou **C**, normé par $\|\,.\,\|$

REMARQUE PRELIMINAIRE :

Il est recommandé de faire particulièrement attention au fait que certaines des méthodes proposées ici ne sont valables qu'en **dimension finie**. Par souci de clarté, on a repris l'ensemble des propriétés de la dimension finie au IV.

I. Norme sur un e.v.n

METHODE 1 : Comment prouver qu'une application N est une norme

❑ Il s'agit en fait de vérifier les trois points de la définition :

(i) N est à valeurs dans $\mathbf{R}^+$ et : $N(x)=0$ ssi $x=0$
(ii) pour tout scalaire λ et tout vecteur x de E : $N(\lambda x)=|\lambda|.N(x)$
(iii) N vérifie l'inégalité triangulaire : $N(x+y)\le N(x)+N(y)$

❑ Dans certains cas (par exemple des normes sur des espaces fonctionnels) il peut être plus simple et plus rapide de vérifier que N est la forme quadratique polaire d'une forme bilinéaire symétrique définie positive, c'est-à-dire **dérive d'un produit scalaire**.
La forme f s'obtient à partir de N par :

$$f(x,y)=\frac{1}{4}[N(x+y)-N(x-y)]$$

Encore une fois, toutes les normes ne dérivent pas d'un produit scalaire.

METHODE 2 : Comment prouver que deux normes sont équivalentes

❑ Ou bien on revient à la définition en cherchant des constantes α et $\beta > 0$ telles que :

$$\forall x \in E,\quad \alpha N_1(x)\le N_2(x)\le \beta N_1(x)$$

❑ Ou bien on est en **dim<+∞ :** alors toutes les normes sont équivalentes ; donc il n'y a rien à faire...

METHODE 3 : Comment prouver que deux normes ne sont pas équivalentes

Lorsqu'on est en dimension **infinie** (sinon il n'y aucun espoir de prouver un tel résultat), il n'y a pas d'autre méthode que de raisonner par l'absurde en supposant qu'il existe des constantes α et $\beta > 0$ telles que :

$$\forall x \in E, \quad \alpha N_1(x) \leq N_2(x) \leq \beta N_1(x)$$

et de construire alors **explicitement** des éléments x de E tels que $N_1(x)$ soit grand alors que $N_2(x)$ est petit, ou le contraire. On peut par exemple construire des suites d'éléments de E...

II. Applications linéaires continues de E sur F

Soit E et F deux e.v.n quelconques et soit u une application **linéaire** de E dans F.

Rappelons tout d'abord les **équivalences** suivantes entre :

(i) u est lipschitzienne.
(ii) u est uniformément continue
(iii) u est continue
(iv) u est continue en zéro.
(v) u est bornée sur la sphère unité
(vi) il existe une constante $M > 0$ telle que : $\forall x \in E, \ \| u(x) \| \leq M. \| x \|$.

Ces propriétés sont classées par ordre décroissant de « force », c'est-à-dire que dans le cas général d'une application non linéaire, on a toujours **l'implication** :

$$(i) \Rightarrow (ii) \Rightarrow (iii) \Rightarrow (iv) \Rightarrow (v) \Rightarrow (vi).$$

Il est donc de moins en moins pénible de vérifier les propriétés quand on parcourt la liste vers le bas ! On en déduit la méthode économique suivante :

METHODE 4 : Comment montrer que u est continue

La méthode universelle qu'il faut systématiquement employer consiste à trouver une constante $M > 0$ telle que :

$$\forall x \in E, \ \| u(x) \| \leq M. \| x \|.$$

Ce qui est généralement simple et rapide.

METHODE 4(bis) : Comment montrer que u est continue en dim<+∞

En dimension finie, c'est encore plus vite fait : **toutes** les applications linéaires sont continues.
(Ce théorème vient simplement du fait qu'une fois une base e choisie, on peut prendre : $M = \sup_{i \leq n} \| u(e_i) \|$).

METHODE 5 : Comment montrer que u n'est pas continue

Le plus généralement, on essaye de nier la propriété (iv) en construisant explicitement une suite de points (x_n) tendant vers 0 sans que la suite $(u(x_n))$ tende vers 0.

REMARQUE :

Les espaces E et F pouvant être distincts, il faut toujours veiller à la norme qu'on doit utiliser pour la convergence vers 0 dans la méthode précédente — celle de E pour (x_n)*, celle de F pour* $(u(x_n))$.

Exemple : montrer qu'une forme linéaire positive Φ *sur* $C^0([0,1])$ *(normé par* $\| f \| = \sup_{[0,1]} | f(t) |$*) est continue.*

Rappelons tout d'abord que Φ positive $\Leftrightarrow \forall f$ continue positive , $\Phi(f) \geq 0$.
De la définition de la norme de f on déduit immédiatement : $-\| f \| \leq f \leq \| f \|$
Ce qui, par linéarité et positivité de Φ se traduit par :

$$-\Phi(\| f \|) \leq \Phi(f) \leq \Phi(\| f \|)$$

qui donne :

$$| \Phi(f) | \leq \| f \|.\Phi(1)$$

majoration voulue pour la méthode **5**.

III. Normes sur L' (E)

L'espace vectoriel des applications linéaires continues de E dans E, L' (E) peut être normé de deux façons distinctes :

- ⇨ Ou bien par une norme intrinsèque,
- ⇨ Ou bien par une norme dite subordonnée à la norme de E en posant :

$$\| u \|_{L'(E)} = \sup_{x \neq 0} \frac{\| u(x) \|}{\| x \|} = \sup_{\|x\|=1} \| u(x) \| = \sup_{\|x\| \leq 1} \| u(x) \|.$$

Une telle norme est alors **caractérisée** par le fait que :

$$\| u \| = \inf\{M > 0 \ / \ \forall x \in E, \ \| u(x) \| \leq M. \| x \|\}.$$

(L'inf existe car l'ensemble est non vide, par la propriété (vi) de II.)

L'avantage de ce second type de norme tient au fait que l'on dispose des inégalités suivantes :

$$\| u(x) \| \leq \| u \| . \| x \|$$
$$\| u \circ v \| \leq \| u \| . \| v \|$$

qui sont extrêmement intéressantes pour mener des calculs. Aussi, dès qu'on le pourra, on s'arrangera pour choisir une norme subordonnée.

REMARQUE :

Toutes les normes sur L'(E) ne sont pas subordonnées. En particulier, une norme subordonnée doit vérifier $\| \mathrm{Id} \| = 1$, *et il est clair que la norme sur* $\mathcal{M}_n$ *donnée par :*

$$\| A \| = \sum_{i,j} |a_{ij}|$$

ne vérifie pas cette relation (la norme de Id vaut n).

Supposons qu'on ait pris pour $\| . \|$ une norme subordonnée.

METHODE 6 : Comment calculer la norme de u

Il y a essentiellement une façon de procéder, en deux temps :

❑ A l'aide de majorations aussi fines que possible, déterminer la constante M la plus petite possible telle que :

$$\forall x \in E, \ \| u(x) \| \leq M. \| x \|$$

D'après la caractérisation rappelée plus haut, on en déduit alors que : $\boxed{\| u \| \leq M}$

❑ Puis on construit explicitement un vecteur de E tel que $\| u(x) \| = M. \| x \|$ (ou, ce qui revient au même, un vecteur de norme 1 tel que : $\| u(x) \| = M$). Ce vecteur peut être un vecteur propre, une limite de suite de vecteurs de E,.... On a alors : $\boxed{\| u \| \geq M}$.

❑ On en déduit que $\| u \| = M$.

Exemple : calculer la norme de l'application Φ *définie au II.*

D'après la dernière inégalité

$$|\Phi(f)| \leq \| f \| . \Phi(1)$$

établie précédemment, on a :

$$\| \Phi \| \leq \Phi(1)$$

Or cette inégalité est clairement une égalité pour la fonction constante égale à 1, qui est bien continue et de norme 1 (son sup vaut 1). Donc la norme est : $\| \Phi \| = \Phi(1)$.

IV. Propriétés topologiques des e.v.n (dim. finie)

A un isomorphisme près, tous les espaces vectoriels normés de dimension finie sont « égaux » à $\mathbf{R}^n$ (ou $\mathbf{C}^n$), dont les propriétés topologiques sont les mêmes que celles de $\mathbf{R}$, qu'on connaît bien (normalement !).

Donc un raisonnement de topologie dans un evn de dimension finie ne doit pas vous poser de problème : raisonnez dans $\mathbf{R}$, et transposez dans $\mathbf{R}^n$ (sous réserve de ne pas utiliser d'inégalités car il n'y a pas d'ordre total lié à la topologie dans $\mathbf{R}^n$) : tout raisonnement sur une boule, un fermé borné... passera bien dans $\mathbf{R}^n$.

Dans un autre ordre d'idées, on se rappellera aussi qu'un evn est un **espace métrique** particulier.
Donc toutes les caractérisations séquentielles des structures topologiques (fermé, compact par les limites de suites) sont à utiliser de préférence aux définitions générales de ces structures.

Voici donc la liste des éléments usuels en topologie des **evn de dim<+∞** :

NORMES : Toutes les normes sont équivalentes.

APPLICATIONS LINEAIRES : Toutes les applications linéaires sont continues.

FERMES : Un sous espace F de dim<+∞ d'un espace *quelconque* E est fermé.

COMPLETUDE : Tout evn de dim<+∞ est complet.

COMPACTS : Les parties compactes d'un evn de dim<+∞ sont les fermés bornés.

SUITES : (i) Toute suite bornée possède une valeur d'adhérence.
(ii) Une suite converge ssi elle n'a qu'une valeur d'adhérence.

REMARQUE :

Pour les personnes savantes, le théorème de Riesz assure qu'un evn est de dimension finie si et seulement si la boule unité fermée est compacte. Ceci peut aider à comprendre les raisons profondes des propriétés ci-dessus.

Exemple : soit F un ssevn de dim<+∞ d'un ev E. Montrer que $\forall x \in E,\ d(x,F)$ *est atteinte.*

Rappelons que : $r = d(x,F) = \inf\{\| x - y \|, y \in F\}$ (« distance de x à F »).
Si x est dans F, la distance est nulle et évidemment atteinte en x. Soit $x \in E \setminus F$ (r>0).
Par définition de l'inf (cf. chapitre 4, § I) :

$$\forall \varepsilon > 0\ \exists y \in F /\quad r \leq \| x - y \| \leq r + \varepsilon \qquad (*)$$

En prenant $\varepsilon = \frac{1}{n}$ on construit une suite (y_n), qui est bornée car par inégalité triangulaire :

$$\| y_n \| \leq r + \| x \| + 1.$$

De cette suite bornée on extrait une suite convergeant vers un point y, et par passage à la limite dans (*) il vient :

$$d(x,F) = \| x - y \|.$$

Erreurs

❑ La plus classique des erreurs consiste à appliquer les propriétés relatives à la dimension finie à d'autres situations (espaces fonctionnels en particulier...).

❑ Beaucoup d'erreurs viennent d'une imprécision de langage : une application n'est pas continue, elle est continue **pour une norme** donnée. La précision n'est pas superflue en dimension infinie !

❑ Pour vérifier qu'une application est une norme, il ne suffit pas de vérifier l'inégalité triangulaire (cf. méthode **1**). Beaucoup oublient de voir si elle est bien à valeurs positives, ce qui n'est pas toujours immédiat.

❑ L'application norme n'est pas linéaire !!!

❑ Toutefois, cette même application norme est continue « pour elle même », c'est-à-dire au sens de la topologie qu'elle définit.

❑ Une norme quelconque sur L'(E) ne vérifie pas forcément : $\| u o v \| \leq \| u \| . \| v \|$.

Astuces

❑ Dès qu'on a affaire à une suite d'un evn de dimension finie, la première chose à faire est de regarder si elle est bornée. Alors on peut travailler sur une sous-suite convergente.

Lu dans les rapports de l'X

❑ « Pour beaucoup, une norme ne peut être que préhilbertienne (c'est-à-dire issue d'un produit scalaire). » (X89)

❑ « La topologie est considérée comme un domaine fermé alors que dans l'esprit du programme il s'agit d'appliquer des résultats élémentaires à des situations concrètes pour voir comment les structures topologiques et algébriques interfèrent. » (X89)

Exercices

1. Soit f et g deux endomorphismes d'un evn tels que : $fg - gf = \mathrm{Id}$.

a) Calculer pour n entier : $fg^n - gf^n$.

b) Montrer que f et g ne sont pas simultanément continus.

2. On définit sur $\mathbf{R}[X]$ le produit scalaire : $\langle P, Q\rangle = \int_0^1 P(t)Q(t)dt$ et on note $\| P \|$ la norme associée.

a) Etudier la continuité de l'application : $P \longrightarrow P(0)$ de $\mathbf{R}[X]$ dans $\mathbf{R}$.

b) En déduire qu'il n'existe pas de polynôme Q tel que pour tout P dans $\mathbf{R}[X]$:

$$P(0) = \langle P, Q\rangle$$

3. Soit $P(X) = \sum_{k=0}^{n} a_k X^k$ un élément quelconque de $\mathbf{R}[X]$. On définit deux normes sur cet espace vectoriel : $N_1(P) = \sup_k |a_k|$ et $N_2(P) = \sup_{[0,1]} |P(t)|$.

Montrer que ces deux normes ne sont pas équivalentes.

4. On définit sur $E = \mathbf{R}[X]$ l'application $\| P \| = \sum_{n=0}^{+\infty} \left| \frac{P^n(0)}{n!} \right|$, et deux applications linéaires de E dans E et de E dans $\mathbf{R}$ par :

$$u(P) = P^n(0) \quad \text{et} \quad v(P) = P'$$

a) Montrer qu'on a bien défini une norme.

b) Montrer que u est continue et calculer sa norme. Que dire de v ?

5. On munit l'espace vectoriel réel E des suites réelles tendant vers 0 de la norme $\| u \| = \sup_n |u_n|$. On définit alors une application f de E dans $\mathbf{R}$ par :

$$f(u) = \sum_{n=0}^{+\infty} \frac{u_n}{2^{n+1}}$$

Montrer que f est linéaire et continue. Montrer que f est de norme 1 et que f n'atteint pas sa norme sur la sphère unité.

6. Soit $\sum a_n$ une série convergente de terme général strictement positif et soit (t_n) une suite d'éléments de $[0,1]$. Soit E l'espace des fonctions continues sur $[0,1]$. On pose, pour tout f élément de E :

$$N(f) = \sum_{n=0}^{+\infty} a_n . |f(t_n)|$$

A quelle condition sur la suite (t_n) définit-on ainsi une norme sur E ?

Corrigés

1. a) Par multiplication à gauche puis à droite de l'égalité donnée par g on a :

$$gfg - g^2f = g$$
$$fg^2 - gfg = g$$

qui donnent par addition :

$$fg^2 - g^2f = 2g.$$

On va évidemment procéder par récurrence. On suppose que : $fg^n - gf^n = ng^{n-1}$. En multipliant à droite par g il vient :

$$fg^{n+1} - gf^n g = ng^n.$$

En multipliant l'égalité de départ à gauche par g^n il vient :

$$g^n fg - g^{n+1}f = g^n$$

Et par addition on obtient la formule voulue au rang suivant.

b) Si les deux endomorphismes étaient continus, on pourrait, une norme étant définie sur E, calculer leur norme **subordonnée**. D'après la propriété fondamentale de cette norme rappelée au **III**, on aurait alors :

$$n\| g^{n-1} \| \leq 2\| f \|.\| g \|.\| g^{n-1} \| \qquad (*)$$

Si $\| g^{n-1} \|=0$, alors $g^{n-1}=0$ puisque c'est une norme, et comme on a :

$$fg^{n-1} - g^{n-1}f = (n-1)g^{n-2}$$

on en déduit que $g^{n-2} = 0$, puis par récurrence descendante que g=0, ce qui est impossible vu que $fg - gf = \mathrm{Id}$.

Donc $\| g^{n-1} \|>0$, et en divisant (*) par $\| g^{n-1} \|$ il vient pour tout n :

$$n \leq 2\| f \|.\| g \|.$$

Ce qui aurait du mal à être vrai ! Donc f et g ne sont pas simultanément continus.

---

2. a) Vu la deuxième question (comme quoi il faut toujours lire en entier les énoncés) il y a de grandes chances que l'application ne soit pas continue. Or elle est clairement linéaire.

On peut donc appliquer la méthode **5** et construire une suite dont l'image ne tend pas vers 0 (c'est-à-dire que $P_n(0)$ ne tend pas vers 0) mais dont l'intégrale du carré tend elle vers 0. Il existe plusieurs réponses, on vous propose :

$$P_n(t) = (1-t)^n$$

qui est tel que :

$$P_n(0) = 1 \text{ et } \| P_n \| = \frac{1}{\sqrt{2n+1}}.$$

b) On va évidemment prouver que, Q étant fixé, l'application

$$P \longrightarrow \langle P, Q \rangle$$

est continue ; comme elle est linéaire, on applique la méthode **4**, et comme pour majorer un produit scalaire, on utilise forcément Cauchy-Schwarz, on a :

$$| \langle P, Q \rangle | \leq \| P \|.\| Q \|$$

qui donne exactement une majoration du type voulu.

A partir de là, un tel Q ne saurait exister.

---

3. Remarquons avant tout que ces applications sont bien des normes.

On va appliquer la méthode **3**, et prouver qu'on ne peut trouver de constante β telle que :

$$\forall P \in E \quad N_2(P) \le \beta N_1(P).$$

On va donc chercher une suite de polynômes qui prennent des valeurs de plus en plus grandes alors que leurs coefficients restent uniformément bornés. Cela n'est pas très difficile, il suffit de mettre de plus en plus de termes !! Par exemple :

$$P_n(X) = 1 + X + X^2 + \ldots + X^n$$

qui sont tels que :

$$N_1(P) = 1 \text{ et } N_2(P) = n$$

Les deux normes ne sont donc pas équivalentes.

REMARQUE :

*On peut prouver un peu plus : il ne peut pas exister de constante α comme dans la méthode **2**. Par exemple, la suite de polynômes $Q_n(X) = (n-1)X^n - nX^{n-1}$ vous permettra de conclure.*

---

4. a) Soit $P(X) = \sum_{k=0}^{n} a_k X^k$ un élément quelconque de E. Alors on a :

$$\| P \| = \sum_{k=0}^{n} | a_k |.$$

Il est clair que l'application est à valeurs positives, qu'elle est nulle ssi tous les coefficients de P sont nuls c'est-à-dire P nul. Les propriétés (ii) et (iii) de la méthode **1** sont absolument évidentes.

b) On applique la méthode **4** et la méthode **6** ; on a évidemment :

$$| u(P) | \le n! \, \| P \|$$

Donc u est continue.

Cette inégalité étant une égalité pour le monôme X^n de degré n, qui est de norme 1, on en déduit que la norme de u est n !

Vu la tournure de la question, on peut s'attendre à ce que v ne soit pas continue. Conformément à la méthode **5**, on cherche une suite dont la somme des coefficients de la dérivée ne tende pas vers 0, alors que la somme de ses coefficients tend vers 0. Le plus simple est de prendre un monôme, par exemple :

$$P_n(X) = \frac{X^n}{n}$$

qui est telle que :

$$\| P_n \| = \frac{1}{n} \text{ et } \| P_n' \| = 1$$

---

5. La définition de la norme a un sens, car u est bornée donc convergente.

Il résulte de la définition même de cette norme que :

$$\left| \frac{u_n}{2^{n+1}} \right| \le \frac{\| u \|}{2^{n+1}}$$

qui prouve d'une part que la série définissant f est absolument convergente (on vous en voudrait de ne pas l'avoir vérifié) et d'autre part, par sommation :

$$f(u) \le \| u \| . \sum_{n=0}^{+\infty} \frac{1}{2^{n+1}} = \| u \|.$$

Il résulte de cette dernière inégalité par application des méthode **4** et **6** que f est continue et que :

$$\| f \| \leq 1.$$

Le plus délicat est de montrer qu'on a égalité. Montrons tout d'abord qu'elle n'est pas atteinte. Si elle était atteinte en un élément U de norme 1, on aurait :

$$1 = | f(U) | = \left| \sum_{n=0}^{+\infty} \frac{U_n}{2^{n+1}} \right| \leq \| U \| . \sum_{n=0}^{+\infty} \frac{1}{2^{n+1}} = \| U \| = 1.$$

Les deux extrêmes étant égaux, toutes les inégalités sont des égalités donc on a :

$$\forall n \quad | U_n | = 1.$$

Ce qui interdit à la suite U de tendre vers 0.

La norme n'est donc pas atteinte donc on ne va pas pouvoir appliquer la méthode **6** comme d'habitude. On va ici construire une **suite d'éléments** (u^p) de la sphère unité dont la norme de l'image se rapproche de 1 par valeurs inférieures.

Définissons de p-ième terme de notre suite (de suites) par :

$$u^p{}_n = 1 \quad \text{pour } n \leq p$$

$$u^p{}_n = 0 \quad \text{sinon}$$

Ces éléments tendent vers 0 pour n∞ et sont bien sur la sphère unité.
On a alors :

$$f(u^p) = 1 - \left(\frac{1}{2}\right)^{p+1}$$

Donc :

$$1 - \left(\frac{1}{2}\right)^{p+1} \leq \| f \|$$

En passant à la limite, on en déduit que la norme de f est supérieure donc égale à 1.

---

6. Vérifions tout d'abord que cette définition a un sens, c'est-à-dire que la série définissant N est convergente. Comme f est continue, elle est bornée sur le compact $[0,1]$ donc :

$$a_n . | f(t_n) | \leq M . a_n$$

ce qui prouve que la série est absolument convergente.
Les parties (ii) et (iii) de la méthode **1** sont vérifiées et N est à valeurs positives.
N s'annule ssi $f(t_n) = 0$ pour tout n. Ceci est équivalent à f=0 si et seulement si les (t_n) sont denses dans $[0,1]$:

❑ Il est clair que c'est une condition suffisante par continuité de f.

❑ Si les (t_n) ne sont pas denses, il existe un intervalle $[a,b]$ de $[0,1]$ ne contenant aucun (t_n). Il est clair que la fonction dont le graphe est :

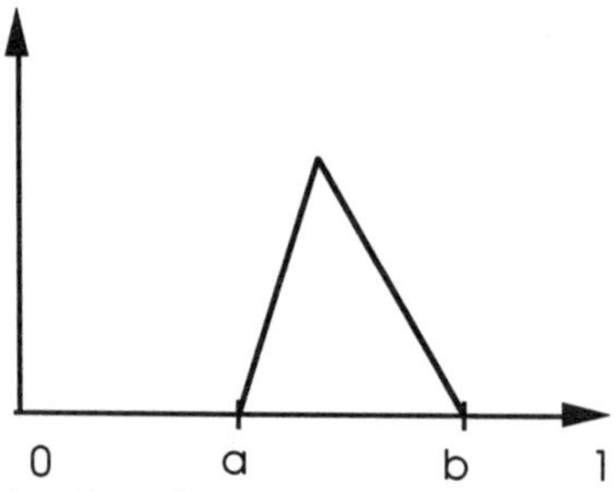

est de norme 0 sans être nulle elle-même.

Chapitre 4
BASES DE L'ANALYSE REELLE

Pour bien comprendre les méthodes de l'analyse réelle, et pouvoir les appliquer à bon escient, deux éléments sont essentiels :

- les propriétés fondamentales de **R** qui fondent ces méthodes,
- les outils de l'analyse réelle qui servent ces méthodes.

Le but de ce chapitre est de dégager ces éléments, afin de cerner les traits caractéristiques de l'analyse réelle.

Il sera très souvent fait référence à ce chapitre par la suite. Il est donc conseillé de le lire avec attention.

I. Propriétés de l'ensemble des réels

Les propriétés fondamentales de **R** énoncées ci-après ne sont pas indépendantes entre elles. Tout dépend en effet de la façon dont on le définit.

Ainsi, si on prend comme définition celle de l'unique corps archimédien complet, il en découle que **Q** est dense dans **R**, et que **R** possède la propriété de la borne supérieure.

Inversement, si on le définit comme corps possédant la propriété de la borne supérieure, on en déduit que **R** est archimédien et que **Q** est dense dans **R**.

Ces remarques préliminaires étant faites, il reste qu'il faut connaître toutes ces propriétés, car c'est sur elles que reposent tous les théorèmes de maths.
En pratique :

Lorsqu'aucun théorème connu n'est applicable pour la démonstration d'un résultat, on revient à ces propriétés fondamentales.

PROPRIETE 1 : R est archimédien

❑ Cela s'écrit concrètement : $\forall x \ \forall y > 0 \ \exists n \in \mathbf{N}$ tel que $ny \geq x$.

❑ De façon imagée, cela veut dire que si l'on se déplace sur la droite réelle en faisant des bonds de longueur y fixée, on finit toujours par dépasser n'importe quel nombre arbitrairement choisi.

❑ Cela permet de définir la partie entière d'un réel x comme le plus petit entier inférieur ou égal à ce réel (qui existe d'après la remarque précédente).
La propriété fondamentale de la partie entière est alors :

$$E(x) \leq x < E(x) + 1$$

REMARQUES :

❑ *Faire attention au fait qu'une des inégalités est stricte, l'autre large.*

❑ *On n'a pas, en général :* $E(-x) = -E(x)$.

PROPRIETE 2 : R est complet

❑ Rappelons les définitions suivantes :

⇨ Une suite est de Cauchy ssi : $\forall \varepsilon > 0 \; \exists N$ tel que : $\forall (p,q) \quad q \geq p \geq N \Rightarrow |u_q - u_p| < \varepsilon$.

⇨ Un corps commutatif ordonné K est dit complet ssi toute suite de Cauchy de K converge **dans K**.

REMARQUES :

❑ *Une suite convergente est toujours de Cauchy (exercice facile).*

❑ ***Q** n'est pas complet (d'où l'intérêt de **R**).*

❑ Quel est l'intérêt du critère de Cauchy dans **R**, puisqu'il est équivalent à la définition de la convergence, et s'écrit de façon apparemment aussi peu maniable « avec des epsilon » ?

L'intérêt est de taille : pour montrer qu'une suite converge à partir de la définition, il faut connaître au préalable la limite (pressentie) de la suite, ce qui n'est pas toujours possible, puisqu'on sait que certaines suites convergent et qu'on n'a pourtant aucune idée de la valeur de leur limite.

Tandis qu'avec le critère de Cauchy, **il n'y a pas besoin de connaître la valeur possible de la limite de u pour montrer que u converge.** Il suffit de s'assurer que deux termes de u d'indices assez grands sont relativement proches, ce qui est en général facile.

PROPRIETE 3 : R possède la propriété de la borne supérieure

❑ Définition : on appelle (dans **R**) borne supérieure d'une partie E **non vide et majorée** le plus petit majorant de cette partie, noté sup E.

(on démontre évidemment que cette définition a un sens, c'est-à-dire que « le plus petit majorant » existe...)

❑ Caractérisation : sup E est caractérisé par la double propriété suivante :

(i) tout réel x dans E est tel que : $x \leq \sup E$
(ii)pour tout réel $\varepsilon > 0$, il existe x dans E tel que : $\sup E - \varepsilon < x \leq \sup E$

REMARQUE :

(i) signifie que sup E est majorant de E.
(ii) signifie que c'est le plus petit, en ce sens que sup E - ε n'est pas majorant.

❑ Propriété de sup E : sup E est dans l'adhérence $\bar{E}$ de E. En particulier :

Lorsque E est fermé, sup E est un élément de E.

❑ Intérêt : cette propriété de la borne sup sert exclusivement pour les exercices **théoriques** lorsque les théorèmes usuels sont mis en échec. On introduit alors des ensembles bien choisis, et on déduit les résultats voulus de l'existence de la borne supérieure de cette partie (cf. en particulier le chapitre suivant).

REMARQUE:

On définit évidemment de façon analogue la borne inférieure d'une partie non vide et minorée ; la propriété caractéristique correspondante est :

(i) tout réel x dans E est tel que : $x \geq \inf E$
(ii)pour tout réel $\varepsilon > 0$*, il existe x dans E tel que :* $\inf E + \varepsilon > x \geq \inf E$

PROPRIETE 4 : Q est dense dans R

❑ Définition topologique : $\forall (x,y) \in \mathbf{R}^2$ tels que $x \leq y$, $\exists r \in \mathbf{Q}$ tel que : $x \leq r \leq y$.

❑ Définition équivalente : la définition topologique précédente est équivalente à la caractérisation séquentielle suivante, qui est beaucoup plus maniable :

tout réel x est limite d'une suite (x_n) de rationnels.

❑ Intérêt : cette caractérisation est utilisée lorsque l'on cherche par exemple à construire une fonction de **R** dans lui même satisfaisant à une équation donnée.

On procède par étapes, en déterminant d'abord cette fonction sur **N**, puis sur **Z**, puis sur **Q**. Le passage à **R** se fait par l'intermédiaire de cette propriété, en utilisant par exemple la continuité de f (cf. méthode **1**, chapitre 6).

PROPRIETE 5 : Intervalles de R

❑ Définitions :

⇨ On appelle intervalle de **R** une partie de **R** de l'une des 10 formes suivantes :

$$\emptyset \; ; \;]-\infty,+\infty[\; ; \;]-\infty,a] \; ; \;]-\infty,a[\; ; \;]b,+\infty[\; ; \; [b,+\infty[\; ; \; [a,b] \; ; \; [a,b[\; ; \;]a,b] \; ; \;]a,b[.$$

⇨ On dit qu'une partie E de **R** est convexe si :

$$(x,y) \in E^2 \Rightarrow [x,y] \subset E$$

❑ Caractérisation :

les intervalles de R sont exactement les parties convexes de R.

❑ Intérêt : il est évident. Lorsque l'on cherche à montrer qu'une partie est un intervalle, il risque d'être fastidieux (voire impossible...) de montrer qu'elle est effectivement de l'une des 10 formes citées ci-dessus. Par contre, la vérification de la propriété caractéristique est simple, et généralement rapide.

❑ Propriété de dénombrabilité :

R est non dénombrable, ainsi que tous les intervalles non réduits à un point.

(RAPPEL : ***Q*** *est dénombrable...)*

II. Outils de l'analyse réelle

A) LES CALCULS :

Ah, les calculs ! Quoi de plus simple, pensez-vous ! Simple, à condition de bien s'y prendre, ce qui semble ne pas être toujours le cas, si l'on en croit les examinateurs :

« Il est surprenant que le calcul de la dérivée ou de la primitive de $(at+b)^n$, avec a et b complexes, et surtout pour $n=-1$, pose autant de problèmes... » (X 89)

« Développer cos(a+b), réduire Arctan(x)+Arctan(1/x), mettre $2x^2+2x-1$ sous forme canonique, sont des questions qu'il vaudrait mieux éviter de poser... » (X 87)

« On calcule $\sin(x+\pi)$ à partir de la formule donnant sin(a+b), et on développe $(a+b)^3$ en l'écrivant $(a+b)(a+b)^2$... » (X 82)

Ce qui amène les examinateurs à penser que :

« Le nombre de candidats capables de mener à bien un calcul n'est que très légèrement supérieur au nombre de places offertes ! » (X 82)

Voilà quelques conseils, faciles à suivre qui vous permettront de vous guérir de ce mal endémique :

❑ Apprenez **par cœur** (mais vraiment par cœur) :
- les identités remarquables classiques,
- les formules de dénombrement usuelles,
- les formules de trigonométrie indispensables,

et récitez-les de temps en temps par écrit. Dans notre infinie bonté, nous avons regroupé ces formules à la fin du livre (chapitre 25).

❑ Entraînez-vous à manipuler des sommes formelles et les changements d'indice :

Exemples :

$$\left(\sum_i a_i\right).\left(\sum_i b_i\right)=\sum_{i,j} a_i.b_j$$ (faute classique : écrire $=\sum_i a_i.b_i$)

$$\sum_{k=1}^{n} a_k.b_{n-k}=\sum_{k=0}^{n-1} a_{k+1}.b_{n-1-k}$$ (faute classique : ne changer qu'un des indices)

❑ **Conduisez vos calculs intelligemment**, en sachant où vous allez : ordonnez les termes selon les puissances croissantes ; regroupez les termes analogues, simplifiez « sur place ».
N'oubliez jamais que recopier une ligne, c'est risquer de faire une erreur supplémentaire...

❑ Utilisez les **symétries des calculs** : cela vous évitera de refaire quinze fois le même calcul !

« L'idée d'utiliser les symétries d'un problème est assez peu répandue... » (X 86)

❑ Sachez reconnaître « à vue » certains groupements de termes.

Exemples :

$a^2+b^2 \longrightarrow (a+ib)(a-ib)$

$f' + \alpha f \longrightarrow e^{-\alpha x}.\frac{d}{dx}\left(e^{\alpha x}.f(x)\right)$

$f'^2 - f f'' \longrightarrow$ numérateur de $\left(\frac{f'}{f}\right)'$

❑ Lorsque vous faites des exercices corrigés, faites toujours l'intégralité des calculs, sinon vous n'aurez aucune habitude et vous perdrez un temps précieux lors de vos concours, au lieu de passer un peu de temps chez vous.
Dans le même ordre d'idée, **ne boudez pas systématiquement les exercices calculatoires :** ils s'avèrent être très fréquents, et surtout très payants lorsqu'on sait les faire !

Remarque :

Pour la plupart des grands thèmes d'analyse étudiés dans cet ouvrage, on a volontairement séparé les exercices « pratiques » relativement calculatoires des exercices « théoriques » chacun de ces types possédant des méthodes d'approche propres. Nous vous invitons à attacher autant d'importance à tous les exercices.

B) LES INEGALITES.

« Majorer et minorer sont les opérations classiques de l'analyse...rarement utilisées à bon escient. » (X 88)

Au fond, faire de l'analyse, ce n'est rien d'autre qu'encadrer des nombres, regarder ce qui est grand, ce qui est petit, quel est l'ordre de grandeur d'un terme, etc.
Les inégalités jouent donc un rôle essentiel.
Voilà quelques méthodes qui vous aideront à établir les inégalités qu'on vous proposera :

METHODE 1 : Se ramener aux inégalités classiques

Les principales inégalités sont récapitulées au chapitre 25.

METHODE 2 : Intégrer les inégalités classiques

Rien de bien extraordinaire à signaler, sauf qu'il faut faire attention à intégrer entre a et b **avec a<b** (sinon l'inégalité est inversée). On a donc :

$$a<b \text{ et } \forall t \in [a,b] \quad f(t) \le g(t) \quad \Rightarrow \int_a^b f(t)dt \le \int_a^b g(t)dt .$$

Exemple : prouver que $\ln(1+t) \le t$ *pour* $t \ge 0$*.*

Pour $t \ge 0$ on a : $\frac{1}{1+t} \le 1$ qui par intégration entre 0 et $t \ge 0$ donne le résultat.

METHODE 3 : Etudier les variations de fonctions appropriées

Pour prouver $f \leq g$, étudier $\Phi(x) = f(x) - g(x)$

Exemple : prouver que $\cos x \geq 1 - \frac{x^2}{2}$ *sur* $\left[0, \frac{\pi}{2}\right]$.

Posons : $\Phi(x) = \cos x - 1 + \frac{x^2}{2}$. Alors $\Phi'(x) = x - \sin x$ et $\Phi''(x) = 1 - \cos x \geq 0$.

Un tableau de variations élémentaire donne le résultat.

METHODE 4 : Utiliser la convexité des fonctions

La convexité d'une fonction s'établit généralement en regardant si la dérivée seconde (lorsqu'elle existe) est positive.
On peut alors établir des inégalités (judicieusement appelées inégalités de convexité) :

- ❑ En disant que l'image du barycentre d'un système de points est sous le barycentre des images de ces mêmes points.
- ❑ En utilisant la position relative de la courbe par rapport à ses cordes.
- ❑ En disant que la courbe est « au dessus de ses tangentes ».

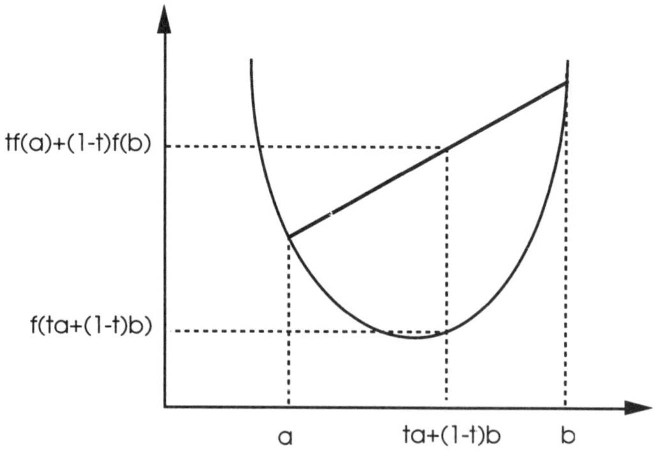

"L'image du barycentre est sous le barycentre des images."

Exemple 1 : établir que $(x_1 + x_2 + \ldots + x_n)^2 \leq n(x_1^2 + x_2^2 + \ldots + x_n^2)$.

La fonction $f(x) = x^2$ est convexe puisque sa dérivée seconde vaut 2>0.

Prenons l'isobaryacentre des n points x_i, donc affectés du coefficient $\frac{1}{n}$; on a :

$$\left(\frac{x_1 + x_2 + \ldots + x_n}{n}\right)^2 \leq \frac{x_1^2 + x_2^2 + \ldots + x_n^2}{n}$$

qui donne évidemment l'inégalité souhaitée.

Exemple 2 : établir que $\forall x \in \left[0, \frac{\pi}{2}\right] \quad \sin x \geq \frac{2}{\pi} x$.

La dérivée seconde de $\sin x$ étant $-\sin x$, est négative sur l'intervalle considéré. Donc la fonction est concave, et sa courbe représentative est au-dessus de la corde joignant ses extrémités, qui a justement pour équation $y = \frac{2}{\pi} x$.

Exemple 3 : établir que $\ln(1+t) \leq t$ *pour* $t \geq 0$.

La fonction $\ln(1+t)$ a pour dérivée seconde $\frac{-1}{(1+t)^2} < 0$ donc elle est concave.

Sa courbe représentative est donc située sous sa tangente en 1 (par exemple), dont l'équation est précisément y=t.

On vous conseille de (re)lire le paragraphe V du chapitre sur les fonctions, consacré à la convexité.

METHODE 5 : Interpéter géométriquement les inégalités à prouver

Exemple 1 : inégalités de convexité

Il est fréquent d'oublier les propriétés des fonctions convexes. Elles se retrouvent instantanément à l'aide de petits dessins, fort appréciés au demeurant des examinateurs, décidément très exigeants.

Exemple 2 : inégalités avec des intégrales

Il peut être judicieux d'interpréter une intégrale comme la valeur de l'aire de la portion de plan située entre la courbe de f et l'axe des abscisses.

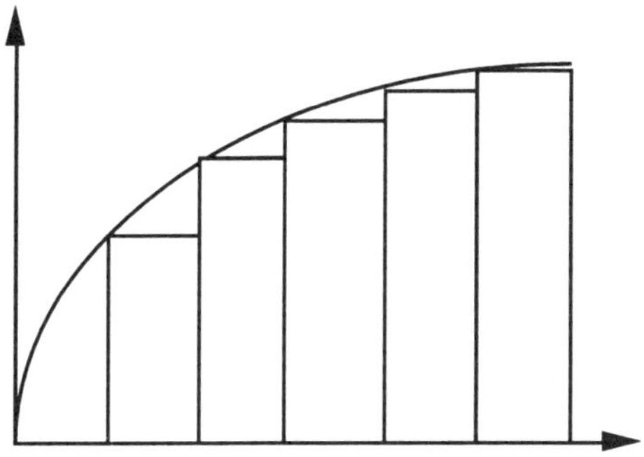

L'aire des rectangles associés à la subdivision de l'intervalle est inférieure à l'aire de la partie du plan située « sous la courbe » (dont la valeur est l'intégrale de f).

METHODE 6 : Passage à la limite dans des INégalités déjà établies

Cette méthode vaut essentiellement pour obtenir des inégalités sur la somme d'une série, ou la valeur d'une intégrale impropre lorsqu'on a établi leur existence. On est d'ailleurs souvent obligé de se satisfaire d'encadrements, puisqu'on ne sait en calculer que très peu.

Noter que **toutes les inégalités ainsi obtenues sont larges** (a priori, on peut chercher à les affiner par la suite...)

Signalons au passage des erreurs graves, mais fréquentes :

❑ Multiplier ou diviser par des quantités **négatives ou nulles**, les termes d'une inégalité sans changer le sens de celle-ci.

❑ Prouver une inégalité **large**, alors qu'on demandait l'inégalité **stricte** ; ou, au contraire, mettre un signe d'inégalité stricte alors qu'il peut y avoir égalité...
Pour être certain d'arriver à vos fins, respectez ces trois principes :

❑ Majorer un nombre complexe par autre chose que son module (par exemple par un autre complexe !!!)

PRINCIPE 1 : Reconnaître ce qui est grand de ce qui est petit

C'est-à-dire ne pas essayer de majorer par une quantité visiblement trop petite par rapport à l'un des termes, ou encore majorer une quantité bornée par une quantité tendant vers $+\infty$ (ça n'est pas faux, mais on perd beaucoup d'information !).

PRINCIPE 2 : Découper à bon escient

Les différents termes ou groupements d'une expression donnée peuvent être petits pour des raisons distinctes. Il est important de comprendre de quel(s) paramètre(s) dépend chaque terme, pour pouvoir, par des choix convenables, agir **séparément** sur chacun.

Exemple 1 : démontrer le théorème de Césaro

C'est l'archétype de découpage. Il est corrigé dans le chapitre 9.

Exemple 2 : montrer que la limite uniforme d'une suite de fonctions continues est continue.

Ce résultat figure dans votre cours, et il repose essentiellement sur le fait que :

$$f(x)-f(a)=\left[f(x)-f_n(x)\right]+\left[f_n(x)-f_n(a)\right]+\left[f_n(a)-f(a)\right].$$

❑ Le premier terme peut être rendu petit pour n grand par convergence uniforme,
❑ n étant alors choisi, on peut rendre le deuxième terme petit par continuité de la fonction f_n en a.
❑ Puis la convergence simple de la suite (f_n) en a permet de rendre le dernier petit.

PRINCIPE 3 : « Homogénéiser les différences »

Sous cette dénomination barbare se cache une idée fort simple et constamment utilisée dans les calculs de limites d'intégrales (ou de sommes) dépendant d'un paramètre. Illustrons-le sur un exemple typique.

Exemple : déterminer la limite quand n tend vers +∞ de : $u_n = \int_0^1 \frac{dt}{1+t^n}$.

On expliquera au chapitre sur les limites et équivalents d'intégrales à paramètre pourquoi il est légitime de penser que :

$$\lim u = \int_0^1 \frac{dt}{1+\lim_{n\infty}(t^n)} = \int_0^1 \frac{dt}{1+0} = 1$$

Ceci ne constituant bien évidemment pas une démonstration, il faut revenir à la définition et évaluer la différence :

$$\int_0^1 \frac{dt}{1+t^n} - 1$$

dont on voit mal que faire si on la laisse sous cette forme. Mais cette valeur 1 est précisément une intégrale (c'est comme cela qu'on a pensé à 1) donc :

$$\int_0^1 \frac{dt}{1+t^n} - 1 = \int_0^1 \frac{dt}{1+t^n} - \int_0^1 dt = \int_0^1 \frac{-t^n}{1+t^n} dt.$$

A partir de là, on a, en prenant les valeurs absolues et en minorant le dénominateur par un :

$$|u_n - 1| \leq \int_0^1 t^n dt = \frac{1}{n+1}.$$

Le majorant tendant vers zéro, la suite tend effectivement vers 1.

On a donc pris deux quantités **hétérogènes** (l'intégrale et le nombre réel 1), et on les a rendues **homogènes** en exprimant 1 comme l'intégrale de quelque chose en rapport avec le problème posé (d'où le surnom du principe !).

Une fois que tout se retrouve sous le même signe somme (ou intégrale), les majorations sont plus simples à effectuer.

REMARQUE :

Vous trouverez de nombreux exemples d'application de ce principe dans le chapitre mentionné ci-dessus.

Erreurs

❑ Attention à ne pas oublier de s'assurer que les bornes a et b sont dans le bon ordre ($a \leq b$) avant d'intégrer l'inégalité $f(x) \leq g(x)$ en : $\int_a^b f \leq \int_a^b g$.

❑ Les inégalités passent bien à l'intégration, mais résistent très mal à la dérivation.

❑ Avant de faire des majorations douteuses dans les intégrales, toujours mettre des valeurs absolues. Comme ça au moins vous serez tranquille.

❑ Il est amusant d'entendre que la quantité conjuguée de $1+e^{ix}$ est $1-e^{ix}$ (c'est évidemment $1+e^{-ix}$).

Astuces

❑ « Abondance de biens ne nuit pas » :
Il est évident que l'on a :

$$A - B = (A - C) + (C - B)$$

Pourquoi utiliser cette écriture, où l'on rajoute un terme pour l'enlever ?

Par ce que dans certains cas, il sera facile de rendre séparément petits ces deux quantités, alors que rendre A-B petit directement est difficile (cf. principe **2**).

❑ Ce n'est pas une astuce, c'est du pur bon sens (qui fait cruellement défaut à certains) : pour majorer une quantité du type :

$$\frac{\text{Numérateur}}{\text{Dénominateur}}$$

On peut (et on doit) :

majorer N **ET** minorer D.

Tout le monde pense au numérateur ; le dénominateur, lui, est moins populaire...

Lu dans les rapports de l'X

❑ « Mentionnons la situation généralement hectique des candidats qui, après avoir établi une inégalité, doivent établir des conditions nécessaires et suffisantes pour qu'elle soit une égalité. » (X 91)

Il n'y a pas de méthode générale, tout dépend de la façon dont vous avez prouvé votre inégalité.

Exemples :

- l'inégalité de Cauchy-Schwarz est une égalité ssi les deux vecteurs sont liés.

- un cas fréquent est celui où l'on prouve que $A \leq B$ par une chaîne d'inégalités :

$$A \leq a_1 \leq a_2 \leq \ldots \leq a_n \leq B.$$

Dans ce cas, il y égalité entre A et B ssi toutes les inégalités intermédiaires sont des égalités.

Deuxième partie

FONCTIONS NUMERIQUES

Chapitre 5
METHODES D'ETUDE DES FONCTIONS NUMERIQUES

Dans tout le chapitre, f désigne une fonction **à valeurs réelles** (on dit aussi fonction numérique) et I un intervalle de **R**.

I. Comment prouver qu'une fonction est continue

METHODE 1 : Revenir à la définition

C'est le cas dans certains exercices théoriques ; il faut « seulement » prendre garde à ne pas confondre continuité et continuité uniforme, par exemple en mélangeant les quantificateurs.

- Continuité en a : $\forall \varepsilon > 0,\ \exists \alpha > 0 \ /\ \forall x \in]a-\alpha, a+\alpha[,\ |f(x)-f(a)| < \varepsilon.$
- Continuité uniforme sur I : $\forall \varepsilon > 0,\ \exists \alpha > 0 \ /\ \forall (x,y) \in I^2,\ |x-y| < \alpha \Rightarrow |f(x)-f(y)| < \varepsilon$

METHODE 2 : Utiliser les théorèmes relatifs à la continuité

Il s'agit de considérer que f est somme ou produit de fonctions continues, ou encore quotient d'une fonction continue par une autre fonction continue ne s'annulant pas.
Là, il n'y a strictement rien à faire sinon invoquer le théorème concerné.

REMARQUE :

*Généralement, quand on vous demandera d'établir qu'une fonction est continue, c'est que cela n'est pas évident. Il est donc vraisemblable qu'on n'a pas de formule explicite pour f, et que donc la méthode **2** tombe en défaut. En conclusion, la méthode **1** risque d'être **LA** méthode à employer.*

II. Comment utiliser la continuité d'une fonction

Ici, on cherche plus à montrer quelles sont les idées directrices, et les pistes de recherche qui doivent guider votre intuition, qu'à donner à proprement parler des méthodes.

Le cas échéant on rappellera aussi les énoncés des théorèmes dont on entend çà et là des formulations douteuses.

f désigne ici une fonction continue.

IDEE 1 : Utiliser des résultats sur le signe de f

On a l'implication :

$$f(a)>0 \Rightarrow \exists h>0 \text{ t.q } \forall x \in]a-h,a+h[\quad f(x)>0.$$

Dès qu'on vous parle d'une fonction continue prenant en un point a une valeur **strictement positive**, il faut penser que f est strictement positive dans un **voisinage** de a (ce qui peut donner des minorations d'intégrales, etc.)

REMARQUES :

❑ *Ce résultat s'établit en prenant* $\varepsilon = \frac{f(a)}{2}$ *dans la définition de la continuité.*

❑ *Evidemment le résultat est faux si on a seulement* $f(a) \geq 0$ *.(ex :* $f(x)=x$ *en a=0)*

IDEE 2 : Si f ne s'annule pas sur I, f est de signe constant sur I

❑ Ce résultat est une banale et classique application du théorème des valeurs intermédiaires. Il n'en est pas moins très utile.

❑ Il permet entre autres de supposer qu'une fonction ne s'annulant pas est par exemple strictement positive sans restreindre la généralité du problème posé (en effet, ou bien f est positive, ou bien f est négative, auquel cas on fait l'exercice avec $g=-f$). Or une telle fonction est beaucoup plus simple à manier (dans les inégalités ; pour effectuer des divisions...)

❑ Ce lemme est fréquent d'emploi dans des raisonnements **par l'absurde.**

En effet, si l'on vous demande de montrer qu'une fonction continue s'annule, supposer le contraire revient à supposer que f est strictement positive.

IDEE 3 : Utiliser le théorème des valeurs intermédiaires (T.V.I.)

❑ Rappelons son énoncé pour mémoire :

Une fonction continue sur $[a,b]$ prend toute valeur comprise entre $f(a)$ et $f(b)$.

❑ L'utilisation de ce théorème nécessite souvent le recours à des **fonctions auxiliaires.**

Par exemple, pour montrer qu'une fonction f possède un point fixe, c'est à la fonction auxiliaire $\varphi(x)=f(x)-x$ qu'on applique le TVI.

REMARQUES :

❑ *Dans toute la suite, on notera TVI pour théorème des valeurs intermédiaires.*

❑ *Il ne faut pas faire dire à ce théorème des choses qu'il ne dit pas : par exemple, on ne dit pas que l'image de l'intervalle* $[a,b]$ *est l'intervalle* $[f(a),f(b)]$ *(ce qui est faux).*

IDEE 4 : Utiliser des arguments topologiques

❑ Rappelons ces deux résultats fondamentaux :

L'image **réciproque** d'un ouvert par une application continue est un ouvert.
L'image **réciproque** d'un fermé par une application continue est un fermé.

❑ Le cas typique d'utilisation de ce résultat est celui où l'on cherche à prouver l'existence et/ou l'unicité d'un point c d'un intervalle I vérifiant une propriété $\mathcal{P}$.

On étudie alors l'ensemble $E = \{x \in I \text{ tels que } \mathcal{P}(x) \text{ est vrai}\}$:

⇨ Du point de vue **ensembliste** : est-il :

vide, non vide ?
majoré, minoré ? $\Rightarrow$ existence de ses bornes sup, inf ?

⇨ Du point de vue **topologique** : est-il :

- ouvert (en tant qu'image réciproque d'un ouvert par une fonction continue?)
- fermé (en tant qu'image réciproque d'un fermé par une fonction continue?)

La conjonction de ces deux études permet alors de conclure que E est vide, ou que E est restreint à un seul point, ou que E est un intervalle...

IDEE 5 : Rôle des compacts vis-à-vis des fonctions continues

❑ Un compact est une structure topologique très riche, et il n'est pas étonnant qu'une fonction continue possède des propriétés remarquables sur de tels ensembles.

1) Une fonction continue sur un compact y est **uniformément** continue.

2) Une fonction continue sur un compact est bornée **et** atteint ses bornes sup et inf.

❑ Une application typique du deuxième résultat est l'obtention d'inégalités plus fines.

Exemple :

Soit f une fonction strictement positive sur un intervalle $[a,b]$.
A priori on n'a que la minoration : $\forall x \in [a,b] \quad f(x) > 0$.

Soit c le point de $[a,b]$ où f **atteint** sa borne inf (qui existe par 2)).
On a évidemment $f(c) > 0$. Mais comme $f(c)$ est un minorant on en déduit :

$$\forall x \in [a,b] \quad f(x) \geq f(c) > 0.$$

On a donc un minorant strictement positif (ce qui est beaucoup mieux qu'un minorant strict, positif).

IDEE 6 : Utiliser d'autres résultats sur les fonctions continues

Nous tenons à mentionner ici en particulier deux résultats :

1) Une fonction continue ayant une limite en $+\infty$ et en $-\infty$ est bornée.

2) Une fonction continue périodique est uniformément continue et bornée.

❑ Ces deux résultats ne sont que rarement inscrits dans les cours (et pour cause, ce sont des résultats d'exercices au demeurant très simples, que nous vous conseillons de résoudre sans plus attendre)
Néanmoins, on les utilise en permanence sans les redémontrer.

❑ Le second résultat est très utilisé dans les séries de Fourier (c'est normal, les fonctions qu'on utilise avec celles-ci sont périodiques...).

Il est par ailleurs proposé en exercice d'application (numéro 3).

III. Comment prouver la dérivabilité d'une fonction

METHODE 1 : Revenir à la définition

Il s'agit donc d'étudier directement l'existence de $\lim\limits_{x \to a} \dfrac{f(x)-f(a)}{x-a}$.

METHODE 2 : Utiliser les théorèmes relatifs à la dérivabilité

Il s'agit de considérer que f est somme ou produit de fonctions dérivables, ou encore quotient d'une fonction dérivable par une fonction dérivable ne s'annulant pas.

ATTENTION :

Le théorème reliant la dérivabilité de la bijection réciproque f^{-1} à celle de f est souvent (pour ne pas dire tout le temps) mal connu, quand il n'est pas carrément inconnu.
Le voilà donc in extenso :

Soit f t.q. :	(i) f est de classe C^n sur I (ii) f ' ne s'annule pas sur I
Alors	(i) f réalise une bijection de I sur $f(I)$ (ii) la bijection réciproque f^{-1} de f est C^n sur $f(I)$.

METHODE 3 : Utiliser le théorème du « prolongement de la dérivée »

❑ Comme le théorème précédent, il est sujet à des interprétations très diverses.

Enoncé du théorème :

Soit f t.q. :	(i) f est continue sur $[a,b]$
	(ii) f est dérivable sur $]a,b[- \{c\}$
	(iii) f ' a une limite L en c
Alors :	(i) f est dérivable en c
	(ii) $f'(c)=L$

❑ Ce théorème s'applique presque exclusivement aux exercices calculatoires.

REMARQUE :

Si l'on vous demande pourquoi le mot de prolongement est incorrect, répondez ceci :
- prolonger une fonction, c'est lui attribuer de façon ***arbitraire*** *une valeur en un point où elle n'est pas définie.*
- dans le cadre du théorème, on ne sait pas a priori si oui ou non f ' existe en c ;
si on s'aperçoit que f ' a une limite c'est qu'alors f ' était effectivement définie en c et qu'elle valait L ; on ***n'attribue pas arbitrairement*** *la valeur L à f ' (c), puisque c'est sa valeur. Vu ?*

METHODE 4 : Utiliser le théorème des fonctions implicites

❑ Donnons-en un énoncé pour une fonction f de $\mathbf{R}^2$ dans **R.**

Soit f t.q. : (i) f est C^1 par rapport au couple (x,y)

(ii) $f(a,b)=0$

(iii) $\dfrac{\partial f}{\partial y}(a,b)\neq 0$

Alors :

(i) il existe U et V voisinages de a et b tels que : $\forall x\in U\quad \exists !\, y_x \in V$ tel que $f(x,y_x)=0$

(ii) la fonction $x\longrightarrow y_x=\varphi(x)$ de U dans V est de classe C^1 sur U.

REMARQUES :

❑ *On peut remplacer C^1 par C^k dans le théorème.*

❑ *On peut sans problème calculer les dérivées successives de φ : il suffit de dériver par rapport à x la relation $f(x,\varphi(x))=0$.*

❑ *Ce théorème n'est à employer que lorsqu'on ne parvient pas à expliciter une relation fonctionnelle entre x et y.*

METHODE 5 : Utiliser une récurrence

CAS D'EMPLOI :

On vous demande de prouver qu'une fonction est C^∞. Dans 99% des cas vous aurez droit à la récurrence !

METHODE :

❑ On prouve que f est continûment dérivable directement (méthodes **1**, **2** ou **3**).

❑ On suppose que f est C^p et que $f^{(p)}(x)$ est donné par une certaine expression.

❑ On montre que cette expression est C^1 et que $f^{(p+1)}(x)$ est donnée par la même expression au rang suivant.

REMARQUE :

On prouve que f est C^∞ et on donne l'expression de la dérivée p-ième en même temps.

IV. Comment utiliser la dérivabilité d'une fonction

Les principales directions que l'on peut suivre sont :

❑ Utilisation : - du signe de la dérivée pour l'étude des variations d'une fonction,
- des annulations de f ' en des extrema de f.

❑ Utiliser les formules de Taylor.

Le chapitre suivant est consacré aux propriétés des dérivées, et à l'utilisation pratiques des formules de Taylor. Tous les compléments utiles à ce paragraphe y sont apportés.

V. Comment prouver et utiliser la convexité de f

METHODE 8 : Revenir à la définition d'une fonction convexe

Cette définition est, schématiquement, en termes de barycentres :

« L'image du barycentre d'un système de points est située sous le barycentre des images de ces mêmes points. »

On peut énoncer cette propriété de façon **équivalente** sous la forme :

« La corde (AB)est située au dessus de l'arc de la courbe de f joignant A à B. »

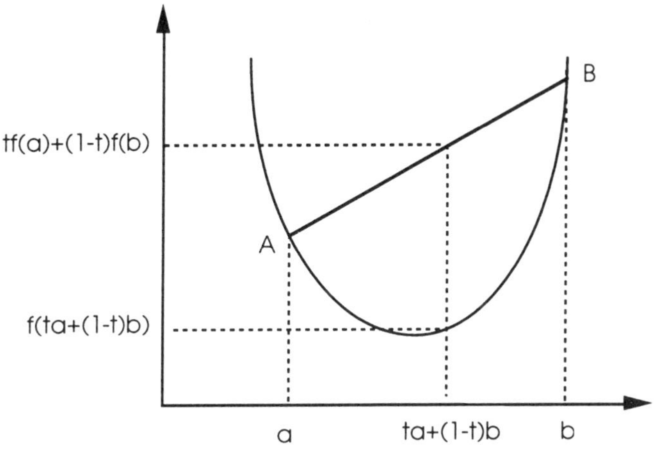

"L'image du barycentre est sous le barycentre des images."

"La corde (AB) est située au dessus de l'arc joignant A et B."

METHODE 9 : Utiliser la croissance de la pente

Pour a fixé, la fonction $x \longrightarrow \dfrac{f(x)-f(a)}{x-a}$ est croissante.

METHODE 10 : Utiliser les dérivées de f

si f est dérivable : f convexe $\Leftrightarrow$ f ' est croissante,

si f est D^2 : f convexe $\Leftrightarrow$ $f'' \geq 0$.

METHODE 11 : Exploiter la position de f par rapport à sa tangente

On a **l'implication** : f convexe $\Rightarrow$ f est au dessus de sa tangente en tout point.

$$f(x) \geq f(a) + (x-a).f'(a)$$

REMARQUE :

On peut se reporter au chapitre 4, à la section concernant l'obtention d'inégalités par convexité, pour des exemples d'utilisation.

Astuces

❑ On ne le répétera jamais assez, lorsque les théorèmes usuels ne fonctionnent pas (par manque d'hypothèses sur f, par exemple) on revient à la propriété fondamentale de **R** : l'existence de la borne sup, ce qui invite à considérer des ensembles « bien choisis ».

❑ Il ne pourra que vous être profitable de relire le chapitre de topologie générale et métrique, où l'on présentait les propriétés d'une fonction continue relativement aux propriétés de l'ensemble sur lequel elle est définie.

❑ Pour utiliser (ou le plus souvent nier) des arguments de continuité (ou d'uniforme continuité) on particularise les ε en les prenant de la forme $1/n$, ce qui permet d'introduire des suites vérifiant des propriétés intéressantes.

❑ Lorsqu'on vous demande de prouver que la dérivée de f s'annule, il y a en gros deux possibilités :

- appliquer le théorème de Rolle qui assure de l'annulation,

- supposer que la dérivée ne s'annule pas, et si elle est continue, on en déduit qu'elle est de signe constant ; ensuite on cherche une contradiction.

❑ Pour montrer qu'une fonction f composée d'autres applications g et h est monotone, il est maladroit de dériver car les calculs sont lourds. Autant étudier la monotonie de g et h (ce qui est plus simple) pour voir si on ne peut pas conclure directement.

Lu dans les rapports de l'X

❑ Comme quoi les erreurs ne viennent pas toujours où on les attend :
« à propos de la fonction $f(x)=\sin(x^2)$, on a entendu qu'il s'agirait d'une fonction à période variable, puis pas franchement périodique, et enfin de fonction à périodes qui s'accroissent de façon parabolique. » (X 91)

❑ « Ce serait une bonne idée de faire un dessin pour des fonctions convexes. » (X 89)

❑ « La fonction $x \longrightarrow x^a$ est, pour $a>0$, une fonction croissante de x, mais :

$a \longrightarrow x^a$ est, pour $x \in]0,1[$, une fonction décroissante de a. » (X 90)

(NDLR : si vous en doutez, repassez au logarithme)

Exercices

1. Peut on construire une fonction f continue sur **R** telle que l'image d'un rationnel soit un irrationnel et vice-versa ?

2. Soit $f \in C^0(\mathbf{R})$ telle que : $\exists\, \delta_x > 0$ tel que $\forall\, y \in [x, x+\delta_x]$ $f(y) \geq f(x)$.
Démontrer que f est croissante sur **R.**

3. Démontrer qu'une fonction continue sur **R** admettant une limite en $+\infty$ et en $-\infty$ est uniformément continue.

4. Démontrer que pour toute application uniformément continue sur **R**, il existe des constantes a et b strictement positives telles que : $\forall t \in \mathbf{R}$ $|f(t)| \leq a|t| + b$.

5. Soit f une application de $[0,1]$ dans lui même. Montrer que f admet un point fixe
a) si f est continue.
b) si f est seulement supposée croissante.

6. Soit f et g deux applications de $[0,1]$ dans lui même telles que fg = gf.
Montrer qu'il existe un réel a de $[0,1]$ tel que f(a) = g(a).

7. Soit f une fonction convexe non constante de $]0,+\infty[$ dans **R.**
a) Montrer que $\dfrac{f(x)}{x}$ a une limite finie ou $+\infty$, en $+\infty$.
b) Etablir que si cette limite L est négative, f est décroissante.

8. On définit la fonction f par :

$$f(t) = \exp\left(-\frac{1}{1-t^2}\right) \quad \text{si } t \in]-1,1[$$
$$f(t) = 0 \quad \text{si } t \notin]-1,1[$$

Démontrer que f est C^∞ sur **R.**

9. Soit f une fonction dérivable sur $[a,b]$ telle que $f(a) = f(b)$, $f'(a) > 0$ et $f'(b) > 0$.
Prouver qu'il existe c dans $]a,b[$ tel que $f(c) = f(a)$ et $f'(c) \leq 0$.

10. Théorème de Darboux.

Démontrer que toute fonction dérivée satisfait le théorème des valeurs intermédiaires, c'est-à-dire que f' prend sur $[a,b]$ toute valeur entre $f'(a)$ et $f'(b)$.

(On utilisera les fonctions $x \longrightarrow \dfrac{f(x)-f(a)}{x-a}$ et $x \longrightarrow \dfrac{f(x)-f(b)}{x-b}$)

Corrigés

1. Après avoir fait le tour des idées exposées dans le II, vous hésitez probablement entre les idées **3**, **4** et peut-être **5**.

L'exercice fait intervenir les rationnels, et vous savez (cf. chapitre 4) que **Q** sert :
- soit pour la dénombrabilité,
- soit pour la densité.

On va essayer de montrer que l'image de **R** par f est dénombrable. La continuité servira à préciser la nature de f (**R**). Alors on conclura.

❑ f (**R** \ **Q**) $\subset$ **Q** donc f (**R** \ **Q**) est dénombrable ;
f est surjective de **Q** vers f(**Q**) donc f(**Q**) est dénombrable.
Donc f(**R**) est dénombrable.

❑ Or d'après le T.V.I (idée **3**) f(**R**) est un intervalle.
Les seuls intervalles de **R** dénombrables sont les intervalles points (cf. chapitre 4) donc f est constante.

❑ La constante devant être à la fois rationnelle et irrationnelle a assez peu de chances d'exister, ce qui fait qu'il n'existe pas de telle fonction.

---

2. On veut prouver que $x \le y$ entraîne $f(x) \le f(y)$.

Il est relativement naturel, vu les hypothèses faites, d'avoir l'idée 4, car on peut comprendre la conclusion comme :

$$y \in E = \{t \in (x, y) \ / \ f(x) \le f(t)\}.$$

❑ Comme préconisé dans les méthodes, on va étudier E.

E est :
- non vide (x est dedans),
- clairement majoré (par y),
- fermé (en tant qu'image réciproque du fermé $[f(x), +\infty[$ par f continue).

❑ Donc M = sup E existe, et est dans E (puisque E est fermé), avec $M \le y$ (y majore E).
On aimerait prouver que M = y. Il est donc naturel de supposer que M > y.

Vous aurez remarqué que jusque là on ne s'est toujours pas servi de l'hypothèse sur f (hormis sa continuité) : il y a des chances qu'on s'en serve maintenant.

❑ On a donc $\exists\, \delta_M > 0$ tel que $\forall t \in [M, M+\delta_M]$ $f(t) \ge f(M) \ge f(x)$

Cette inégalité contredit le fait que M majore E. Donc M = y et f est croissante.

---

3. ❑ Il est naturel d'écrire que f tend vers L_- (resp L_+) en $-\infty$ (resp. $+\infty$) avec des ε.

Soit $\varepsilon > 0$ fixé. Il existe A et B tels que :

$$\forall x > A \ \left|f(x) - L_+\right| < \varepsilon \quad \text{et} \quad \forall x < B \ \left|f(x) - L_-\right| < \varepsilon.$$

❑ En utilisant l'inégalité triangulaire on voit facilement que :

$$\forall (x, y) \in]-\infty, B[^2 \ \left(\text{resp.}]A, +\infty[^2\right) \ \left|f(x) - f(y)\right| < 2\varepsilon.$$

❑ Reste alors l'intervalle $[B, A]$. Mais l'idée **5** vous donne immédiatement la réponse : f est continue **donc** uniformément continue sur ce compact.

---

4. ❑ On peut écrire la définition (méthode **1**) : ça nous donnera peut-être des idées :

$$\forall \varepsilon > 0,\ \exists \alpha > 0 \ / \ \forall (x,y),\ |x-y| < \alpha \Rightarrow |f(x)-f(y)| < \varepsilon.$$

❑ On se donne alors un réel t positif quelconque. L'idée est qu'il est possible d'encadrer t par deux réels x et y distants de α, par exemple $n\alpha$ et $(n+1)\alpha$, en choisissant alors $n = E\left(\frac{x}{\alpha}\right)$.

❑ A partir de là, on procède naturellement par inégalités triangulaires, en écrivant :

$$|f(t)-f(0)| \le |f(t)-f(n\alpha)| + |f(n\alpha)-f((n-1)\alpha)| + \ldots + |f(\alpha)-f(0)|.$$

Il y a n+1 termes à droite, chacun est majoré par ε (termes $|f(y)-f(x)|$ où $|x-y| < \alpha$).

Donc, avec $n = E\left(\frac{x}{\alpha}\right) \le \frac{x}{\alpha}$, on arrive finalement à

$$|f(t)-f(0)| \le x\left(\frac{\varepsilon}{\alpha}\right) + \varepsilon$$

Ce qu'on réécrit

$$|f(t)| \le x\left(\frac{\varepsilon}{\alpha}\right) + \left(\varepsilon + |f(0)|\right)$$

qui est de la forme voulue.

---

5. a) Un point fixe est un point qui annule g(x) = f(x) - x. C'est donc l'idée **3** qu'il faut exploiter.
Par hypothèse $f(0) \ge 0$ donc $g(0) \ge 0$; de même $f(1) \le 1$ donc $g(1) \le 0$.
g étant continue, le T.V.I assure d'une annulation (au moins) de g sur $[0,1]$.

b) Là pour le coup, on ne sait pas trop quoi faire puisque f n'est plus continue donc que le TVI ne s'applique pas. Il faut donc revenir aux fondements de l'analyse réelle, ce qui, comme on l'a expliqué au chapitre 4, consiste souvent à repasser à des bornes sup ou inf.

Soit donc $E = \{x \in [0,1] \text{ tels que } f(x) \le x\}$.

E est non vide : $f(1) \le 1$ donc $1 \in E$.

E est minoré : $\forall x \in E,\ x \ge 0$ donc 0 minore E.

Donc $m = \inf(E)$ existe. L'idée est évidemment de montrer que ce point m là, qui est le seul point intéressant que l'on puisse construire avec les données, est point fixe.

Montrons que m est élément de $[0,1]$:

$1 \ge m$ car $1 \in E$ et m minore E.

$0 \le m$ car 0 minore E et m est le plus grand minorant de E.

Notons par ailleurs une propriété intéressante de E :

$$x \in E \Leftrightarrow f(x) \le x \underset{f \text{ croissante}}{\Rightarrow} f[f(x)] \le f(x) \Rightarrow f(x) \in E \qquad (*)$$

Pour montrer que $f(m) = m$ on procède par double inégalité.

❑ m minore E donc $\forall x \in E,\ x \ge m$ et par croissance de f, $f(x) \ge f(m)$ et $x \ge f(x) \ge f(m)$ car x est dans E . Donc $f(m)$ minore E et est par conséquent inférieur à l'inf : $\boxed{f(m) \le m}$.

❑ La dernière inégalité jointe au fait que m est dans $[0,1]$ dit que m est dans E. Donc f(m) aussi par (*), et f(m) est donc minoré par m : $\boxed{f(m) \ge m}$. C'est gagné...

---

6. Ici on cherche à annuler $h(x) = f(x) - g(x)$.
Evidemment on se précipite sur les valeurs intermédiaires, et ça ne marche pas car on n'a pas de renseignement sur le signe de $f(0) - g(0)$ ni de $f(1) - g(1)$.

On a vu (idée **2**) qu'il était judicieux de raisonner par l'absurde, en supposant h strictement positive sur $[0,1]$, compact, donc d'après l'exemple de l'idée **6** :

$$\exists r > 0 \ / \ \forall x \in (0,1) \quad f(x) - g(x) \geq r > 0.$$

Bon. Mais fg et gf ? On ne peut pas appliquer f ou g aux deux membres de l'inégalité puisque ni f ni g n'est monotone.
Par contre en particularisant $x = f(t)$, puis $x = g(t)$, on obtient respectivement :

$$f(f(t)) - f(g(t)) \geq r$$

$$g(f(t)) - g(g(t)) \geq r$$

En additionnant, et en tenant compte de fg = gf il vient (les puissances indiquant la composition f o f) :

$$f^2(x) - g^2(x) \geq 2r.$$

On voit donc en regardant bien qu'il y a de la récurrence là-dessous, et on obtient :

$$f^n(x) - g^n(x) \geq nr.$$

Par ailleurs on a évidemment $f^n(x) \in [0,1]$ et $g^n(x) \in [0,1]$ (puisque f et g sont à valeurs dans $[0,1]$). On a donc par majoration du membre de gauche :

$$\forall n \quad 2 \geq nr$$

Ce qui est impossible (**N** n'est pas borné...). Donc h s'annule.

---

7. a) Lorsqu'on regarde bien les idées qu'on peut avoir sur les fonctions convexes, et la fonction qu'on doit étudier ($\frac{f(x)}{x}$), on se dit que la fonction *pente* peut avoir un rapport avec la question posée.

Puisque f est convexe, pour a fixé la fonction $x \longrightarrow \frac{f(x) - f(a)}{x - a}$ est croissante (c'est la pente de la droite (AM)) donc en $+\infty$ elle a une limite dans $\mathbf{R}^+ \cup \{+\infty\}$.

Il suffit de conclure en disant que $\frac{f(x)}{x}$ est équivalente, en $+\infty$, à $\frac{f(x) - f(a)}{x - a}$...

b) On continue sur notre lancée. On fixe a. La fonction $x \longrightarrow \frac{f(x) - f(a)}{x - a}$ tend aussi vers L, et comme elle est croissante, elle est toujours inférieure à sa limite.

Donc **pour x>a**, on a :

$$f(x) - f(a) \leq L.(x - a) \leq 0$$

et donc $f(x) \leq f(a)$, CQFD.

---

8. Les seuls points qui posent réellement un problème sont 1 (et -1, mais f est paire donc on traitera 1) car ailleurs les théorèmes généraux (méthode **4**) assurent du résultat.

On parle d'infinie dérivabilité donc on se rabat sur la méthode, qui nous dit qu'il va falloir trouver une formule pour $f^{(n)}(t)$.

Après avoir sué sang et eau, vous arriverez à prouver par récurrence que sur $]-1,1[$:

$$\boxed{f^{(n)}(t) = \frac{P_n(t)}{\left(1-t^2\right)^{2n}}.\exp\left(-\frac{1}{1-t^2}\right)}$$

où $P_n(t)$ est un polynôme en t.

On va établir par récurrence la proposition : f est C^n sur $]-1,+\infty[$ **et** $f^n(1)=0$.

Le passage de n-1 à n se justifie comme suit :

- ❑ $f^{(n-1)}$ est continue sur $]-1,+\infty[$.
- ❑ $f^{(n-1)}$ est dérivable sur $]-1,1[\,\cup\,]1,+\infty[$ (d'après la formule donnant $f^{(n-1)}$).
- ❑ $f^{(n-1)'} = f^{(n)}$ a une limite pour t tendant vers 1 :

  - par valeurs supérieures : la limite est évidemment zéro,
  - par valeurs inférieures $f^{(n)}$: en effet si $u=\left(1-t^2\right)^{-1}$: $\lim\limits_{t\to 1^-} u(t)=+\infty$ et alors

$$\lim_{1^-}\left\{\frac{P_n(t)}{\left(1-t^2\right)^{2n}}.\exp\left(-\frac{1}{1-t^2}\right)\right\} = P_n(-1).\ \lim_{+\infty}\left(u^{2n}e^{-u}\right)=0.$$

La méthode **5** s'applique et assure que $f^{(n)}(1)$existe et vaut zéro ce qui achève la récurrence. En définitive f est C^∞.

---

9. Il est naturel de s'intéresser à l'ensemble E = $\left\{t\in[a,b] \text{ tels que } f(t)=f(a)\right\}$.
Cet ensemble est, de manière évidente, non vide (a,b $\in$E), borné et fermé (idée **4**).
Il admet donc une borne supérieure c qui est dans E.

c est évidemment distinct de a puisque $c \geq b > a$.

Montrons que c est distinct de b : sinon en utilisant une suite (b_n) de points de E qui tend vers b (qui existe car la borne sup de E est dans l'adhérence de E) on aurait :

$$f'(b)=\lim_{\infty}\frac{f(b_n)-f(b)}{b_n-b}=\lim_{\infty}\frac{f(a)-f(b)}{b_n-b}=0$$

ce qui contredit f' (b) > 0.
Donc c<b et il y a des points entre c et b, ce qui est essentiel.
On aimerait bien que $f'(c)\leq 0$. On va donc supposer le contraire.

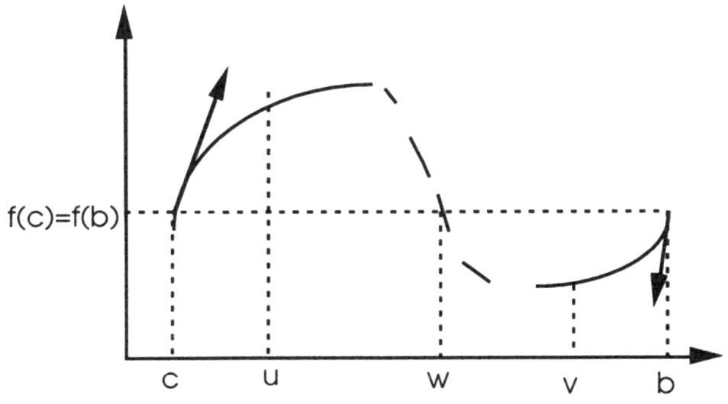

En faisant un petit dessin avec f'(c) positif, on s'aperçoit qu'à droite de c, f prend des valeurs plus grandes que f(c)=f(a).

En effet (idée **1**), f ' est continue et strictement positive en c donc strictement positive sur $]c-\alpha, c+\alpha[$. Donc localement à droite de c, f est strictement croissante.

Soit u dans $[c,b]$ tel que f(u)>f(a).

En exploitant de façon analogue le fait que $f'(b)>0$, on construit v un peu à gauche de b tel que f(v)<f(a).

La fin est facile : le T.V.I assure de l'existence d'un réel w entre u et v tel que f(w)=f(a).

Alors w est dans E et est strictement supérieur à sup E, absurde.

Donc $f'(c)\le 0$.

---

10. Posons comme suggéré :

$$A(x)=\frac{f(x)-f(a)}{x-a} \text{ sur }]a,b] \text{ et } A(a)=f'(a).$$

Par construction A est continue sur $[a,b]$, donc d'après le TVI prend toute valeur entre

$$A(a)=f'(a) \text{ et } A(b)=\frac{f(b)-f(a)}{b-a}.$$

En appliquant le TAF on voit que pour tout x de $]a,b]$, il existe $c_x \in]a,x]$ tel que

$$A(x)=\frac{f(x)-f(a)}{x-a}=f'(c_x).$$

On en déduit que f ' prend toutes les valeurs entre $f'(a)$ et $\frac{f(b)-f(a)}{b-a}$.

En utilisant de même la fonction $B(x)$ prolongée en b, on constate que f ' prend toutes les valeurs entre $\frac{f(b)-f(a)}{b-a}$ et $f'(b)$. D'où la conclusion.

REMARQUE : On n'a utilisé que la dérivabilité, pour prolonger A et B en a et b, et rien d'autre...

Chapitre 6
METHODES DE RESOLUTION DES EQUATIONS FONCTIONNELLES

Le but de ce chapitre est de présenter les deux principales méthodes à votre disposition pour résoudre les équations fonctionnelles usuelles.
On a choisi, par souci de clarté, de les présenter au travers d'un même exemple, auquel on peut les appliquer toutes les deux :

Soit à déterminer toutes les fonctions continues de **R** dans lui-même telles que :

$$\forall (x,y) \in \mathbf{R}^2 \quad \boxed{f(x+y)=f(x)+f(y)} \qquad (*)$$

METHODE 1 : Méthode progressive

a) principe : la méthode consiste à avancer à tâtons et à deviner ce que vaut f sur des ensembles de plus en plus grands.

b) idées fondamentales à retenir : il y en a deux :
- d'une part appliquer la relation (*) à des couples (x,y) judicieusement choisis,
- d'autre part utiliser la densité de **Q** dans **R**. (cf. chapitre 4).

c) mise en œuvre pratique :

❑ On applique plus ou moins « au pif » la relation (*) à différents couples (x,y) et on regarde ce qu'on obtient :

$(x,y)=(0,0)$ donne $2.f(0)=0$ soit $f(0)=0$

$(x,y)=(0,1)$ donne $f(1)=f(1)$ aucun intérêt !

$(x,y)=(1,1)$ donne $f(2)=2.f(1)$

$(x,y)=(2,1)$ donne $f(3)=f(2)+f(1)=3.f(1)$

❑ On montre donc évidemment par récurrence sur n que : $\forall n \in \mathbf{N},\ f(n)=n.f(1)$

on peut étendre cette relation (en prenant les couples (x,nx)) :

$$\boxed{\forall n \in \mathbf{N},\ f(nx)=n.f(x)}$$

❑ On aimerait passer à l'ensemble **Z**, entiers négatifs, donc examiner $f(-t)$ où t>0 :

$(x,y)=(t,-t)$ donne $f(t)+f(-t)=f(t-t)=f(0)=0$ donc : $f(-t)=-f(t)$

donc la relation précédente vaut sur **Z** :

$$\boxed{\forall n \in \mathbf{Z},\ f(nx)=n.f(x)}$$

❑ On voudrait passer à **Q** ; en appliquant la dernière relation à $x=\dfrac{t}{n}$ (où t est réel) :

$$f\left(n.\frac{t}{n}\right)=n.f\left(\frac{t}{n}\right)$$

ce qu'on peut lire sous la forme :

$$f\left(\frac{t}{n}\right)=\frac{1}{n}.f(t)$$

en particularisant ensuite t de la forme p.x (où p est entier), il vient :

$$f\left(\frac{px}{n}\right)=\frac{1}{n}.f(px)=\frac{1}{n}.(p.f(x))=\frac{p}{n}.f(x)$$

d'où finalement :

$$\boxed{\forall r\in\mathbf{Q},\ f(rx)=r.f(x)}$$

en prenant x = 1 on s'aperçoit que :

$$\boxed{\forall r\in\mathbf{Q},\ f(r)=r.f(1)}$$

❑ On voudrait enfin passer à **R** ; c'est là qu'intervient de façon essentielle la continuité de f et la densité de **Q** dans **R**.

Soit un réel x quelconque : il existe une suite (x_n) de rationnels qui tend vers x ; alors :

$f(x)$	$=\lim\limits_{n\infty} f(x_n)$	(car f est continue)
	$=\lim\limits_{n\infty} (x_n.f(1))$	(d'après ce qu'on a démontré pour les rationnels)
	$=\left(\lim\limits_{n\infty} (x_n)\right).\ f(1)$	(évident)
	$=x\ .\ f(1)$	(car la suite tend vers x)

Donc la formule qu'on a trouvée est aussi valable sur **R** :

$$\boxed{\forall x\in\mathbf{R},\ f(x)=x.f(1)}$$

❑ Dernière étape (à ne pas oublier) : on vérifie que les fonctions ainsi trouvées conviennent : toute fonction de la forme $f(x)=a.x$ est évidemment solution.

d) résumé :

❑ Intuiter la fonction sur **N**, **Z**, et **Q**.

❑ Passer à **R** par densité et continuité.

❑ Vérifier que de telles fonctions sont solutions du problème posé.

METHODE 2 : Méthode intégro-différentielle

a) principe : Arriver à établir une équation différentielle d'ordre 1 ou 2 sur f.

b) idées fondamentales à retenir :

- On montre que f est suffisamment régulière (généralement C^1 ou C^2) en intégrant l'équation fonctionnelle et en utilisant les théorèmes sur les intégrales à paramètre.

- On détermine une équation différentielle sur f en dérivant par rapport à x l'équation fonctionnelle.

c) mise en oeuvre pratique :

Commençons d'abord par rappeler le résultat essentiel :

Soit f une fonction continue et $F(x)=\int_0^x f(t)dt$. F est C^1 et $F'(x) = f(x)$

❑ Intégrons la relation (*) entre 0 et y (par exemple) :

$$\int_0^y f(x+t).dt = \int_0^y f(x).dt + \int_0^y f(t).dt$$

qu'on réécrit, en faisant un changement de variable évident :

$$\int_x^{x+y} f(t).dt = y.f(x) + \int_0^y f(t).dt.$$

D'où, en choisissant y = 1 et en introduisant une primitive F de f :

$$F(x+1) - F(x) = f(x) + \text{Cste} \quad (**).$$

Sous cette forme, f apparaît comme une fonction C^1 (puisque F est C^1).

❑ Puisqu'on sait que f est C^1, on peut dériver (*) par rapport à x et on trouve évidemment :

$$\forall x, \forall y \qquad f'(x+y) = f'(x).$$

D'où f ' est constante et $f(x) = a.x + b$.

On sait déjà (cf. méthode **1**) que $f(0) = 0 = b$ donc $f(x) = a.x$.

❑ On s'est déjà assuré que les fonctions a.x étaient solution.

REMARQUE :

La relation (**) prouve en fait que f est de classe C^∞ : il suffit de procéder par récurrence (en effet : f continue $\Rightarrow$ F est C^1 $\Rightarrow$ f est C^1 $\Rightarrow$ F est C^2 etc...). Ici on n'a besoin que de la dérivabilité de f.

d) résumé :

❑ Prouver que f est dérivable (ou deux fois dérivable) en *intégrant* la relation.

❑ Déterminer une équation différentielle sur f en *dérivant* la relation.

❑ Vérifier que les fonctions trouvées conviennent.

Astuces

❑ On utilise en permanence les propriétés des fonctions numériques (donc vous avez intérêt à revoir le chapitre précédent).

❑ La récurrence est omniprésente, et elle se conjugue très souvent au lemme qu'on rappelle :

$$f \text{ continue et } (x_n) \text{ tend vers } x \Rightarrow (f(x_n)) \text{ tend vers } f(x)$$

En particulier il faut penser à faire apparaître des quantités du style $f(nx)$, $f\left(\frac{x}{2^n}\right)$, etc.

Erreurs

❑ On omet très souvent de vérifier que les fonctions trouvées par conditions nécessaires sont effectivement solutions.

❑ Beaucoup d'exercices sont facilités lorsqu'on prend le logarithme népérien de l'équation fonctionnelle. Le « seul » problème (qui est souvent le plus épineux) est de s'assurer que les membres sont de signe constant…

Exercices

*Dans les exercices proposés, on demande de déterminer toutes les fonctions continues (**sauf** au **3**) qui vérifient l'équation fonctionnelle indiquée.*

1. $\forall(x,y)\in\mathbf{R}^2 \quad f(x+y)\,.\,f(x-y) = [f(x).f(y)]^2.$

2. $\forall(x,y)\in\mathbf{R}^{+2} \quad f(xy) = f(x) + f(y).$

3. a) $\forall x\in\mathbf{R} \quad f(2x) = 2\,.\,f(x)$ f étant seulement dérivable en 0.

b) $\forall x\in\mathbf{R} \quad f(2x) = [f(x)]^2$ f étant seulement dérivable en 0.

4. $\forall(x,y)\in\mathbf{R}^2 \quad f(x) - f(y) = \int_{x+2y}^{2x+y} f(t).dt.$

5. $\forall(x,y)\in\mathbf{R}^2 \quad f(x+y) + f(x-y) = 2.f(x).f(y)$

et : il existe a tel que $f(a)=0$.

6. $\forall(x,y)\in\mathbf{R}^2 \quad f(x) - f(y) = (x-y).f'(ax+(1-a)y)$

où : a est un élément de $[0,1]$ donné et f est supposée dérivable partout.

7. $\forall x\in\mathbf{R} \quad f(2x+1) = f(x).$

8. $\forall x\in[0,1] \quad f(x) = \sum_{n=1}^{+\infty} \frac{f(x^n)}{2^n}.$

(Pour x<1, on se placera sur l'intervalle sur $[0,x]$ *et on définira* $m(x)$ *et* $M(x)$ *de la façon suivante :*

$$f(m(x)) = \inf_{t\in[0,x]} f(t) \quad et \quad f(M(x)) = \sup_{t\in[0,x]} f(t).$$

On comparera alors $f(m(x))$ *et* $f(M(x))$*).*

Corrigés

Pour tous les exercices, (E) désignera de façon abrégée l'équation fonctionnelle de l'énoncé.

1. Comme on n'aime pas beaucoup les produits et les puissances, on aimerait se ramener à quelque chose de linéaire en prenant le logarithme. Mais le peut-on ?

❑ Regardons d'abord si on peut espérer que f soit positive : la réponse est non ;

x=y=0 donne : $f^2(0)=f^4(0)$ donc : $f(0)\in\{-1;0;1\}$

x=y donne : $f(2x).f(0)=f^4(x)$ (*)

Là, on réfléchit un tout petit peu :

- si $f(0)=0$ la relation (*) montre que f est identiquement nulle.
- s'il existe a tel que $f(a)=0$ une récurrence sur n montre par (*) : $\forall n\ f\left(\frac{a}{2^n}\right)=0$.

La continuité de f en 0 assure par passage à la limite n infini que $f(0)=0$, donc $f=0$.

En résumé :

- ou bien f s'annule toujours (et $f=0$ est solution de (E)),
- ou bien f ne s'annule jamais, **donc** est de signe constant (cf. chapitre 5).

❑ Quitte à changer f en $(-f)$ on suppose que $f>0$ donc que : $f(0)=1$. Et là, on prend le logarithme népérien et on pose : $g=\ln(f)$. Alors :

$$g(x+y)+g(x-y)=2.(g(x)+g(y))$$
$$g(0)=0$$

Là, il est évidemment tentant de prendre la méthode **1** :

❑ $x=y=t$ donne : $g(2t)=4.g(t)$

$(x,y)=(2t,t)$ donne : $g(3t)=2.[g(2t)+g(t)]-g(t)=10.g(t)-g(t)$

On a évidemment envie de prouver que :

$$g(nt)=n^2.g(t) \qquad (**)$$

ce qui se fait sans aucun problème par récurrence ; en particulier :

$$g(n)=n^2.g(1).$$

❑ Passage aux rationnels : on pose $t=\frac{x}{n}$ dans (**) : $g\left(n\frac{x}{n}\right)=g(x)=n^2.g\left(\frac{x}{n}\right)$ soit :

$$g\left(\frac{x}{n}\right)=\left(\frac{1}{n}\right)^2.g(x) \qquad (***)$$

Donc pour tous p et q entiers, en utilisant (**) et (***) :

$$g\left(\frac{p}{q}x\right)=p^2.g\left(\frac{x}{q}\right)=p^2.\frac{1}{q^2}.g(x)=\left(\frac{p}{q}\right)^2.g(x).$$

Donc pour tout rationnel : $g(r)=r^2.g(1)$.

❑ Passage aux réels : on vous laisse reprendre les arguments de la méthode pour montrer que :

$$\forall x \ \ g(x) = x^2.g(1).$$

Donc g est nécessairement de la forme $a.x^2$, donc f de la forme : $\exp\left(a.x^2\right)$.

Finalement les solutions possibles sont :

$$f(x) = e^{a.x^2}$$

$$f(x) = -\ e^{a.x^2}$$

$$f(x) = 0$$

❑ On vérifie sans mal que ces trois types de fonctions sont solutions, ce sont donc les seuls.

---

2. Remarquons d'abord que le logarithme népérien est solution, ce qui incite à chercher une équation différentielle de la forme $x.f'(x) = \text{constante}$ (c'est **la** caractérisation du ln).

❑ Essayons donc la méthode **2**. On intègre par rapport à y entre a et b :

$$\int_a^b f(yx)dy = (b-a).f(x) + \int_a^b f(y)dy.$$

Il vient alors, puisque x>0 donc non nul et en imposant $b - a = 1$ (pour simplifier) :

$$f(x) = \frac{1}{x}.\int_{a.x}^{(a+1).x} f(t).dt - \int_a^{a+1} f(t)dt.$$

Sous cette forme, f apparaît comme une fonction C^1 de x>0.

❑ En dérivant (E) il vient :

$$y.f'(xy) = f'(x).$$

En particularisant x=1 on en déduit que :

$$\forall y > 0 \ \ f'(y) = \frac{A}{y}.$$

D'où :

$$\forall y > 0 \ \ f(y) = A.\ln(y) + B.$$

Pour prouver que B est nul il suffit de faire $x = y = 1$ dans $f(1) = 2.f(1)$ donc $f(1) = 0$.

Finalement $f(x) = A.\ln(x)$, qui est solution d'après notre remarque introductive.

---

3. a) Puisqu'on parle du point zéro, faisons $x = 0$: on trouve $f(0) = 0$.

Donc par définition de la dérivée en zéro (qui est le seul point où l'on ait un bon renseignement) : il existe

$$\lim_{x \to 0} \frac{f(x) - f(0)}{x - 0} = \lim_{x \to 0} \frac{f(x)}{x} = L.$$

Posons donc $g(x) = \dfrac{f(x)}{x}$.

On réécrit (E) sous la forme : $g(2x) = g(x)$ et $g(0) = L$.

Une petite récurrence s'impose : $\forall n \quad g(x)=g\left(\frac{x}{2^n}\right)$. En faisant tendre n vers $+\infty$:

$$\forall x \quad g(x)=L.$$

Donc g est nécessairement constante, et f est linéaire ($f(x)=L.x$), qui est évidemment solution.

b) Evidemment, on n'est pas tombé de la dernière pluie, et on aimerait bien se ramener au a) en prenant le logarithme népérien, et se pose le problème du **signe de f**.

Regardons les valeurs de $f(0)$: $x=0$ donne $f(0)=0$ ou $f(0)=1$.
Or :

$$f(x)=\left[f\left(\frac{x}{2}\right)\right]^2.$$

Ce qui montre que f est positive ou nulle.

De plus en récurrant (judicieux) :

$$f\left(\frac{x}{2^n}\right)=\left[f(x)\right]^{\frac{1}{2^n}}.$$

Si f venait à s'annuler en a, alors : $f\left(\frac{a}{2^n}\right)=\left[f(a)\right]^{\frac{1}{2^n}}=0$ donc $f(0)=0$ à la limite.

Supposons $f(0)$ non nul, donc $f(0)=1$; alors f ne s'annule pas donc est strictement positive et on peut passer au logarithme et retomber sur a).

En résumé : ou f est nulle, ou f est de la forme $\exp(Lx)$ (qui conviennent).

---

4. Pas d'hésitation quant au choix : c'est la méthode **2**.

(E) est déjà sous une forme intégrale qui permet de conclure que f est C^∞.
On se précipite sur la dérivation par rapport à x :

$$f'(x)=2.f(y+2x)-f(x+2y).$$

En choisissant $x=0$:

$$f'(0)=2.f(y)-f(2y).$$

qui se réécrit de façon « symétrique » :

$$2.\left[f(x)-f'(0)\right]=\left[f(2x)-f'(0)\right].$$

En posant $g(x)=f(x)-f'(0)$, g vérifie l'équation du **3** a). Donc $g(x)=g'(0).x$
Or $g'(0)=0$ donc g est nulle, et f est constante.

En reportant dans (E), on montre que la constante est nulle. Donc la solution est 0.

REMARQUE : Cet exercice montre bien qu'il est indispensable de vérifier si les solutions trouvées conviennent effectivement.

---

5. Appliquons la méthode **2**. Evidemment, la fonction nulle convient.

Supposons f non nulle : alors il existe t tel que : $f(t)\neq 0$. En intégrant (E) par rapport à x on montre que f est dérivable, puis par récurrence que f est C^∞.

En dérivant (E) deux fois par rapport à x, et deux fois par rapport à y on obtient :

$$f''(x+y)+f''(x-y)=2.f''(x).f(y)$$
$$f''(x+y)+f''(x-y)=2.f(x).f''(y)$$

(une seule dérivation donne des membres différents à gauche).

En prenant par exemple $y=t$ on obtient une équation différentielle de la forme :

$$f''(x)=\lambda.f(x)$$

$\lambda=0$: donne les fonctions affines ; reporté dans (E), on obtient f constante, mais comme elle doit s'annuler d'après l'énoncé, on obtient f identiquement nulle, impossible ici.

$\lambda>0$: fournit le cosinus hyperbolique, qui ne s'annule pas.

$\lambda<0$: fournit les fonctions $\cos\sqrt{-\lambda}x$, solutions pour toute valeurs du paramètre.

---

6. On sait déjà que f' existe. Mais quitte à avoir des renseignements sur f', on préférerait pouvoir accéder à $f'(x)$ et pas à $f'(ax+(1-a)y)$; de même $(x-y)$ n'est pas terrible. Posons :

$$u=x-y$$
$$v=ax+(1-a)y$$

u et v étant donnés, il existe un seul couple (x,y) solution car le déterminant du système est 1. On peut réécrire (E) sous la forme :

$$u.f'(v) = f(\varphi(u))-f(\psi(v))$$

où φ et ψ sont des fonctions affines. Sous cette forme, il apparaît que f' est dérivable, et par récurrence que f est C^∞.

Sans trop savoir où on va, on peut toujours dériver par rapport à x et à y :

$$f'(x)=f'(ax+(1-a)y)+a.(x-y).f''(ax+(1-a)y)$$
$$-f'(y)=-f'(ax+(1-a)y)+(1-a).(x-y).f''(ax+(1-a)y).$$

En combinant de façon à éliminer la dérivée seconde on obtient :

$$(1-a).f'(x)+a.f'(y)=f'(ax+(1-a)y).$$

L'équation n'est toujours pas exploitable à cause du second membre. Redérivons :

$$(1-a).f''(x)=a.f''(ax+(1-a)y)$$
$$a.f''(y)=(1-a).f''(ax+(1-a)y)$$

En éliminant de nouveau le terme inélégant on obtient :

$$(1-a)^2.f''(x)=a^2.f''(y).$$

Distinguons alors deux cas :

- ou $a=1-a$ alors $a=\frac{1}{2}$ et $f''(x)=f''(y)$ donc f'' est constante et $f(x)=Ax^2+Bx+C$,
- ou $a\neq\frac{1}{2}$ alors en faisant x=y on trouve $f''(x)=0$ et $f(x)=Ax+B$.

Il est facile de vérifier que les fonctions de la forme $f(x)=Ax^2+Bx+C$ sont solutions.

---

7. Vous devez bien sentir qu'il y a une récurrence dans cet exercice (cf. par exemple le **3**). Or vous avez bien compris que dans ce même exercice **3**, il fallait écrire :

$$f(2x) = 2 \,.\, f(x)$$

en faisant apparaître $\frac{x}{2}$, comme cela la récurrence amenait $\frac{x}{2^n}$, donc en zéro.

On fait pareil ici : $y = 2x+1 \Leftrightarrow x = \frac{y+1}{2}$ donc on en déduit :

$$\forall x \quad f(x) = f\left(\frac{x+1}{2}\right).$$

On itère ensuite par récurrence ; en posant pour n entier :

$$u_0 = x$$
$$u_{n+1} = \frac{u_n+1}{2}$$

on obtient : $\forall n \quad f(u_n)=f(u_0)=f(x)$.

On a tout fait pour que l'itération converge ; il est évident de montrer que u converge vers (-1) en remarquant par exemple que l'on a : $u_{n+1}+1=\frac{1}{2}(u_n+1)$.

Finalement on obtient par continuité de f et par passage à la limite (toujours le même argument) :

$$\forall x \quad f(x)=f(-1)$$

f est nécessairement constante, et réciproquement une fonction constante convient.

---

8. Cet exercice est plus difficile que les autres, car il utilise des ruses assez impressionnantes (j'ai assisté à la planche orale du candidat qui a hérité de cet exercice, autant dire qu'il a ramé). On va donc y aller progressivement.

❑ Il fallait évidemment expliquer que la série du second membre convergeait, ce qui n'était pas difficile, vu que f est continue sur le compact $[0,1]$, donc bornée et :

$$\left|\frac{f(x^n)}{2^n}\right| \leq \frac{M}{2^n}$$

qui assure de la convergence normale, donc uniforme et a fortiori simple de la série de fonctions par rapport à x sur $[0,1]$.

❑ De plus: $\sum_{1}^{+\infty} \frac{1}{2^n}=1$, donc les fonctions constantes conviennent et (E) s'écrit :

$$\sum_{n=1}^{+\infty} \frac{f(x)-f(x^n)}{2^n}=0 \qquad (*)$$

On a une série de somme nulle ; on ne peut rien en déduire, sauf si le terme général est de signe constant auquel cas tous les termes sont nuls (facile à prouver par l'absurde).

❑ Reprenons les indications de l'énoncé. Comme $0 \leq x < 1$ on a : $0 \leq m(x) \leq M(x) \leq x < 1$,

donc on a : $(m(x))^n \leq m(x) \leq x$, donc par définition de m(x) : $f\left[(m(x))^n\right] \geq f[m(x)]$.

En appliquant (*) à m(x), avec cette fois une série de terme général de signe négatif on en déduit, comme sa somme est nulle, que tous ses termes sont nuls :

$$\forall n \quad f\left[(m(x))^n\right] = f[m(x)].$$

Comme $m(x) < 1$, on peut passer à la limite pour $n\infty$ et :

$$\boxed{f(m(x)) = f(0)}$$

On reproduit le même raisonnement à M(x) :

on a : $(M(x))^n \leq M(x) \leq x$, donc par définition de M(x) : $f\left[(M(x))^n\right] \leq f[M(x)]$.

On en déduit alors :

$$\boxed{f(M(x)) = f(0)}$$

❑ Donc sur tout intervalle $[0, x]$ f est constante puisque son sup et son inf sont égaux ; elle est donc constante sur $[0, 1[$, et par continuité sur $[0, 1]$.

Alors, vous avez aimé ?

Chapitre 7
DERIVEES, FORMULES DE TAYLOR ET DEVELOPPEMENTS LIMITES

I. Formules de Taylor

A) Enoncé des formules de Taylor

Deux remarques avant de les énoncer :

- il faut connaître par cœur les formules et leur cadre d'application,

- les hypothèses faites sur les fonctions sont très fortes, mais il est inutile d'avoir des hypothèses plus faibles vu qu'on est toujours dans les conditions ci dessous.

n désigne un entier positif ou nul.

Taylor Lagrange (T.L)

(i) $f \in C^n[a,b]$ alors il existe $c \in \,]a,b[$ tel que :

(ii) $f \in D^{n+1}]a,b[$

$$f(b) = f(a) + \frac{(b-a)}{1!}.f'(a) + \frac{(b-a)^2}{2!}.f''(a) + \ldots + \frac{(b-a)^n}{n!}.f^{(n)}(a) + \frac{(b-a)^{(n+1)}}{(n+1)!}.f^{(n+1)}(c).$$

Taylor Reste Intégral (T.R.I)

si $f \in C^{n+1}[a,b]$ alors :

$$f(b) = f(a) + \frac{(b-a)}{1!}.f'(a) + \frac{(b-a)^2}{2!}.f''(a) + \ldots + \frac{(b-a)^n}{n!}.f^{(n)}(a) + \int_a^b \frac{(b-t)^n}{n!}.f^{(n+1)}(t)\,dt$$

Taylor-Young (T.Y)

s'il existe $f^{(n)}(a)$ alors :

$$f(x) = f(a) + \frac{(x-a)}{1!}.f'(a) + \frac{(x-a)^2}{2!}.f''(a) + \ldots + \frac{(x-a)^n}{n!}.f^{(n)}(a) + (x-a)^n.\varepsilon(x) \text{ où : } \lim_a \varepsilon = 0$$

B) Comment ne pas mélanger les hypothèses des formules :

Le moyen le plus simple de retrouver les hypothèses des formules de Taylor est de savoir ce que donnent ces mêmes formules pour des petites valeurs de n, pour lesquelles les hypothèses sont évidentes.

Taylor Lagrange :

$\boxed{n=0}$

La formule donne :

$$f(b) = f(a) + (b-a).\, f\,'(c)$$

c'est-à-dire le TAF (accroissements finis) dont vous êtes sensés connaître les hypothèses :

$$f \in C^0\,[a,b] \quad \text{et } f \in D^1\,]a,b[\,.$$

De là on retrouve évidemment le cas général.

Taylor Reste Intégral :

$\boxed{n=0}$

La formule donne :

$$f(b) = f(a) + \int_a^b f'(t)\,dt\,.$$

Pour que cette formule ait un sens, il suffit que f ' soit intégrable ; or on ne sait intégrer « que des fonctions continues ». Donc il suffit de supposer que f est C^1.

Le cas général est donc f de classe C^{n+1}.

Taylor Young :

$\boxed{n=0}$

La formule donne :

$$f(x) = f(a) + \varepsilon(x) \quad \text{où : } \lim_a \varepsilon = 0$$

qui exprime la continuité de f en a .

$\boxed{n=1}$

La formule donne :

$$f(x) = f(a) + (x-a).f'(a) + (x-a).\varepsilon(x) \quad \text{où : } \lim_a \varepsilon = 0$$

qu'on peut interpréter comme : il existe $\lim_a \dfrac{f(x)-f(a)}{x-a}$, soit f dérivable en a.
Le cas général est donc l'existence de la dérivée n-ième en a.

REMARQUE :

Pour ceux qui ne sont pas trop familiers avec les notations de Landau (« petit o » et « grand O »), il est nettement préférable d'écrire ces expressions sous une forme plus explicite plutôt que de risquer de commettre une erreur : il y a suffisamment de sources d'erreur par ailleurs.

C) Méthodes d'emploi de ces formules

Une fois qu'on a retenu les hypothèses et l'énoncé des formules, il faut impérativement comprendre **la différence essentielle entre d'une part Taylor Young, et d'autre part Taylor-Lagrange ou reste intégral.**

T.L et T.R.I : propriétés GLOBALES

On peut, à l'aide de ces formules, établir pour x variant sur $[a,b]$, ou sur **R**, des inégalités globales, en particulier en majorant les dérivées n-ièmes.

Signalons aussi un autre cas fréquent d'emploi : avec les séries entières (cf. chapitre 13, méthode **6**).

Quelle différence y a-t-il entre T.L et T.R.I ? Moralement, la différence est faible ; il s'agit du niveau de précision que l'on souhaite obtenir :

- la formule avec reste intégral est exacte, donc rigoureuse et précise,

- la formule avec le reste de Lagrange assure de l'existence du réel « c », mais on n'a aucun renseignement précis sur c. Elle est donc moins fine, mais bien souvent suffisante.

T.Y : propriétés LOCALES

Il faut bien se rendre compte que l'on ne sait rien de la fonction $\varepsilon(x)$ introduite, sinon qu'elle tend vers zéro en a. On ne peut donc espérer avoir de renseignements dignes de ce nom que très près de a, dans un voisinage.

On pourra donc obtenir :

- des inégalités locales autour de a,

- une étude de signe de $f(x)-f(a)$ au voisinage de a (cas particulier : a est un zéro),

- une étude de la position relative de la courbe par rapport à sa tangente en a (étude du signe de dérivées d'ordre convenable dans un voisinage de a),

- la valeur des limites d'expressions en a.

Cette dernière situation étant très fréquente, nous sommes naturellement amenés à parler des développements limités.

II. Développements limités

A) Principaux développements limités

Quitte à nous répéter, nous vous rappelons à toutes fins utiles qu'au même titre que les formules de Taylor, ces choses-là doivent être sues par cœur.
Voir tableau chapitre 25.

B) Principales méthodes d'obtention des D.L.

RAPPEL : On note « $DL_n(a)$ de f » le développement limité de la fonction f à l'ordre n en a.

Le but de cette section est de mettre au point, de façon succincte, les principales méthodes d'obtention de développements limités, à partir des DL de référence.

METHODE 1: Obtention du $DL_n(0)$ de (f+g)

Il suffit d'ajouter : $DL_n(0)$ de (f+g) = $DL_n(0)$ de f + $DL_n(0)$ de g.

METHODE 2: Obtention du $DL_n(0)$ de f.g

Il suffit de **tronquer** à l'ordre n le produit du $DL_n(0)$ de f par le $DL_n(0)$ de g.

METHODE 3 : Obtention du $DL_n(0)$ de f / g *avec g(0) non nul*

On doit effectuer la division selon les puissances **croissantes** du $DL_n(0)$ de f par le $DL_n(0)$ de g.

Pour effectuer cette opération convenablement, le plus simple est de la poser, comme on fait dans les petites classes pour la division euclidienne (attention, on ne vous a pas dit de faire une division euclidienne...).

METHODE 4 : Obtention du $DL_n(0)$ de g o f

Là, un peu de prudence est de rigueur : il faut tronquer à l'ordre n la composée de $DL_n(f(0))$ de g par le $DL_n(0)$ de f.

En clair si :

$$f(x) = A_n(x) + o(x^n) \qquad \text{avec } A_n(0) = f(0) = a_0$$

$$g(x) = B_n(x) + o(x^n)$$

alors la partie régulière du $DL_n(0)$ de gof est : $B_n[A_n(x) - a_0]$ tronqué à l'ordre n .

METHODE 5 : Obtention du $DL_n(0)$ d'une primitive de f

Soit $F(x) = \int_0^x f(t)dt$. Il suffit d'intégrer le $DL_{n-1}(0)$ de f, en **n'oubliant pas** la constante d'intégration F(0).

C) Quelques conseils pour réussir vos D.L

Les DL constituent un exemple indéniable de ce que l'on peut connaître parfaitement la théorie, et être incapable de la mettre en pratique.

Ces quelques conseils, agrémentés d'un minimum de pratique, devraient vous tirer d'affaire.

CONSEIL 1 : Où est-on ?

Derrière cette question d'apparence philosophique, se cache un piège redoutable.

Vous avez certainement remarqué que TOUS les DL usuels sont donnés en zéro. Or il est des cas où l'on a besoin du $DL_n(a)$ de f (en particulier lorsqu'on compose des fonctions, cf. méthode **4**). Il serait idiot de ne pas s'en rendre compte et de recopier bêtement la formule ! ! !

La méthode est toute simple : si l'on vous demande $DL_n(a)$ de f(x), il suffit de poser $x = t + a$ et de prendre le $DL_n(0)$ de la fonction de t ainsi obtenue.

CONSEIL 2 : Pair ou impair ?

Utiliser astucieusement la parité d'une fonction peut vous permettre d'éliminer tout de suite certains coefficients du DL (puisque la parité de la partie principale est la même que celle de la fonction).

CONSEIL 3 : A propos de la composition des D.L

Lorsqu'on calcule des DL de composées, on est amené à calculer des termes du genre u^2, u^3, u^4 où u est un polynôme en x. Il serait fâcheux d'utiliser une formule genre multinôme pour y parvenir.

Pour calculer u^2 : prendre le carré de tous les termes + les doubles produits.

Pour calculer u^3: calculer le produit $u.u^2$.

Pour calculer u^4: calculer le produit $u.u^3$ ou bien $\left(u^2\right)^2$.

De plus, il est inutile de garder TOUS les termes à chaque fois, il suffit de tronquer à l'ordre de DL souhaité.

Exemple : déterminer le $DL_2(0)$ de $\sqrt{1+\ln(1+x)}$.

Posons u = ln(1+x), qui tend vers 0 avec x. Donc on peut recopier le DL de $\sqrt{1+u}$ tel quel.

Conformément à la méthode **4,** on prend tous les DL à l'ordre 2.

$\sqrt{1+u} = 1+\frac{u}{2}+\frac{u^2}{8}+o(u^2)$

$u = x-\frac{x^2}{2}+o(x^2)$ $\quad (\times \frac{1}{2})$

$u^2 = \quad x^2+o(x^2)$ $\quad (\times \frac{1}{8})$ (remarquez qu'on ne calcule que les termes utiles).

Il n'y a qu'à recopier pour trouver : $f(x) = 1+\frac{x}{2}+x^2.\left(\frac{1}{8}-\frac{1}{2}\right)+o(x^2) = 1+\frac{x}{2}-\frac{3x^2}{8}+o(x^2)$.

CONSEIL 4 : Un peu d'ordre...

Supposons que vous ayez à calculer le produit de $\left(x^2-\frac{x^3}{3}+\frac{x^4}{4}\right)$ par $\left(1+x-\frac{x^2}{3}+\frac{x^4}{6}\right)$

Ce serait perdre un temps précieux que de commencer par développer, puis ensuite d'ordonner.

Cherchez plutôt d'où viennent les termes :

- en x^2 : 2 = 2 + 0 et c'est tout ici donc x^2,

- en x^3 : 3 = 3 + 0 = 2 + 1 donc $x^3\left(-\frac{1}{3}+1\right)$, etc.

En effet, plus vous recopiez de calculs, plus vous avez de chances de vous planter...

N'oubliez pas d'éliminer d'office tous les termes dont le degré dépasserait l'ordre du DL recherché.

D) DL et équivalents : Que choisir ?

Il est rare que le calcul de DL constitue une fin en soi (ou alors changez de concours!!). Ils sont souvent des moyens en vue d'un calcul de limite, par exemple.

ATTENTION ! Ne vous précipitez pas sur les DL, surtout si vous pouvez les éviter...

Supposons qu'on vous donne une limite à calculer :

❑ Commencez par vérifier qu'il y a bien une indétermination quelque part.

❑ Essayez d'utiliser judicieusement les équivalents (voir plus loin) que vous connaissez.

❑ Si cela échoue, alors là vous ne couperez pas au DL ; ce sera à vous d'en fixer judicieusement l'ordre :

- pas trop élevé pour éviter des calculs peu intéressants,

- pas trop bas, pour parvenir au moins à lever l'indétermination.

Disons pour résumer un peu la situation que l'étape de détermination de l'ordre des DL est cruciale, puisque si vous fixez un ordre trop élevé, vous multipliez les chances de vous planter...

Exemple : évaluer $\lim\limits_{0} \dfrac{\ln(\cos(x))}{x^2}$.

Il y a indétermination : c'est le quotient $\dfrac{0}{0}$.

L'argument du logarithme tend vers 1, donc s'écrit 1 + u, où u tend vers 0 :

$\ln(\cos(x)) = \ln(1+[\cos(x)-1]) \approx \cos(x)-1 \approx -\dfrac{x^2}{2}$.

Donc la limite est $-\dfrac{1}{2}$, et ce sans aucun calcul...

Conclusion : fuyez les DL, préférez de loin les équivalents. Ils sont bien souvent suffisants, et tellement plus agréables... La liste des équivalents classiques se trouve au chapitre 25.

E) Remarques à propos des équivalents

❑ L'équivalent passe bien au logarithme c'est-à-dire que :

si $f>0,\ g>0$ et f et g tendent vers $L \in [0,+\infty]-\{1\}$: $f \approx g \Rightarrow \ln(f) \approx \ln(g)$.

❑ MAIS l'équivalent ne passe pas à l'exponentielle : $f \approx g$ n'entraîne pas $e^f \approx e^g$.

En effet :

$f \approx g$ veut dire que $\dfrac{f}{g} \longrightarrow 1$

$e^f \approx e^g$ veut dire que $\dfrac{e^f}{e^g} \longrightarrow 1$, c'est à dire que $e^{f-g} \longrightarrow 1$, donc $(f-g) \longrightarrow 0$

On peut très bien être dans le premier cas sans être dans le deuxième :

$f(x)=x^2+1$ et $g(x)=x^2$ on a $f \underset{\infty}{\approx} g$ mais $\dfrac{e^{x^2+1}}{e^{x^2}} \longrightarrow e$. Donc ça cloche...

Conclusion : si vous avez une expression du style $a(x)^{b(x)}$, commencez par **étudier le logarithme népérien b.ln(a)**, pour voir s'il n'aurait pas une limite...

❑ Il est stupide d'écrire (au voisinage de 0) :

$$\cos(x) \approx 1-\frac{x^2}{2}.$$

Pourquoi ? Parce qu'on peut aussi bien écrire :

$$1-\frac{x^2}{2} \approx 1+\frac{x^{1993}}{1993} \approx 1$$

(ce qui est néanmoins vrai). En effet, un équivalent ne doit comporter qu'un terme, puisque des deux, l'un est sûrement plus grand que l'autre...

Par contre, il est censé, et juste de surcroît, d'écrire :

$$1-\cos(x) \approx \frac{x^2}{2}$$

Vous saisissez la différence ? Sinon, vous pouvez recommencer à lire ce paragraphe car cette remarque est plus importante qu'il n'y paraît...

III. Développements limités des solutions implicites d'une équation

Hormis le calcul « pédestre » de développements limités que nous avons évoqué dans la section précédente, il existe un type d'exercice assez répandu, qui possède une méthode de résolution propre, que nous exposons ci-dessous au travers d'un exemple.

> Soit a_n la solution de l'équation : $\sum_{k=1}^{n} x^k = 1$ sur $[0,1]$. $(n \geq 1)$
>
> a) Démontrer que la définition de a_n a un sens. Calculer les deux premiers termes.
>
> b) Etudier la convergence de la suite (a_n) ainsi définie et déterminer sa limite L.
>
> c) Déterminer un équivalent de $a_n - L$.

a) Le problème de la définition se règle en deux temps.

EXISTENCE : on la prouve par le théorème des valeurs intermédiaires (TVI)

Soit la fonction polynôme : $P_n(x) = \sum_{k=1}^{n} x^k$. Elle est évidemment continue sur $[0,1]$, et l'on a : $P_n(0) = 0$, $P_n(1) = n$.
D'après le TVI, on a, pour $n \geq 1$: $\exists\, a_n \in [0,1]$ tel que $P_n(a_n) = 1$.

Pour n=1 l'équation x=1 a pour solution $a_1 = 1$.

Pour n=2 la solution de $x + x^2 = 1$ comprise entre 0 et 1 est $a_2 = \frac{\sqrt{5}-1}{2}$.

UNICITE : on la prouve en utilisant la monotonie stricte d'une fonction convenable.

Ici, la fonction est évidemment $P_n(x)$, qui est strictement monotone sur $[0,1]$, comme somme de fonctions strictement croissantes sur cet intervalle.
Toute valeur prise est prise au plus une fois, donc :

$$\exists!\, a_n \in [0,1] \text{ tel que } P_n(a_n) = 1.$$

Ceci donne un sens à la définition .

b) ***La convergence se prouve par le théorème de la limite monotone :***

(a_n) est monotone : comparer a_n et a_{n+1} revient à comparer $P_{n+1}(a_n)$ et $P_{n+1}(a_{n+1})$, puisque la fonction P_{n+1} est strictement monotone sur $[0,1]$.

Or : $P_{n+1}(a_{n+1}) = 1$ par définition
et : $P_{n+1}(a_n) = \left(a_n + \ldots + a_n{}^n\right) + a_n{}^{n+1} = P_n(a_n) + a_n{}^{n+1} = 1 + a_n{}^{n+1}$, par définition de a_n.

Donc : $P_{n+1}(a_{n+1}) \leq P_{n+1}(a_n)$, c'est-à-dire que : $a_{n+1} \leq a_n$, donc (a_n) décroît.
(a_n) est bornée : c'est évident par définition même de (a_n) : $0 \leq a_n \leq 1$.

Donc (a_n) est décroissante et minorée, elle converge vers L.

La détermination de la limite se fait en passant à la limite dans la relation de définition.

Notons que : $P_n(x)=\sum_{k=1}^{n} x^k = x.\frac{1-x^n}{1-x}$, donc que $P_n(a_n)=a_n.\frac{1-a_n{}^n}{1-a_n}=1$ (1)

La majoration $a_n \leq 1$ n'est pas assez fine; cependant la monotonie donne :

$$\forall n \geq 2,\ 0 < a_n < a_2 = \frac{\sqrt{5}-1}{2} < 1.$$

On en déduit que : $\lim_{n\infty} (a_n)^n = 0$.

On peut passer à la limite dans (1) et on trouve : $\frac{L}{1-L}=1$ soit : $L=\frac{1}{2}$.

c) ***Pour poursuivre le développement limité, on utilise le « principe de réinjection », qui consiste à réintroduire dans l'équation le développement limité auquel on vient d'aboutir pour trouver le DL au rang suivant.***

L'équation (1) étant plus maniable on la réécrit sous forme : $a_n{}^{n+1} = 2.a_n - 1$ (2).

Posons $u_n = 2.a_n - 1$ soit : $a_n = \frac{1}{2}(1+u_n)$, alors u_n tend vers zéro d'après le b) et (2) devient :

$$(1+u_n)^{n+1} = 2^{n+1}.u_n \qquad (3)$$

Il est évidemment très tentant de passer au ln, ce qui est légitime car u est positive :

$\ln(u_n) = (n+1).[\ln(1+u_n) - \ln(2)] \approx -(n+1).\ln(2)$ (car u tend vers 0, donc ln(1+u) aussi).

On en déduit que $n+1 \approx -\frac{\ln(u_n)}{\ln(2)}$ (4)

En appliquant le sacro-saint principe de réinjection, on reprend le ln de (3) :

$$\ln(u_n) = (n+1)\ln(1+u_n) - (n+1)\ln(2) \qquad (5)$$

Mais

$$(n+1)\ln(1+u_n) \approx u_n.(n+1) \approx u_n.\left(-\frac{\ln(u_n)}{\ln(2)}\right) \xrightarrow[n\infty]{} 0$$

qu'on a obtenu à partir de (4), et de $\lim_{x \longrightarrow 0} (x.\ln(x)) = 0$, puisque u tend vers 0.

En reportant dans (5), on en déduit que : $\ln(u_n) + (n+1)\ln(2) = \ln(2^{n+1}.u_n)$ tend vers 0, donc que $2^{n+1}.u_n$ tend vers 1, ce qui nous donne (enfin) notre équivalent.

Finalement : $a_n - \frac{1}{2} \approx \frac{1}{2^{n+2}}$.

Vous avez compris l'inconvénient principal de ce type d'exercice, qui en fait en même temps sa difficulté essentielle : on ne sait pas vraiment (ou vraiment pas) où l'on va. Il faut aller à tâtons, ce qui est fort déplaisant…

Lu dans les rapports de l'X

❑ « La formule de Taylor reste intégral donne lieu à trop d'à peu près. » (X 89)

❑ « Aucun candidat ayant utilisé la notation « o » dans les formules de Taylor n'a résolu l'exercice. La seule indication « Ne les utilisez donc pas ! » a suffi pour qu'il s'en sorte... » (X 89)

❑ « Lorsqu'ils utilisent les formules de Taylor, beaucoup écrivent a priori le reste de Young alors que le reste de Lagrange, et surtout le reste intégral, le plus précis, sont seuls adaptés à la recherche de propriétés globales... » (X 86)

❑ « Nous avons du mal à entendre complètement l'énoncé du théorème des accroissements finis, dont chaque hypothèse est pourtant cruciale... » (X 87)

❑ « La formule de Taylor reste intégral doit être sue... par cœur ! » (X 87)

Erreurs

❑ Une source d'erreur fréquente dans les calculs de DL vient d'une mauvaise évaluation de l'ordre auquel il faut faire ce DL : souvent choisi trop élevé par peur d'oublier des termes, il entraîne des calculs supplémentaires et des fautes comme s'il en pleuvait.

❑ L'autre source d'erreur est le manque de méthode, et surtout le manque d'entraînement des candidats, impliquant une maladresse qui ne plaît guère aux correcteurs.

❑ *Voir d'autres erreurs dans les paragraphes précédents.*

Exercices

1. Soit a<b et $f \in C^2[a,b]$ telle que f(a)=f(b)=0. Soit $M = \sup_{t\in[a,b]} |f''(t)|$.

a) Démontrer que : $\forall x \in [a,b] \quad \exists c_x \in]a,b[$ tel que : $f(x) = \frac{(x-a)(x-b)}{2}.f''(c_x)$.

On pourra introduire la fonction $\Phi_x(t) = f(t) - \frac{A}{2}(t-a)(t-b)$, *où A est une constante convenablement choisie.*

b) Démontrer que : $\forall x \in [a,b] \quad |f(x)| \leq M.\frac{(x-a)(b-x)}{2}$.

2. On définit les *polynômes binômiaux* de la façon suivante :

$$P_0(x) = 1 \quad P_1(x) = x \quad \text{et} \quad \forall n \geq 1 \quad P_n(x) = \frac{x(x-1)(x-2)\ldots(x-n+1)}{n!}.$$

On admet que pour toute fonction C^∞ sur **R**, il existe une unique suite (a_n) telle que :

$$f(x) - \sum_{k=0}^{n} a_k.P_k(x) = 0 \ (*)$$

pour x=0, x=1,... x=n.

a) Démontrer que :

$$\forall N \ \exists \theta \quad \text{tel que} \quad \forall x : \ f(x) = \sum_{k=0}^{N} a_k.P_k(x) + P_{N+1}(x).f^{(N+1)}(\theta)$$

(On pourra introduire la fonction :

$$g(t) = f(t) - \sum_{k=0}^{N} a_k P_k(t) \ + \ A.P_{N+1}(t)$$

où A est une constante convenablement choisie).

b) En déduire que : $\forall n \quad \exists \lambda_n$ tel que : $a_n = f^{(n)}(\lambda_n)$.

3. Soit $f \in C^2(\mathbf{R})$. Lorsque cela a un sens, on définit :

$$M_i = \sup_{R} |f^{(i)}(t)| \quad \text{pour } i \in \{0,1,2\}.$$

On suppose que M_0 et M_2 existent. Etablir que M_1 existe, et qu'on a l'inégalité :

$$(M_1)^2 \leq 2.M_0.M_2$$

(On pourra utiliser astucieusement une formule de Taylor)

4. Déterminer, en faisant le moins de calculs possible, les limites suivantes :

a) $\lim_{x\to 0} \frac{x^{\sin(x)} - (\sin(x))^x}{x^{sh(x)} - (sh(x))^x}$ b) $\lim_{x\to+\infty} \left[\frac{\ln(1+x)}{\ln(x)}\right]^{x\ln(x)}$

5. Déterminer un développement limité à l'ordre 3 en 0 de : $(chx)^{1/x}$.

6. a) Démontrer que pour n entier non nul, l'équation : $x+\ln(x)=n$, admet sur $\mathbf{R}^+$ une unique solution notée x_n. Calculer x_1.

b) Démontrer que x_n admet un développement limité de la forme :

$$x_n = an + b.\ln(n) + c.\frac{\ln(n)}{n} + o\left(\frac{\ln(n)}{n}\right)$$

où a, b et c sont des constantes réelles que l'on précisera.

7. a) Démontrer que pour $n \geq 3$, l'équation : $x^n = e^x$ admet une unique solution sur $[0,n]$, notée x_n.

b) Démontrer que la suite (x_n) est convergente et préciser sa limite L.

c) Donner un développement limité à deux termes de $(x_n - L)$.

8. a) Démontrer que l'équation : $\tan(x) = x$ admet, sur l'intervalle $\left]n\pi, n\pi+\frac{\pi}{2}\right[$ une unique solution notée x_n, et que celle-ci vérifie : $x_n = \operatorname{Arc}\tan(x_n) + n\pi$.

b) Déterminer un équivalent simple de x_n.

c) Déterminer un développement limité à l'ordre 2 de $x_n - n\pi$, selon les puissances de $1/n$.

Corrigés

1. a) Considérons, sans trop de conviction pour le moment, la fonction :

$$\Phi_x(t) = f(t) - \frac{A}{2}(t-a)(t-b)$$

suggérée par l'indication, et étudions-en les propriétés. On a :

$$\Phi_x \in C^2\,[a,b] \text{ et } \Phi_x(a) = \Phi_x(b) = 0.$$

Le problème est que deux annulations de Φ_x ne donnent qu'une annulation de Φ_x', et rien sur la dérivée seconde. Si Φ_x s'annulait une fois de plus, on aurait deux annulations de la dérivée, et donc une de la dérivée seconde (par les accroissements finis) .

Fixons donc $x \in [a,b]$, et choisissons la constante A telle que : $\Phi_x(x) = 0$, c'est-à-dire que :

$$A = \frac{2.f(x)}{(x-a)(x-b)}$$

sous réserve que $x \notin \{a,b\}$.

La fonction Φ_x ainsi construite est telle que : $\Phi_x(a) = \Phi_x(b) = \Phi_x(x) = 0$.
En appliquant le théorème des accroissements finis sur $[a,x]$ puis sur $[x,b]$, on en déduit que Φ_x' s'annule en deux points **distincts** a_x et b_x .
En appliquant à nouveau ce théorème sur $[a_x,b_x]$, on en déduit que Φ_x'' s'annule au moins une fois en c_x.
Or :

$$\Phi_x''(c_x) = f''(c_x) - A = 0$$

donc :

$$f''(c_x) = A = \frac{2.f(x)}{(x-a)(x-b)}.$$

Si x=a ou x=b on peut prendre c_x quelconque.

b) C'est absolument transparent, vu que f " est majorée par M...

---

2. a) La situation est exactement la même que dans l'exercice précédent, aussi ne donnerons nous que les grandes lignes du raisonnement.

Si $x \in \{0,1,2,\dots,N\}$, l'égalité proposée est vérifiée par toute valeur de θ.

Sinon, la fonction g s'annule pour les N+1 valeurs $\{0,1,2,\dots,N\}$, et on choisit A pour qu'elle s'annule aussi en x.

On a alors : N+2 zéros distincts pour g, donc par emploi répété du T.A.F on obtient :
N+1 zéros distincts pour g '
N zéros distincts pour g " ...
et 1 zéro (au moins) pour $g^{(N+1)}$ qu'on appelle θ.

Or les polynômes P_k sont de degré k, donc de dérivée N+1-ème nulle si $k \le N$.
Donc :

$$g^{(N+1)}(\theta) = f^{(N+1)}(\theta) - A = 0$$

ce qui donne la relation souhaitée en tenant compte du fait que g(x) = 0.

REMARQUE : Ce type de raisonnement, assez artificiel, n'en est pas moins fréquent. Pensez-y...

b) En appliquant la relation admise (*) à x = n, on trouve, compte tenu de ce que $P_n(n)=1$:

$$a_n = f(n) - \sum_{k=0}^{n-1} a_k.P_k(n) \qquad (**)$$

En appliquant le a) à $N=n-1$ on déduit l'existence d'un nombre θ qu'on appelle évidemment λ_n, et qui, compte tenu de (**), vérifie ce qu'on veut.

---

3. On vous invite à utiliser une formule de Taylor, mais on ne vous dit pas laquelle (il faudrait pas pousser quand même...). Si vous avez lu les conseils de méthode rappelés dans la section I C) vous verrez, comme on cherche une inégalité globale pas trop précise, qu'on a intérêt à prendre la formule de Taylor Lagrange.

On l'applique évidemment à l'ordre 2, puisque $f \in C^2(\mathbf{R})$ et qu'on cherche à relier les dérivées d'ordre inférieur ou égal à 2.
On a donc l'existence de réels a_h et b_h tels que :

$$\forall h \quad f(x+h) = f(x) + h.f'(x) + \frac{h^2}{2}.f''(a_h)$$

$$\text{et} \quad f(x-h) = f(x) - h.f'(x) + \frac{h^2}{2}.f''(b_h)$$

(On vous accorde que c'est un peut astucieux, mais bon c'est comme ça...)

Par différence on trouve, en isolant la dérivée première qu'on cherche à majorer :

$$\forall h \quad f'(x) = \frac{f(x+h)-f(x-h)}{2h} + \frac{h}{2}.\left(f''(a_h) - f''(b_h)\right).$$

D'où on déduit en utilisant les définitions des M_i :

$$\forall h \quad |f'(x)| \leq \frac{M_0}{h} + h.M_2.$$

Le majorant est une fonction de h dont on étudie facilement les variations, et dont on trouve qu'elle est majorée par $\sqrt{2.M_0.M_2}$ (valeur atteinte pour $h=\sqrt{2.\frac{M_0}{M_2}}$).
On en conclut finalement que :

$$\forall h \quad |f'(x)| \leq \sqrt{2.M_0.M_2}.$$

Ce qui prouve l'existence de M_1 et l'inégalité souhaitée.

---

4. Le but est donc d'utiliser au maximum les équivalents, et les DL en dernier recours. On vérifie d'abord que les formes sont bien indéterminées.

a) On a des 0^0 un peu partout... On met tout sous forme exponentielle.
Etudions d'abord le numérateur :

$$N(x) = e^{x\ln(x)}.\left[\exp\left[\sin(x)\ln(\sin(x)) - x\ln(x)\right] - 1\right] \approx e^{x\ln(x)}.\left[\sin(x)\ln(\sin(x)) - x\ln(x)\right].$$

Donc :

$$N(x) \approx xe^{x\ln(x)}.\ln\left(\frac{\sin(x)}{x}\right) \approx e^{x\ln(x)}.\left(\sin(x) - x\right) \approx e^{x\ln(x)}.\frac{-x^3}{6}.$$

Pour le dénominateur on procède de même ; on obtient l'équivalent opposé.
Conclusion : la limite est (−1).

b) On a à évaluer : 1^∞... indéterminé. Réflexe : $a^b = e^{b\ln(a)}$; l'argument de l'exponentielle vaut alors :

$$x\ln(x)\ln\left[\frac{\ln(1+x)}{\ln(x)}\right] \approx x\ln(x)\left[\frac{\ln(1+x)}{\ln(x)}-1\right] = x\left[\ln(1+x)-\ln(x)\right] = x.\ln\left(1+\frac{1}{x}\right)\xrightarrow[x\infty]{} 1.$$

Donc la limite cherchée est e.

Remarquez bien qu'on n'a fait aucun calcul...

---

5. On écrit l'expression sous forme exponentielle : $\exp\left[\frac{1}{x}\ln(\operatorname{ch}x)\right]$.

Comme on veut l'ordre 3 à la fin, il faut développer $\ln(\operatorname{ch}x)$ à l'ordre 4.

$\operatorname{ch}(x) = 1+\frac{x^2}{2}+\frac{x^4}{24}+o(x^4) = 1+u+o(x^4)$

$\ln(1+u) = u-\frac{u^2}{2}+o(u^2) = u-\frac{u^2}{2}+o(x^4)$ avec : $u^2 = \frac{x^4}{4}+o(x^4)$

donc $\ln(1+u) = \left[\frac{x^2}{2}+\frac{x^4}{24}\right]-\frac{1}{2}\left[\frac{x^4}{4}\right]+o(x^4) = \frac{x^2}{2}-\frac{x^4}{12}+o(x^4)$ et on en déduit :

$$\frac{1}{x}\ln(\operatorname{ch}x) = \frac{x}{2}-\frac{x^3}{12}+o(x^3) = v+o(x^3).$$

On développe l'exponentielle à l'ordre 3 en v, puisque v est équivalent à x.

$e^v = 1+v+\frac{v^2}{2}+\frac{v^3}{6}$

$v^2 = \frac{x^2}{4} \quad \left(\times\frac{1}{2}\right)$

$v^3 = \frac{x^3}{8} \quad \left(\times\frac{1}{6}\right)$

En définitive :

$$e^v = 1+x+\frac{x^2}{8}+x^3\left(\frac{1}{12}-\frac{1}{48}\right)+o(x^3) = 1+x+\frac{x^2}{8}-\frac{x^3}{16}+o(x^3).$$

> Dans les exercices qui suivent, on ne donne que les grandes lignes du raisonnement, qui est calqué sur la méthode exposée en détail au **III**.

6. a) Soit $f(x) = x+\ln(x)$. f est continue sur $\mathbf{R}^{+*}$ et strictement croissante ; $\lim_{0} f = -\infty$ et $\lim_{+\infty} f = +\infty$ donc f atteint toute valeur réelle, en particulier n.
D'où l'existence et l'unicité de x_n, et $x_1 = 1$.

b) On a : $x_n = f^{-1}(n)$, or f^{-1} tend vers $+\infty$ en $+\infty$ comme f donc x_n tend vers $+\infty$
Donc : $\ln(x_n) = o(x_n)$ et on en déduit que : $x_n \approx n$.

Comme on va devoir réinjecter on prend le ln :

$$\ln(x_n) = \ln(n)+o(\ln(n))$$

Or :

$$x_n = n-\ln(x_n) = n-\ln(n)+o(\ln(n)).$$

En reprenant le ln, on refait tourner la moulinette :

$$\ln(x_n)=\ln\left[n\left(1-\frac{\ln(n)}{n}+o\left(\frac{\ln(n)}{n}\right)\right)\right]=\ln(n)+\ln\left(1-\frac{\ln(n)}{n}+o\left(\frac{\ln(n)}{n}\right)\right)$$

En utilisant $\ln(1+u)=u+o(u)$:

$$\ln(x_n)=\ln(n)+\frac{\ln(n)}{n}+o\left(\frac{\ln(n)}{n}\right).$$

Comme : $x_n=n-\ln(x_n)$ on trouve le résultat annoncé avec $a=1$, $b=-1$ et $c=1$.

REMARQUE : Vous pouvez continuer jusqu'à en avoir marre, ce qui, si vous êtes normalement constitué, ne saurait tarder...

---

7. a) On pose $f(x)=x^n.e^{-x}-1$ (c'est plus simple que de poser $f(x)=x^n-e^x$)

On a : $f'(x)=e^{-x}.x^{n-1}[n-x]$. De plus : $f(0)=-1$ et $f(n)=\left(\frac{n}{e}\right)^n-1\geq 0$ pour $n\geq 3$.

On a donc une annulation de f sur $[0,n]$, qui est unique puisque f est strictement croissante sur cet intervalle.

b) On essaye de localiser un peu mieux x_n : $f(1)=\frac{1}{e}-1<0$ donc $\boxed{x_n>1}$ $\forall n$.

Pour comparer x_n et x_{n+1} on compare $f(x_n)$ et $f(x_{n+1})$, or :

$$f(x_{n+1})=\frac{{x_{n+1}}^{n+1}.e^{-x}}{x_{n+1}}-1=\frac{1}{x_{n+1}}-1\leq 0$$

puisque $x_n>1$ $\forall n$.

Donc $f(x_{n+1})\leq 0=f(x_n)$ soit $\boxed{x_{n+1}\leq x_n}$.

La suite est décroissante et minorée donc convergente vers $L\geq 1$.

Montrons que la limite est 1 en raisonnant par l'absurde ; comme $x_n=n.\ln(x_n)$ on voit que si $\ln(L)$ est non nul x_n est alors équivalent à $n.\ln(L)$, donc divergente...

c) Posons : $x_n=1+y_n$ où y tend vers 0 par b).

On a successivement :

$$x_n=n.\ln(x_n)=n.\ln(1+y_n)\approx n.y_n.$$

Donc $n.y_n$ tend vers 1 et :

$$y_n\approx\frac{1}{n}$$

On recommence en posant par exemple : $x_n=1+\frac{1}{n}.(1+z_n)$ où z tend vers 0.

En réinjectant :

$$x_n=1+\frac{1}{n}.(1+z_n)=n.\ln\left(1+\frac{1}{n}.(1+z_n)\right)=n.\left(\frac{1}{n}.(1+z_n)-\frac{1}{2n^2}.(1+z_n)^2+o\left(\frac{1}{n^2}\right)\right).$$

En développant à droite :

$$1+\frac{1}{n}.(1+z_n)=1+z_n-\frac{1}{2n}+o\left(\frac{1}{n}\right).$$

D'où il ressort finalement que :

$$z_n \approx \frac{3}{2n}.$$

Soit en récapitulant :

$$x_n = 1 + \frac{1}{n} + \frac{3}{2n^2} + o\left(\frac{1}{n^2}\right).$$

---

8. a) Si $g(t) = \tan(t) - t$, $g'(t) = \tan^2(t) > 0$ sur tout intervalle $\left]n\pi, n\pi + \frac{\pi}{2}\right[$ $g(n\pi) = -n\pi$ et $\lim\limits_{n\pi+\pi/2} g = +\infty$. D'où l'existence et l'unicité, comme d'habitude...

Comme par ailleurs $x_n - n\pi \in]0, \pi/2[$, et que $\tan(x_n) = x_n$ on en déduit que :

$$\text{Arctan}\,(x_n - n\pi) = x_n - n\pi$$

donc que :

$$\text{Arctan}\, x_n = x_n - n\pi.$$

b) On déduit instantanément de l'encadrement : $n\pi \le x_n \le n\pi + \frac{\pi}{2}$, que $x_n \approx n\pi$.

c) La question qu'on vous pose devrait vous confirmer qu'il fallait effectivement trouver : $x_n \approx n\pi$.

Reprenons : $\text{Arctan}\, x_n = x_n - n\pi$, avec x_n qui tend vers $+\infty$, donc $\text{Arctan}\,(x_n)$ tend vers $\pi/2$, c'est-à-dire qu'on a gagné la première étape : $x_n - n\pi \approx \pi/2$.

On réinjecte astucieusement ce D.L en utilisant :

$$\text{Arctan}(x_n) - \pi/2 = -\text{Arctan}\left(\frac{1}{x_n}\right). (*)$$

Or :

$$\text{Arctan}(x_n) - \pi/2 = (x_n - n\pi) - \pi/2$$

et $\text{Arctan}(u) = u + o(u^2)$ au voisinage de 0 donc :

$$\text{Arctan}\left(\frac{1}{x_n}\right) = \frac{1}{x_n} + o\left(\frac{1}{n^2}\right) = \frac{1}{n\pi}\left(\frac{1}{1 + \frac{1}{2n} + o\left(\frac{1}{n}\right)}\right) + o\left(\frac{1}{n^2}\right) = \frac{1}{n\pi}\left(1 - \frac{1}{2n}\right) + o\left(\frac{1}{n^2}\right).$$

En injectant ces résultats dans (*) on trouve :

$$x_n = n\pi + \frac{\pi}{2} - \frac{1}{n\pi} + \frac{1}{2n^2\pi} + o\left(\frac{1}{n^2}\right).$$

Ouf...

Troisième partie

SUITES ET SERIES

Chapitre 8
METHODES D'ETUDE PRATIQUE DES SUITES REELLES

On s'intéresse ici à des suites numériques réelles dont on donne une définition explicite : il s'agit donc de méthodes d'étude pratique de suites numériques, c'est-à-dire à appliquer de préférence à des exercices calculatoires.

On suppose par ailleurs réglés tous les problèmes de définition de la suite. On ne s'intéresse qu'à la preuve effective de la convergence d'une suite. Dans certains exercices, on cherchera *en plus* à calculer la limite de la suite.

METHODE 1 : Utilisation du théorème de la limite monotone

❑ On désigne sous ce nom le théorème qui stipule que :

Toute suite croissante(resp. décroissante) et majorée(resp. minorée) converge.

❑ Pour étudier la monotonie de la suite, on peut :

⇨ Soit évaluer $u_{n+1} - u_n$, préférable quand il y a des sommes dans l'expression de u.

⇨ Soit évaluer $\frac{u_{n+1}}{u_n}$, si tous les termes sont **strictement positifs** ou **strictement négatifs**.
Il vaut mieux s'y intéresser en présence de produits, de puissances, d'exponentielles...

METHODE 2 : Comparaison à une suite de référence

Deux cas peuvent se présenter :

⇨ Ou vous intuitez la limite L de u : alors il ne vous reste qu'à majorer la différence :

$$|u_n - L|$$

par une suite dont vous savez pertinemment qu'elle tend vers zéro.

⇨ Ou la limite ne vous apparaît pas de façon immédiate : vous chercherez alors à obtenir un encadrement suffisamment fin de u de la forme :

$$w_n \le u_n \le v_n$$

où v et w ont même limite L ; alors le théorème dit « des gendarmes » permet d'affirmer que u converge aussi vers L.

(On l'appelle aussi « théorème sandwich » ; mais méfiez-vous, car une épidémie récente auprès des correcteurs rend ces amusants sobriquets insupportables à leurs yeux...)

Pour être certain de faire des encadrements convenables, reportez-vous au chapitre 4, paragraphe II.

METHODE 3 : Utilisation d'un équivalent de la suite

❑ Pour l'obtention de tels équivalents ou de développements asymptotiques, reportez-vous au chapitre 15, et au chapitre 24.

❑ On rappelle ici deux résultats fort utiles :

⇨ Concernant la suite harmonique : $1+\frac{1}{2}+\frac{1}{3}+\frac{1}{4}+\ldots+\frac{1}{n}=\ln(n)+\gamma+o(1)$.

⇨ Concernant les séries équivalentes :

Deux séries équivalentes de terme général positif ont leurs sommes partielles équivalentes lorsqu'elles sont divergentes.

❑ Une fois déterminé l'équivalent ou le développement asymptotique de u, la convergence est immédiate.

METHODE 4 : Cas d'une suite récurrente de la forme : $u_{n+1}=f(u_n)$

f est une fonction continue sur une partie de **R**, partie sur laquelle on suppose que la suite prend ces valeurs (ce qui peut imposer quelques vérifications préalables quant à la définition de la suite).

Suivre alors le plan suivant pour ne pas oublier d'étape :

❑ Etudier brièvement f et faire un graphique (reporter y=f(x), y=x, et les premiers termes de u) et conjecturer le comportement de u.

❑ Prouver les déductions graphiques (u est bornée,...) par récurrence.

❑ Déterminer les **limites** possibles en résolvant : $L=f(L)$.

❑ Etudier la **monotonie** de la suite u en utilisant les éléments suivants :

- si **f est croissante** alors u est monotone : $f(u_0)\geq u_0$ u croissante.
  $f(u_0)\leq u_0$ u décroissante.
- si **f est décroissante** alors (u_{2p}) et (u_{2p+1}) sont monotones de sens contraires.

❑ **Convergence** éventuelle : elle s'obtient soit par la méthode **1**, soit plus rarement en établissant l'unicité de la valeur d'adhérence de u.

REMARQUE : Cas des fonction homographiques : $f(x)=\frac{ax+b}{cx+d}$.

On peut conduire une étude légèrement différente à partir de l'étude de la monotonie :

- si $L=f(L)$ *a une unique solution on prouve que* $v_n=\frac{1}{u_n-L}$ *est arithmétique,*

- si $L=f(L)$ *a deux solutions A et B alors* $v_n=\frac{u_n-A}{u_n-B}$ *est géométrique.*

On peut alors calculer v, puis u en fonction de n, et en déduire accessoirement la convergence de u.

METHODE 4 (bis) : Que faire pour une récurrence du type $u_{n+1} = f_n(u_n)$?

❑ Premièrement : surtout ne pas essayer d'appliquer texto la méthode précédente.

❑ Deuxièmement : revenir aux méthodes de base (monotonie, majoration).

❑ Deux pistes peuvent s'avérer intéressantes :

⇨ Existence et unicité des valeurs d'adhérence ?

⇨ Valeurs du premier terme pour lesquelles la suite est constante ; si vous n'en trouvez qu'une, vous avez peut-être un bon candidat pour la limite de u...

METHODE 5 : Faire le lien suite-série

Il est évident que l'on a :

$$(u_n)\text{converge} \quad \Leftrightarrow \quad \sum(u_n - u_{n+1}) \text{ converge}.$$

Cette remarque est essentielle : en effet, on dispose d'outils beaucoup plus puissants pour étudier les séries (cf. chapitre 10) que pour étudier les suites.

Aussi faut-il penser, quand les méthodes traditionnelles sont en défaut, à faire cette démarche.

Exemple : montrer que la suite $u_n = 1 + \frac{1}{2} + \ldots + \frac{1}{n} - \ln(n)$ *a une limite.*

On évalue la différence entre deux termes consécutifs :

$$u_{n+1} - u_n = \frac{1}{n+1} - \ln\left(1 + \frac{1}{n}\right) = \frac{1}{n} - \frac{1}{n^2} - \frac{1}{n} + \frac{1}{2n^2} + o\left(\frac{1}{n^2}\right) \approx \frac{-1}{2n^2}.$$

La série de droite étant convergente, la suite converge aussi, vers la fameuse constante d'Euler.

METHODE 6 : Faire le lien suite-intégrale

Le rapport suite-série-intégrale est extrêmement étroit. Ici, en particulier, il faut voir le lien suite-intégrale sous deux angles distincts.

❑ D'une part les sommes de Riemann (qu'il faut reconnaître sans hésiter).

Dans le cas d'une fonction continue, et d'une subdivision régulière de $[a,b]$:

$$\frac{b-a}{n} \sum_{k=1}^{n} f(a + k\frac{b-a}{n}) \xrightarrow[n\infty]{} \int_a^b f(t)dt.$$

(A propos des sommes de Riemann, on peut se reporter au chapitre 15, § I).

❑ D'autre part, dans le cas des fonctions monotones positives continues, relier la convergence de la suite $\sum_{k=1}^{n} f(k)$ à celle de l'intégrale impropre $\int_0^{\infty} f(t)dt$.

En particulier, si f est décroissante, on a sur $[n,n+1]$:

$$f(n+1) \leq f(t) \leq f(n)$$

qui permet d'encadrer par intégration $\sum_{k=1}^{n} f(k)$.
Cet encadrement est d'autant plus intéressant que la variation de f sur $[n,n+1]$ est lente.

Les méthodes 7 et 8 sont à appliquer pour l'étude conjointe de deux suites.

METHODE 7 : Utiliser les théorèmes relatifs aux suites adjacentes

Si vous parvenez à montrer de deux suites u et v qu'elles sont telles que :

(i) u est croissante, v est décroissante
(ii) à partir d'un certain rang : $u_n \leq v_n$

Alors u et v sont convergentes et $\lim U \leq \lim V$.

Si de plus :
(iii) u - v tend vers zéro.

Alors les limites des deux suites sont égales.

METHODE 8 : Utiliser des suites de matrices

Si l'on vous fait étudier simultanément deux suites, et que visiblement elles ne sont pas adjacentes, alors il y a des chances pour que la relation de récurrence puisse se mettre sous la forme :

$$\begin{pmatrix} u_{n+1} \\ v_{n+1} \end{pmatrix} = M \begin{pmatrix} u_n \\ v_n \end{pmatrix}$$

où M est une matrice (2,2). On est ramené au calcul de ses puissances.

Or la matrice M est dans 99% des cas diagonalisable (souvent symétrique réelle), si l'exercice est bien fait.
On a alors :

$$M = PDP^{-1} \quad \text{donc} \quad M^n = PD^nP^{-1}.$$

Les puissances sont aisément calculables, et par tant les valeurs des suites et leur limite éventuelle.

REMARQUE :

On peut évidemment étendre cette méthode à plus de deux suites, reliées par une récurrence linéaire d'ordre 1, sans coefficients constants.

Astuces

❑ Si l'expression d'une suite fait intervenir un produit de facteurs, ou des puissances :

- soit passer au logarithme népérien (si la suite est strictement positive),
- soit faire le quotient de 2 termes consécutifs et étudier son comportement.

❑ Penser à utiliser le théorème de Césaro (bis repetitas...)

❑ Supposons que le terme général de votre suite soit une somme de termes ; n'oubliez pas que la façon la plus bête de majorer (resp.minorer) est de dire que u_n est plus petit (resp. plus grand) que le nombre de termes fois le plus grand (resp. fois le plus petit).

❑ Pour trouver la valeur de la limite d'une suite convergente définie par récurrence, on peut toujours essayer de passer à la limite dans sa relation de définition.

Erreurs

❑ Avant de vous lancer tête baissée dans l'étude de la convergence d'une suite, assurez-vous qu'elle est bien définie pour (au moins) certaines valeurs du premier terme, sinon vous vous donnerez du mal... pour rien.

❑ Attention à ne pas confondre les récurrences $u_{n+1} = f(u_n)$ (pour lesquelles on a une méthode systématique) avec les récurrences $u_{n+1} = f_n(u_n)$ (pour lesquelles on n'a pas de méthode générale).

❑ Ne pas vous obstiner à vouloir voir à tout prix des sommes de Riemann là où il n'y en n'a pas forcément. (cf. exercices 11,12 et 13).

❑ Attention : si vous reconnaissez dans une somme l'expression d'une somme de Riemann, mais que l'intégrale qui lui est associée est **impropre**, ne concluez pas trop vite (cf. à ce propos chapitre sur les équivalents de sommes, § I, généralisation des sommes de Riemann aux intégrales impropres).

Lu dans les rapports de l'X

❑ A propos de l'étude des suites $u_{n+1} = f(u_n)$:
« Pourquoi cette répugnance des élèves à tracer le graphe de f ? » (X 89)

❑ A propos des discussions qu'on peut être conduit à mener dans l'étude de la convergence des suite (exemple : place du premier terme) :
« Traiter certains cas deux fois, en oublier d'autres, sont des choses fréquentes. » (X 87)

❑ Méditer cette affirmation d'un candidat, reprise par son examinateur perplexe :
« $u_n = \frac{1}{n} + o\left(\frac{1}{n}\right)$, donc u décroît à partir d'un certain rang. » (X 83)
Pour vous convaincre que c'est faux, on propose le contre-exemple suivant :

$$u_{2p} = \frac{1}{2p}$$

$$u_{2p+1} = \frac{1}{2p(2p+1)} + \frac{1}{2p}$$

Exercices

Dans chacun des exercices, il est demandé de déterminer s'il y a convergence de la (ou des) suites et, sauf indication contraire, de calculer la limite.

1. $u_n = \sum_{k=0}^{n} \frac{1}{C_n^k}$.

2. $u_n = \frac{1}{n^2}\sum_{k=1}^{n} E(kx)$.

3. $u_n = \frac{1}{(a_{2n+2})^4}\sum_{k=1}^{n} a_{2k-1}.a_{2k}.a_{2k+1}$ (a_n suite arithmétique non constante).

4. $u_n = \prod_{k=1}^{n}\left(1+\frac{k}{n^2}\right)$.

5. $u_n = 1+\frac{1}{2}+\frac{1}{3}+\ldots+\frac{1}{n}-\frac{1}{n+1}-\frac{1}{n+2}-\ldots-\left(\frac{1}{n}\right)^2$.

6. $0<u_0<u_1$ et $u_{n+1}=u_n+a^n.u_{n-1}$ $(0<a<1)$ *(ne pas calculer L).*

7. $0<u_1$ et $(n+2)^2u_{n+1}=n^2u_n-(n+1)$.

8. $0<u_0<1$ et $u_{n+1}=\sqrt{\frac{1+u_n}{2}}$.

(On pourra de plus chercher l'expression de u_n *en posant :* $u_0=\cos(\varphi)$*)*

9. $u_n=\frac{1.3.5\ldots(2n-1)}{2.4.6\ldots(2n)}$ (On pourra prouver que $0<u_n<\frac{1}{\sqrt{2n+1}}$).

10. $u_n=\sum_{k=1}^{n}\frac{n}{n^2+k^2}$

11. $u_n=\sum_{k=1}^{n}\frac{1}{\sqrt{n^2+k}}$

12. $u_n=\frac{n!}{\sqrt{n}}.\left(\frac{n}{e}\right)^n$ *(Prouver que u converge vers une limite non nulle).*

13. $u_n=\frac{1}{n}\sum_{k=1}^{n}\sin\left(\frac{k\pi}{n}\right)\cos\left(\frac{(k+1)\pi}{n}\right)$.

14. $u_0>0$ $v_0>0$ et $u_{n+1}=\frac{u_n+v_n}{2}$ $v_{n+1}=\sqrt{u_nv_n}$.

15. $u_0>0$ $v_0>0$ et $u_{n+1}=\frac{u_n+v_n}{2}$ $v_{n+1}=\sqrt{u_{n+1}v_n}$.

(On pourra poser : $u_0=v_0.\cos(\alpha)$*)*

16. $u_0>0$ $v_0>0$ et $u_{n+1}=\frac{1}{3}(u_n+2v_n)$ $v_{n+1}=\frac{1}{3}(2u_n+v_n)$.

Corrigés

1. On n'a aucun espoir de pouvoir trouver un quelconque équivalent, chaque terme de la somme dépendant à la fois de k et de n. Exit la méthode **3**.

La méthode **1** a le mérite de nous renseigner : la suite est évidemment croissante, et on peut montrer (avec les arguments ci-dessous) qu'elle est majorée ; cependant on n'aura pas la valeur de la limite.

Essayons donc de revenir à des choses simples, par exemple les encadrements (méthode **2**). On va procéder par étapes, à tâtons :

❑ La première idée (cf. astuces) est de chercher le plus grand terme : c'est 1. Donc :

$$0 \leq u_n \leq n$$

Mais cet encadrement est imprécis !

❑ On peut peaufiner en isolant k=0 et k=n qui donnent 1, le plus grand des $(n-1)$ termes restant est alors 1/n :

$$2 \leq u_n \leq 2 + \frac{n-1}{n}$$

Cet encadrement, meilleur que le précédent, prouve que $u_n - 2$ est bornée.

❑ On peaufine à nouveau en isolant k=1 et k=n-1, le plus grand des n-3 restant est $\frac{1}{C_n^2} = \frac{1}{n(n-1)}$ d'où :

$$2 \leq u_n \leq 2 + \frac{2}{n} + \frac{2(n-3)}{n(n-1)}$$

Cet encadrement, lui, permet de conclure que u converge vers 2.

---

2. Rappelons-nous la définition de la partie entière : $kx-1 < E(kx) \leq kx$.
Cette inégalité nous invite à encadrer la suite, et par sommation sur k variant de 1 à n on obtient :

$$x\left[\frac{n(n+1)}{2n^2} - \frac{1}{n}\right] \leq u_n \leq x\frac{n(n+1)}{2n^2}$$

On en déduit que la suite converge vers $\frac{x}{2}$.
Il est à noter qu'on avait aussi immédiatement un équivalent de E(kx), à savoir kx, et que la méthode 3 conduit au résultat (le même, fort heureusement).

---

3. Il n'est pas inutile de se souvenir (cf. cours de 1ère...) que $a_n = a_0 + nr$.
D'où naturellement $a_n \approx nr$. (r est non nul par hypothèse) et :

$$a_{2k} . a_{2k-1} . a_{2k+1} \approx \left(8r^3\right)k^3.$$

Evidemment on se précipite sur le théorème de sommation des équivalents rappelé dans la méthode **3** qui s'applique car $\sum k^3$ est une série divergente à terme général positif ; donc les sommes partielles des deux séries sont équivalentes :

$$\sum_{k=1}^{n} a_{2k} . a_{2k-1} . a_{2k+1} \approx \left(8r^3\right)\sum_{k=1}^{n} k^3 \approx \left(8r^3\right) . \frac{n^4}{4}.$$

(pour le dernier équivalent, cf. chapitre 15 § VI)
Le dénominateur de u étant équivalent à $16(nr)^4$, il découle que : $\lim_{n \to +\infty} u_n = \frac{8}{r}$.

---

4. On vous a rappelé (cf. astuces) qu'en présence d'un produit il faut avoir le réflexe du logarithme (tout est positif ici).

On tombe alors sur des quantités du genre $\ln(1+u)$ qui font irrésistiblement penser à une inégalité classique :

$$u-\frac{u^2}{2}\leq \ln(1+u)\leq u$$

on s'empresse de l'appliquer (dans le cadre de la méthode **2**)et de sommer tout ça :

$$\frac{n(n+1)}{2n^2}-\frac{n(n+1)(2n+1)}{6n^4}\leq \ln(u_n)\leq \frac{n(n+1)}{2n^2}.$$

D'où la convergence de $\ln(u_n)$ vers 1/2, et finalement : $\lim\limits_{n\longrightarrow+\infty} u_n=\sqrt{e}$.

---

5. A moins d'être mal réveillé, vous aurez sans doute remarqué des termes qui rappellent la moyenne harmonique H_n.

Plus précisément, on a :

$$u_n=2H_n-H_{n^2}.$$

En utilisant le rappel de la méthode **3 :**

$$H_n=\ln(n)+\gamma+o(1)$$
$$H_{n^2}=2.\ln(n)+\gamma+o(1)$$

D'où : $u_n=\gamma+o(1)$, ce qui veut dire que :

$$\lim_{n\longrightarrow+\infty} u_n=\gamma.$$

---

6. On est précisément dans le cas de la méthode **4bis.**

L'étude de la monotonie de la suite se ramène en fait à l'étude du signe de u :

$$u_{n+1}-u_n=a^n.u_{n-1}$$

On montre sans problème par récurrence que u est strictement positive ; donc u **croît.**

Ce qui est gênant dans la relation définissant u, c'est l'intervention de trois indices n-1, n et n+1. On peut y remédier en utilisant la monotonie de u :

$$0<u_{n+1}<\left(1+a^n\right)u_n.$$

A partir de là on obtient par cascade :

$$0<u_n<\prod_{k=1}^{n}\left(1+a^k\right).$$

Quand on ne sait pas quoi faire d'un produit, on en prend le logarithme. On obtient donc à droite la somme partielle d'une série dont le terme générale vérifie :

$$\ln\left(1+a^k\right)\approx a^k.$$

Et la série équivalente est géométrique de raison < 1, donc convergente. Il en est de même de la série de gauche, donc de son exponentielle, qui est justement le produit de tout à l'heure. Donc le produit infini est a fortiori majoré par M.

Donc u aussi est majorée par M ; elle est donc convergente vers L≥0.

REMARQUE :

Le passage à la limite dans la relation de récurrence définissant u ne donne pas la valeur de L, mais seulement L=L+0, ce qui est... souvent vrai.

---

7. On est encore dans le cadre de la méthode **4bis**.

Cependant, nos tentatives pour prouver une éventuelle monotonie échouent.

Essayons donc, comme suggéré dans la méthode **4bis**, de trouver les cas où u est constante. Soit L cette constante ; on doit avoir pour tout n :

$$(n+2)^2 L = n^2 L - (n+1).$$

Par identification on voit que cela est possible ssi $L = -\frac{1}{4}$. Posons donc :

$$v_n = u_n + \frac{1}{4}.$$

On obtient sans mal la relation beaucoup plus simple :

$$(n+2)^2 v_{n+1} = n^2 v_n.$$

En faisant une multiplication « par cascade », on trouve :

$$v_n = \left(\frac{2}{n(n+1)}\right)^2 . v_1.$$

Donc v tend vers 0, et $\lim\limits_{n \longrightarrow +\infty} u_n = -\frac{1}{4}$ comme souhaité.

---

8. On est exactement dans le cas de la méthode **4**, avec $f(x) = \sqrt{\frac{1+x}{2}}$.

Brièvement :

❑ Le graphique montre que $0 \le u_n \le 1$, ce qu'on prouve facilement par récurrence.

❑ Limites possibles : L=1.

❑ Monotonie : f est croissante, et pour $0 \le x \le 1$, $x \le f(x)$ donc $u_1 \ge u_0$ et u croît.

❑ u étant majorée par 1, elle converge vers 1.

Posons, comme suggéré, $\varphi = \operatorname{Arc}\cos(u_0)$.
Si on cherche une formule avec des cosinus qui permette de simplifier u_1, on pense à :

$$\cos(2x) = 2\cos^2 x - 1$$

ce qu'on peut réécrire :

$$\cos(x) = f(\cos 2x).$$

Donc finalement :

$$u_1 = \cos\left(\frac{\varphi}{2}\right).$$

Une récurrence utilisant la même formule donne :

$$u_n = \cos\left(\frac{\varphi}{2^n}\right).$$

L'argument du cosinus tend vers 0, donc que u tend bien vers cos(0)=1.

---

9. L'inégalité proposée s'établit par récurrence, et elle prouve évidemment que u tend vers zéro (méthode **2**).

---

10. cf. exercice **1** a) chapitre 20.

---

11. cf. exemple méthode **11** chapitre 24.

---

12. Pour se débarrasser du produit et de la puissance, on passe au logarithme :

$$v_n = \ln(u_n) = \sum_{k=1}^{n} \ln(k) + n - \left(n + \frac{1}{2}\right).\ln(n).$$

Encore une fois, il est bon de se raccrocher au parallèle suite-série évoqué dans la méthode **6**, puisque v comporte une somme ; on étudie la différence :

$$v_{n+1} - v_n = 1 - \left(n + \frac{1}{2}\right).\ln\left(1 + \frac{1}{n}\right) = O\left(\frac{1}{n^2}\right)$$

donc la **série** $\sum (v_{n+1} - v_n)$ converge, donc la **suite** v converge vers V. Il s'ensuit que :

$$\lim_{n \longrightarrow +\infty} u_n = \exp(V) > 0.$$

REMARQUE :

Qui n'a pas reconnu la formule de Stirling ?

---

13. cf. exercice **2** a) chapitre 20 : c'en est un cas particulier.

---

14. On suit pas à pas la méthode **7**, qui s'applique parfaitement :
L'inégalité valable pour tous réels x et y :

$$xy \leq \frac{1}{2}\left(x^2 + y^2\right)$$

permet de prouver par récurrence que :

❑ u et v sont bien définies et $v_n \leq u_n$ pour $n > 0$.

❑ u est décroissante, v est croissante.

Le théorème rappelé dans la méthode **7** assure que u et v convergent, vers U et V.

❑ En passant à la limite dans les relations de récurrence, on établit que U = V.

---

15. Quand on n'a pas d'idée on peut calculer les (deux ou trois) premiers termes en fonction du paramètre α que l'on vous suggère d'introduire.

A partir de là, on induit facilement par récurrence que :

$$v_n = b\cos\frac{\alpha}{2}.\cos\frac{\alpha}{2^2}\ldots\cos\frac{\alpha}{2^{n-1}}.\cos\frac{\alpha}{2^n}$$

$$u_n = v_n.\cos\frac{\alpha}{2^n}$$

Ensuite, la méthode est classique : on fait un produit en cascade en utilisant :

$$\cos x = \frac{\sin 2x}{\sin x}$$

qui donne :

$$v_n = b\frac{\sin\alpha}{2^n \sin\frac{\alpha}{2^n}}.$$

On conclut avec $\sin(t) \underset{0}{\approx} t$ qui donne :

$$\lim_{n\to+\infty} u_n = \lim_{n\to+\infty} v_n = \frac{\sin\alpha}{\alpha}.$$

---

16. On est dans le cadre de la méthode **8**, avec $M = \frac{1}{3}\begin{pmatrix} 1 & 2 \\ 2 & 1 \end{pmatrix}$.

Cette matrice est symétrique réelle, donc diagonalisable. Ses valeurs propres sont $\frac{-1}{3}$ et 1, et les vecteurs propres sont respectivement $\begin{pmatrix} 1 \\ -1 \end{pmatrix}$ et $\begin{pmatrix} 1 \\ 1 \end{pmatrix}$.

Au lieu de faire des calculs de matrices lourds, on peut faire le changement de base sur les coordonnées qui donne :

$$x_n = u_n + v_n$$
$$y_n = u_n - v_n$$

Par construction, on a les relations :

$$x_{n+1} = x_n = x_0 = u_0 + v_0$$
$$y_{n+1} = \left(\frac{-1}{3}\right) y_n$$

Donc : - y tend vers zéro, soit (u-v) tend vers zéro
- x converge, soit (u+v)converge vers $u_0 + v_0$.

Finalement : u et v convergent vers la même limite $\frac{u_0 + v_0}{2}$.

Chapitre 9
METHODES D'ETUDE THEORIQUE DES SUITES REELLES

On a cherché à regrouper ici des méthodes pouvant s'appliquer à des exercices non numériques, c'est-à-dire non calculatoires, sur les suites réelles.

Certaines de ces méthodes permettent néanmoins de traiter des exercices calculatoires, souvent plus délicats que ceux qu'on a présentés au chapitre précédent.

Par ailleurs, il faut être conscient du fait que certaines méthodes sont propres aux exercices calculatoires, tandis que d'autres sont à réserver aux exercices théoriques, et que d'autres enfin sont mixtes.

METHODE 1 : Revenir à la définition

On est alors amené à manipuler des « epsilon », qu'on devra couper comme il faut, pour prouver que :

$$\exists L \ / \ \forall \varepsilon > 0 \quad \exists N / \ \left(n \geq N \Rightarrow \left| u_n - L \right| < \varepsilon\right).$$

Comme d'habitude, il faudra se montrer extrêmement vigilant quant au choix des différents paramètres, et quant à leur interdépendance mutuelle.

REMARQUE :

A propos du découpage des epsilon, il est ridicule et agaçant de voir des candidats passer des heures à savoir s'il faut prendre $\frac{\varepsilon}{3}$ ou $1994\,\varepsilon$ dans les définitions, tout ça pour tomber à la fin sur ε tout seul. Mais on s'en fout !!!! Ceux-là feraient mieux de raisonner correctement, plutôt que de faire montre de fausse rigueur.

METHODE 1bis : Comment prouver qu'une suite ne converge pas ?

En toute logique, la preuve de la non convergence d'une suite devrait pouvoir s'établir par la négation de cette proposition à savoir :

$$\forall L \ / \ \exists \varepsilon > 0 \quad \forall N / \ \exists n \geq N \text{ tel que } \left| u_n - L \right| \geq \varepsilon .$$

En pratique, cette proposition est peu maniable et souvent compliquée à vérifier. C'est surtout le « quel que soit L » en début de proposition qui complique les choses.

La démarche à suivre dépendra alors de la situation de l'exercice, mais on sera généralement conduit à raisonner par l'absurde.

Par exemple, on peut chercher à déterminer la valeur de L en passant à la limite dans la relation de définition, et montrer que la suite u ne tend pas vers cette valeur-là.

On peut par ailleurs nier le critère de Cauchy (cf. la méthode suivante).

METHODE 2 : Utiliser le critère de Cauchy

R étant complet, dire qu'une suite réelle converge est strictement équivalent à dire :

$$\forall \varepsilon > 0 \ \exists N \text{ tel que : } \forall (p,q) \quad q \geq p \geq N \Rightarrow \left| u_q - u_p \right| < \varepsilon.$$

L'avantage de cette méthode sur la précédente est qu'elle **ne nécessite pas de connaître à l'avance la valeur de la limite de la suite.**

La contrepartie est évidemment que le critère de Cauchy prouve qu'une suite converge, mais ne dit pas vers quoi...

On peut généralement déterminer la limite à part, par exemple en passant à la limite dans la relation de récurrence définissant la suite.

REMARQUE :

Voir à ce propos la propriété ***2****, chapitre 4.*

METHODE 3 : Utiliser les valeurs d'adhérence

Ce point étant l'objet d'un flou artistique de la part de beaucoup de candidats, il n'est pas superflu de rappeler quelques résultats essentiels avant d'exposer la méthode proprement dite.

❑ **Définition :**

Un réel L est une valeur d'adhérence de u si et seulement s'il est limite d'une sous suite $u_{\varphi(n)}$ de u.
Il est équivalent de dire que l'on a la propriété :

$$\forall \varepsilon > 0 \quad \forall N \ \exists n > N \ \text{ tel que } \left| u_n - L \right| < \varepsilon.$$

❑ **Structure de l'ensemble des valeurs d'adhérence :** C'est un fermé de **R**.

❑ **Existence :** Toute suite **bornée** admet (au moins) une valeur d'adhérence.

❑ **Unicité et convergence :**

Une suite converge si et seulement si elle admet une unique valeur d'adhérence.

METHODE :

⇨ Pour prouver qu'une suite converge :

- ❑ Montrer qu'il existe une valeur d'adhérence (la suite est bornée ?)
- ❑ Montrer que celle ci est unique (s'il y en avait deux ?)

⇨ Pour montrer qu'une suite ne converge pas :

- ❑ Montrer que u admet au moins deux valeurs d'adhérence distinctes.

METHODE 4 : Utiliser la limite monotone

Cette méthode (qui consiste à prouver que la suite est, par exemple, croissante et majorée), fournira au mieux un **encadrement** de la limite mais **en aucun cas la valeur** de la limite.

Comme pour le critère de Cauchy, on peut essayer de déterminer la valeur de la limite en passant à la limite dans les relations de récurrence données ou obtenues sur la suite.

Cette méthode ne saurait s'appliquer aux suites complexes, pour lesquelles la notion de monotonie n'a pas grand sens (il n'y a pas d'ordre total dans **C** compatible avec la topologie).

REMARQUE :

*Les méthodes **1**, **2** et **3** reposent sur des conditions nécessaires et suffisantes de convergence donc en théorie vous pouvez choisir n'importe laquelle de ces méthodes. La méthode **4** quant à elle n'est évidemment qu'une condition suffisante.*

METHODE 5 : Utiliser le théorème de Césaro

Rappelons la forme forte de l'énoncé usuel :

Soit (a_n) une suite de réels strictement positifs telle que $\sum_{k=1}^{n} a_k$ tende vers $+\infty$.

Si u tend vers L, alors il en est de même de :

$$v_n = \frac{\sum_{k=1}^{n} a_k u_k}{\sum_{k=1}^{n} a_k}.$$

En particulier si l'on prend a constamment égale à 1 :

$$v_n = \frac{\sum_{k=1}^{n} u_k}{n}.$$

Ce théorème, outre l'application « directe » qu'il a aux suites qui se présentent sous forme de moyenne, permet d'obtenir des équivalents de suites dans de nombreux cas, en particulier au travers de ce résultat **très important** (c'est presque du cours) :

Soit une suite de la forme $u_{n+1} = f(u_n)$. On suppose que :

(i)tous les termes de u sont strictement positifs,

(ii)u converge vers zéro,

(iii) il existe un réel $\alpha > 0$ et un réel a tels que l'on ait, au voisinage de x=0 :

$$f(x) = x - ax^{\alpha+1} + o\left(x^{\alpha+1}\right).$$

Alors on a :

$$u_n \approx \left(\frac{1}{a.\alpha.n}\right)^{\frac{1}{\alpha}}.$$

(Cf. démonstration de tous ces résultats aux exercices 4 et 6).

Astuces

❑ Montrer qu'une suite tend vers L, cet exactement pareil que de montrer que :

$$v_n = u_n - L$$

tend vers zéro.
Le simple fait de traduire les renseignements sur u en renseignements sur v permet souvent d'arriver au résultat escompté.

❑ Le passage à la limite dans des relations entre suites fournit de précieux renseignements.

❑ Toute suite convergente est bornée (l'exploitation de la convergence d'une suite au travers de ce résultat peut vous conduire à d'autres encadrements utiles).

❑ Avant de chercher à déterminer un équivalent à une suite, il est préférable de connaître au préalable la valeur de sa limite.

Erreurs

❑ Beaucoup de résultats N'ADMETTENT PAS DE RECIPROQUE, au grand désespoir des candidats. Ainsi :

- une suite qui est bornée n'est pas forcément convergente (ex : $(-1)^n$),
- une suite convergente n'est pas forcément monotone (ex : $\frac{(-1)^n}{n}$),
- une suite qui converge en moyenne n'est pas forcément convergente (ex : $(-1)^n$).

❑ On l'a déjà signalé, mais ce chapitre ne concerne que les suites réelles. Aussi, ne cherchez pas à montrer qu'une suite complexe est convergente en étudiant sa monotonie(!!).

❑ Le résultat énoncé dans la méthode **5** comme application de Césaro aux équivalents ne fait pas *explicitement* partie du cours, donc c'est du hors programme.

Il ne faut donc pas appliquer ce résultat tel quel, mais le redémontrer dans chaque cas.

Exercices

1. Soit θun nombre réel non multiple entier de π (c'est à dire $\theta \notin \pi\mathbf{Z}$.). On définit les deux suites $u_n = \cos(n\theta)$ et $v_n = \sin(n\theta)$.

a) Montrer que u converge si et seulement si v converge.

b) Démontrer que les suites $\cos(n\theta)$ et $\sin(n\theta)$ n'ont pas de limite.

2. Soit u une suite réelle telle que $(u_{n+1} - u_n)$ tende vers zéro.

a) Prouver que l'ensemble des valeurs d'adhérence de u est un intervalle de $\overline{\mathbf{R}}$.

b) Soit f une fonction continue de $[0,1]$ dans lui même. On suppose que u vérifie de plus $u_{n+1} = f(u_n)$. Démontrer qu'alors u est convergente.

(On pourra d'abord prouver que toute valeur d'adhérence de u est point fixe de f).

3. Soit une suite (x_n) réelle ; on définit (y_n) pour $n \geq 1$, par :

$$y_n = 2x_n + x_{n-1}.$$

Démontrer que x et y sont simultanément convergentes.

4. Théorème de Césaro :

Soit (a_n) une suite de réels strictement positifs telle que $\sum_{k=1}^{n} a_k$ tende vers $+\infty$.

Pour toute suite u donnée, on définit la moyenne de Césaro de u pondérée par a comme :

$$v_n = \frac{\sum_{k=1}^{n} a_k u_k}{\sum_{k=1}^{n} a_k}.$$

Montrer que la convergence de u vers L implique celle de v vers L.

5. Soit u une suite réelle tendant vers L. Etudier la convergence de :

$$a_n = \frac{1}{n^{\alpha+1}}.\sum_{k=1}^{n} k^{\alpha}.u_k \qquad b_n = \frac{1}{\ln(n)}\sum_{k=1}^{n} \frac{u_k}{k} \qquad c_n = \frac{1}{2^n}\sum_{k=0}^{n} C_n^k.u_k.$$

6. Méthode d'obtention d'équivalents de suites $u_{n+1} = f(u_n)$

Soit une suite de la forme $u_{n+1} = f(u_n)$. On suppose que :

(i)tous les termes de u sont strictement positifs,

(ii)u converge vers zéro,

(iii) il existe un réel $\alpha > 0$ et un réel a tels que l'on ait, au voisinage de x=0 :

$$f(x) = x - ax^{\alpha+1} + o\left(x^{\alpha+1}\right).$$

Soit enfin $v_n = (u_n)^{-\alpha}$.

a) A l'aide d'un développement limité, étudier la limite de $(v_{n+1} - v_n)$.
b) Déterminer un équivalent de v.
c) Déterminer un équivalent de u.

7. Déterminer un équivalent de la suite définie par :

$$x_0 = \frac{1}{2}$$
$$x_{n+1} = x_n(1 - x_n)$$

8. Déterminer un équivalent de la suite définie par :

$$x_0 > 0$$
$$x_{n+1} = x_n + \frac{1}{x_n}$$

(on s'intéressera d'abord à la convergence de x).

9. Déterminer un équivalent de la suite définie par :

$$x_0 = 1$$
$$x_{n+1} = \frac{x_n}{1 + n(x_n)^2}$$

(on montrera d'abord que x tend vers zéro, et on étudiera $y_n = \frac{1}{x_{n+1}} - \frac{1}{x_n}$*).*

Corrigés

1. a) Le but étant de relier des sinus et des cosinus, il est naturel de chercher une formule de trigonométrie adéquate (en cas d'urgence voir chapitre 25). Les formules d'addition donnent par exemple :

$$(1)\quad u_{n+1} = u_n.\cos(\theta) - v_n.\sin(\theta)$$

$$(2)\quad v_{n+1} = u_n.\sin(\theta) + v_n.\cos(\theta)$$

Notons en outre que $\sin(\theta) \neq 0$ car $\theta \notin \pi\mathbf{Z}$.

Si u converge v aussi car (1) donne : $v_n = \dfrac{1}{\sin(\theta)}\left[u_n \cos(\theta) - u_{n+1}\right]$

Si v converge u aussi car (2) donne : $u_n = \dfrac{1}{\sin(\theta)}\left[-v_n \cos(\theta) + v_{n+1}\right]$

b) D'après le a) ou u **et** v convergent, ou **ni** u **ni** v ne convergent. Supposons donc que u et v tendent respectivement vers C et S. Le passage à la limite dans les égalités précédentes montre que C et S sont solutions du système linéaire :

$$\begin{cases} C(1-\cos(\theta)) + S.\sin(\theta) = 0 \\ -C.\sin(\theta) + S.(1-\cos(\theta)) = 0 \end{cases}$$

dont le déterminant

$$(\cos\theta - 1)^2 + (\sin\theta)^2$$

est nul si et seulement si $\theta = k.\pi$, ce qui est exclus par hypothèse.

Le système est donc de Cramer, et n'admet que la solution triviale C=S=0.

Cette solution ne saurait convenir puisqu'on devrait aussi avoir :

$$u_n^2 + v_n^2 = 1 \quad\Rightarrow\quad C^2 + S^2 = 1$$

relation qui n'est évidemment pas satisfaite. En conclusion (C,S) ne peut exister et **les deux** suites divergent.

---

2. a) Vous savez (cf. chapitre Bases de l'analyse réelle) que LA méthode pour prouver qu'une partie est un intervalle de **R** est de prouver qu'elle est **convexe**.

Soit donc $a<b$ deux valeurs d'adhérence de u. Il s'agit de montrer que tout c tel que $a<c<b$ est aussi valeur d'adhérence de u.

Les idées à avoir son relativement simples à trouver, et un dessin aide beaucoup.

En gros : il y a des termes de u près de a, avec des indices « aussi grands qu'on veut »; il y en a aussi près de b, avec des indices « encore plus grands »; mais comme on passe d'un terme au suivant en n'avançant pas très vite, on est sûrement passé près de c...

Mathématiquement :

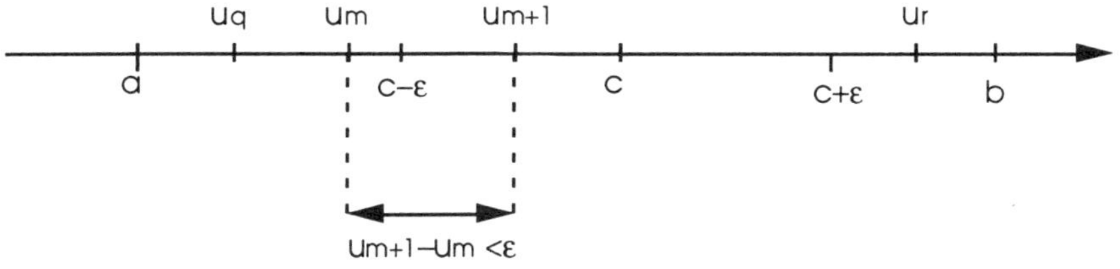

Soit $\varepsilon > 0$ et un entier N. On cherche $n \geq N \ / \ u_n \in [c-\varepsilon, c+\varepsilon]$.
$(u_{n+1} - u_n)$ tend vers zéro, donc :

$$\exists P \ / \ \forall n \geq P \ |u_{n+1} - u_n| < \varepsilon.$$

a est valeur d'adhérence donc :

$$\exists q \geq \max(N,P) \text{ tel que } u_q \leq c - \varepsilon.$$

b est valeur d'adhérence donc :

$$\exists r \geq \max(N,P,q) \text{ tel que } u_r \geq c + \varepsilon.$$

Considérons alors $\{k \ / \ q \leq k \leq r \text{ et } u_k \leq c - \varepsilon\}$.
Cet ensemble d'entiers est non vide et majoré ; il admet donc un plus grand élément qu'on appelle m. Cherchons à localiser u_{m+1}.

Par définition de m il n'est pas dans $]-\infty, c-\varepsilon[$.
Il ne peut pas être non plus dans $]c+\varepsilon, +\infty[$, sinon $|u_{m+1} - u_m| > 2\varepsilon$.

Donc u_{m+1} est dans $[c-\varepsilon, c+\varepsilon]$, ce que l'on voulait.

b) On se précipite évidemment sur la méthode **3** puisqu'il s'agir de prouver une convergence et que l'on parle de valeurs d'adhérence.

Il y a deux choses à prouver : existence et unicité de la valeur d'adhérence.

❑ **Existence :**

Il est immédiat que u est bornée par 0 et 1, donc admet une valeur d'adhérence a.

❑ **Unicité :**

On va prouver que **toute valeur d'adhérence de u est un point fixe de f** .

Soit L une valeur d'adhérence, et φ injection croissante telle que $u_{\varphi(n)}$ tende vers L.
Par continuité de f on a évidemment :

$$u_{\varphi(n)+1} = f\left(u_{\varphi(n)}\right) \xrightarrow[n\infty]{} f(L).$$

Puisque $(u_{n+1} - u_n)$ tend vers 0 :

$$u_{\varphi(n)+1} = u_{\varphi(n)} + \left(u_{\varphi(n)+1} - u_{\varphi(n)}\right) \xrightarrow[n\infty]{} L + 0 = L.$$

Par unicité de la limite :

$$\boxed{L=f(L)}$$

Supposons alors que u admette une autre valeur d'adhérence b>a. Il existe un terme $u_p \in]a,b[$, puisque a est une valeur d'adhérence (c'est la définition !).
Mais d'après le a) ce terme est aussi une valeur d'adhérence (puisque tout point entre a et b est valeur d'adhérence), et donc c'est un point fixe de f.
Mais alors :

$$u_{p+1} = f(u_p) = u_p$$

et u est **stationnaire** à partir du rang p à la valeur $u_p < b$.

Alors b ne peut pas être valeur d'adhérence... Donc il y a unicité de la valeur d'adhérence.

3. Il est clair que la convergence de x vers L entraîne celle de y vers 3L.

Réciproquement, supposons que y tende vers 3L, et montrons que x tend vers L. Remarquons qu'en écrivant :

$$(y_n - 3L) = 2(x_n - L) + (x_{n-1} - L)$$

on ramène le problème au cas L=0 en changeant légèrement de notation.

Le plus naturel, lorsqu'on a une relation de récurrence, est d'essayer d'exprimer le nième terme de la suite en fonction des autres. En l'occurrence, on aimerait exprimer x_n **à l'aide des** y_k. Cela est possible si l'on crée une cascade, en faisant sauter tous les x_k intermédiaires. Par exemple, on peut procéder ainsi :

$$y_n = 2x_n + x_{n-1}$$

$$-\frac{1}{2}y_{n-1} = -x_{n-1} - \frac{1}{2}x_{n-2}$$

$$\frac{1}{4}y_{n-2} = \frac{1}{2}x_{n-2} + \frac{1}{4}x_{n-3}$$

$$\dots$$

$$\frac{(-1)^{n-1}}{2^{n-1}}y_0 = \frac{(-1)^{n-1}}{2^{n-2}}x_1 + \frac{(-1)^{n-1}}{2^{n-1}}x_0$$

qui par sommation donne :

$$x_n = \left(\frac{-1}{2}\right)^n x_0 + \sum_{k=0}^{n}\left(\frac{-1}{2}\right)^k y_{n-k} = \left(\frac{-1}{2}\right)^n x_0 + \sum_{k=0}^{n}\left(\frac{-1}{2}\right)^{n-k} y_k .$$

Le premier terme tend évidemment vers 0. Pour le second, on fait du découpage d'epsilon à la Césaro ; pour n>N, c'est y_k qui fait tendre vers 0. Pour n≤N, c'est le terme géométrique qui fait le travail (car il y a un nombre **fini** de termes). Bref tout marche bien (faites le en détail pour vous convaincre) et on a le résultat annoncé.

---

4. On ne détaillera pas trop, car on suppose que vous avez déjà fait cet exercice 154 fois (ce qui ne l'empêche pas d'être extrêmement important).

Soit un indice N tel que :

$$\forall n \geq N \ |u_n - L| < \varepsilon.$$

L'idée essentielle de la suite de la démonstration est qu'il faut couper en deux, selon que k≥N ou non. Soit n>N :

$$v_n - L = \frac{\sum_{k=1}^{N-1} a_k.(u_k - L)}{\sum_{k=1}^{n} a_k} + \frac{\sum_{k=N}^{n} a_k.(u_k - L)}{\sum_{k=1}^{n} a_k}.$$

Dans le second terme, tous les $(u_k - L)$ sont majorés par ε.
Le numérateur du premier terme est une constante M **indépendante de n**. Alors, en tenant compte du fait que les a_k sont positifs :

$$|v_n - L| \leq \frac{M}{\sum_{k=1}^{n} a_k} + \frac{\sum_{k=N}^{n} a_k}{\sum_{k=1}^{n} a_k}.\varepsilon \leq \frac{M}{\sum_{k=1}^{n} a_k} + \varepsilon.$$

Puisque la série $\sum a_k$ diverge, le premier terme du majorant tend vers zéro.
Donc :

$$\exists P \text{ tel que : } \forall n \geq \max(N,P)\ |v_n - L| < 2\varepsilon.$$

Ce qui veut précisément dire que v tend vers L...

---

5. Les deux séries $\sum k^\alpha$ ($\alpha>0$) et $\sum \frac{1}{k}$ sont à termes positifs et divergentes.
Par ailleurs, ont a les équivalents suivants :

$$\sum_{k=1}^{n} k^\alpha \approx \frac{n^{\alpha+1}}{\alpha+1} \quad \text{et} \quad \sum_{k=1}^{n} \frac{1}{k} \approx \ln(n)$$

(Ces équivalents sont rappelés au chapitre sur les équivalents de sommes, § VI).
On est dans les conditions d'application de Césaro précisées au **5.** Donc :

$$a_n \xrightarrow[n\infty]{} \frac{L}{\alpha+1} \quad \text{et} \quad b_n \xrightarrow[n\infty]{} L.$$

En ce qui concerne la suite c, il y a un ENORME piège, puisque les coefficients C_n^k de pondération de u DEPENDENT DE n. Cependant le résultat est encore valable, et le principe de la démonstration est grosso modo le même.

Soit un indice N tel que :

$$\forall n \geq N\ |u_n - L| < \varepsilon$$

et soit :

$$A = \sup_{k \leq n} |u_k - L|.$$

On a alors comme pour Césaro :

$$|c_n - L| \leq \frac{1}{2^n}\sum_{k=1}^{N-1} C_n^k.|u_k - L| + \frac{1}{2^n}\sum_{k=N}^{n} C_n^k.|u_k - L| \leq \frac{A}{2^n}\sum_{k=1}^{N-1} C_n^k + \varepsilon.$$

En injectant la majoration évidente :

$$C_n^k \leq \frac{n^k}{k!}$$

le premier terme du majorant obtenu est de la forme $\frac{P(n)}{2^n}$ (où P est un polynôme à coefficients indépendants de n, de degré au plus N), quantité qui tend vers zéro quand n tend vers $+\infty$.

Donc c tend vers L, comme on l'espérait.

---

6. a) En réduisant au même dénominateur, un développement limité donne :

$$v_{n+1} - v_n = \frac{u_n^\alpha\left[1 - \left(1 - a.u_n^\alpha + o\left(u_n^\alpha\right)\right)^\alpha\right]}{u_n^\alpha.u_{n+1}^\alpha} \approx a\alpha.\left(\frac{u_{n+1}}{u_n}\right)^\alpha.$$

Par ailleurs le même développement limité de f prouve que :

$$\frac{u_{n+1}}{u_n} = 1 - a.u_n.O\left(u_n^\alpha\right) \xrightarrow[n\infty]{} 1$$

Donc :

$$v_{n+1} - v_n \xrightarrow[n\infty]{} a\alpha$$

b) on applique Césaro sous sa forme classique : $v_{n+1} - v_n \xrightarrow[n\infty]{} a\alpha$ donc :

$$\frac{1}{n}\sum_{k=1}^{n}\left(v_{k+1} - v_k\right) = \frac{v_{n+1} - v_1}{n} \xrightarrow[n\infty]{} a\alpha \ .$$

Ce qui donne :

$$v_n \approx na\alpha .$$

c) A partir de l'équivalent de v, on en déduit immédiatement : $u_n \approx \left(\frac{1}{a.\alpha.n}\right)^{\frac{1}{\alpha}}$.

---

7. On va s'assurer qu'on est dans les conditions d'application de la méthode **5**, avec $f(x) = x - x^2$.

On montre sans aucun problème particulier que :

- x est bornée (elle est dans $[0,1]$),
- x est décroissante ; donc (méthode **4**) elle converge vers L,
- L est solution de $L = L - L^2$ donc $L = 0$.

De plus, f est de la forme souhaitée, avec $\alpha = 1$. Donc on pose : $v_n = \frac{1}{x_n}$.

$$v_{n+1} - v_n = \frac{x_n - x_{n+1}}{x_n.x_{n+1}} = \frac{{x_n}^2}{x_n.x_{n+1}} = \frac{x_n}{x_{n+1}} = \frac{x_n}{1 - x_n} \xrightarrow[n\infty]{} 1.$$

Le théorème de Césaro assure que $v_n \approx n$, soit : $x_n \approx \frac{1}{n}$.

---

8. Pour appliquer la méthode **5**, on pose : $f(x) = x + \frac{1}{x}$. On vérifie que :

- x est bien définie, et tous ses termes sont strictement positifs,
- x est croissante,
- si x était majorée, elle convergerait vers L telle que $L + \frac{1}{L} = L$, impossible.

Donc la suite diverge (vers $+\infty$).

La méthode **5** développée plus haut est inutilisable a priori, puisque la suite obtenue diverge vers $+\infty$ au lieu de tendre vers 0...

Qu'à cela ne tienne : il n'y a qu'à considérer la suite $v = \frac{1}{x}$, qui tend vers 0 et vérifie :

$$v_{n+1} = \frac{v_n}{1 + {v_n}^2}.$$

Considérons alors la fonction : $g(x) = \frac{x}{1 + x^2}$; elle admet un D.L en zéro :

$$g(x) = x\left(1 - x^2 + o\left(x^2\right)\right).$$

On est alors dans le cadre d'application de la méthode **5**, avec a=1 et $\alpha = 2$.

On en déduit donc que : $v_n \approx \left(\frac{1}{2n}\right)^{\frac{1}{2}}$, soit : $x_n = \frac{1}{v_n} \approx \sqrt{2n}$.

---

9. Vu qu'on est dépourvu d'imagination, on va suivre bêtement les indications.

On peut aussi se raccrocher à la méthode **4bis** du chapitre précédent.

On montre par une récurrence triviale que x est définie et que $x_n > 0$.

On en déduit que x est décroissante, car : $1+n(x_n)^2 > 1$.

Décroissante et minorée, x converge vers une limite L. Supposons L non nulle, alors :

$$\frac{x_{n+1}}{x_n} \xrightarrow[n\infty]{} \frac{L}{L} = 1$$

Mais d'autre part :

$$\frac{x_{n+1}}{x_n} = \frac{1}{1+n(x_n)^2} \approx \frac{1}{nL^2} \xrightarrow[n\infty]{} 0.$$

Cette contradiction montre que :

$$L=0.$$

Etudiant brièvement $f_n(t) = \frac{1}{1+nt^2}$, on s'aperçoit qu'elle est croissante pour $t \le \frac{1}{\sqrt{n}}$.

On peut alors prouver par récurrence que : $\boxed{x_n \le \frac{1}{n}}$

C'est vrai pour n=1 ($x_1 = \frac{1}{2}$) et par croissance de f il vient :

$$x_n \le \frac{1}{n} \le \frac{1}{\sqrt{n}} \quad \Rightarrow \quad x_{n+1} = f_n(x_n) \le f_n\left(\frac{1}{n}\right) = \frac{1}{n+1}.$$

Suivant l'indication de l'énoncé et en utilisant le résultat précédent :

$$y_n = \frac{1}{x_{n+1}} - \frac{1}{x_n} = n.x_n \le 1.$$

En sommant de k=1 à n-1, avec $x_1 = \frac{1}{2}$, on trouve : $\frac{1}{x_n} \le n+1$.

(Cette dernière inégalité pouvait aussi être prouvée par récurrence, mais elle n'est pas évidente à intuiter, contrairement à la première qu'il est raisonnable de poser ; C'est pourquoi on a préféré une autre preuve, qui ne fait pas appel à l'intuition).

En regroupant les résultats :

$$\frac{1}{n+1} \le \frac{1}{x_n} \le \frac{1}{n}.$$

Cette inégalité prouve que : $\boxed{x_n \approx \frac{1}{n}}$.

Chapitre 10
METHODES D'ETUDE PRATIQUE DE LA CONVERGENCE DES SERIES

On s'intéresse ici à la convergence d'une série $\sum u_n$ de terme général **réel**. On désigne alors par :

$S_n = \sum_{k=0}^{n} u_k$ la somme partielle de rang n de cette série.

$R_n = \sum_{k=n+1}^{+\infty} u_k$ le reste de rang n de la série en cas de convergence.

Rappelons par ailleurs quelques abréviations utilisées dans ce chapitre :

TG : terme général
CV : convergence
DV : divergence
ACV : absolue convergence
SCV : semi-convergence

On a indiqué à la fin de cette liste de méthodes lesquelles sont adaptables à des suites de TG complexe.

I. Méthodes dérivées de l'étude des suites

Après tout, étudier la convergence d'une série, ce n'est rien d'autre qu'analyser la convergence de la suite S_n de ses sommes partielles.

METHODE 0 : La série ne peut pas converger si son TG ne tend pas vers 0

❑ Cette condition est une condition **nécessaire** : **si** la série est convergente vers S, **alors** son terme général u_n vérifie : $u_n = S_n - S_{n-1}$ donc tend vers $S - S = 0$.

❑ On ne s'amusera pas à vous demander d'étudier la convergence de la série de TG $u_n = 1 + e^{-n}$ qui ne tend évidemment pas vers 0.

Cependant, cette méthode est très utile dans la **discussion** de la convergence d'une série en fonction d'un paramètre : elle règle de façon instantanée certains cas de cette discussion.

❑ Evidemment, cette condition n'est **pas suffisante** (sinon il y aurait beaucoup de séries convergentes) ; par exemple la série harmonique $\sum \frac{1}{n}$ n'est pas convergente bien que son TG tende vers 0.

REMARQUE :

Il est hors de question de passer 1/2 heure à regarder si le TG tend ou non vers 0. Il se peut très bien que cela ne soit pas évident, mais que la convergence de la série par une autre méthode soit instantanée...

METHODE 1 : Etudier directement la suite S_n

Il se peut très bien (mais cela reste assez rare) que la somme partielle de rang n de la série soit calculable explicitement (c'est-à-dire se mette sous forme d'une expression condensée qui ne soit pas elle-même une somme de n termes).

Dans ce cas, on aurait tort de se priver des méthodes d'étude pratique des suites exposées dans le chapitre du même nom (chapitre 8) ; citons en particulier : le critère de Cauchy, la limite monotone...

Ces méthodes sont loin d'être la panacée ; en effet, on dispose de moyens beaucoup plus puissants pour étudier la convergence des séries, que nous allons exposer maintenant.

II. Méthodes pour prouver l'ACV d'une série

On s'intéresse ici à la convergence de la série $\sum |u_n|$; c'est dire que les méthodes exposées dans ce paragraphe sont à réserver aux séries de terme général **positif**.

L'étude de l'ACV doit être **un réflexe :** c'est la première chose à faire quand on vous donne une série. Evidemment, **l'ACV implique la CV, mais pas le contraire**. Lorsqu'on n'a pas réussi à prouver l'ACV, il faut alors s'intéresser à la SCV, plus faible.

On considère donc une série $\sum u_n$ **de terme général positif.**

METHODE 2 : Majorer par une série de référence.

❑ Commençons par rappeler ce qu'on appelle usuellement série de référence, et les cas de convergence correspondants :

Série géométrique :	$\sum a^n$ converge si et seulement si $|a|<1$.
Série de Riemann :	$\sum \frac{1}{n^\alpha}$ converge si et seulement si $\alpha>1$.
Série de Bertrand :	$\sum \frac{1}{n^\alpha(\ln(n))^\beta}$ CV si et seulement si $\alpha>1$ **ou** $(\alpha=1$ et $\beta>1)$.

Il va sans dire qu'on ne saurait tolérer la moindre imprécision dans la connaissance des conditions de convergence des séries précédentes (ne riez pas, les séries de Bertrand font souvent l'objet d'énoncés folkloriques).

❑ Venons-en à la méthode : le principe est de majorer le terme général u_n par le terme général v_n d'une série convergente ; alors $\sum u_n$ converge.

Profitons de cette méthode pour vous renvoyer au chapitre 4 sur les Bases de l'analyse réelle, tout particulièrement la section concernant l'obtention d'inégalités.

REMARQUE :

Il s'agit de ***majorer le terme général*** *de la série, et* ***non la somme partielle*** *de la série...*

Exemple : étudier la série de TG $u_n = \dfrac{1}{n^2 + \cos(n)}$.

On a évidemment pour n>1 :

$$0 \le u_n \le \frac{1}{n^2 - 1}.$$

Ceci donne la convergence de la série.

METHODE 3 : Obtenir un équivalent du terme général

C'est sans aucun doute la méthode par excellence de l'étude des séries de TG positif, car elle est efficace... sous réserve que l'on sache obtenir rapidement un équivalent (cf. les chapitres 7 et 15, particulièrement les rappels sur les équivalents classiques). Encore une fois, n'appliquez pas ce résultat à des séries dont le TG n'est pas de signe constant, vous auriez des surprises...

Exemple 1 : étudier la série de TG $u_n = \dfrac{(-1)^n}{n^2 + \sin(n)}$.

Comme le sinus est borné, on a évidemment :

$$|u_n| \approx \frac{1}{n^2}.$$

D'où l'absolue convergence de notre série.

Exemple 2 : étudier la série de TG $u_n = \dfrac{1}{1^\alpha + 2^\alpha + \ldots + n^\alpha}$.

Le dénominateur possède un équivalent classique, qui est justement rappelé au paragraphe VI du chapitre 15 (cas (ii)) ; on en déduit que :

$$u_n \approx \frac{\alpha + 1}{n^{\alpha+1}}.$$

On en déduit que la série converge si et seulement si $\alpha > 0$.

Signalons à propos de cette méthode une **astuce** relative aux séries dont le terme général s'exprime sous la forme d'une différence du style $f_n(n+1) - f_n(n)$; il faut alors penser à appliquer le **théorème des accroissements finis** pour conclure rapidement :

Exemple 3 : étudier la série de TG $u_n = [\ln(2n+1)]^\alpha - [\ln(2n)]^\alpha$.

Introduisons la fonction $f(x) = [\ln(x)]^\alpha$ définie pour x≥1. Sa dérivée est $\dfrac{\alpha[\ln(x)]^{\alpha-1}}{x}$.

De plus, d'après le théorème des accroissements finis, il existe un réel $c_n \in [2n, 2n+1]$ tel que :

$$u_n = f(2n+1) - f(2n) = (2n+1-2n).f'(c_n) \approx f'(2n) = \frac{\alpha[\ln(2n)]^{\alpha-1}}{2n}.$$

C'est une série de Bertrand ; il y a convergence si et seulement si $\alpha < 0$.

METHODE 4 : Appliquer la règle $n^\alpha u_n$

❑ Cette règle est mal connue, mal énoncée et mal utilisée ; et pourtant elle est très simple et très efficace ! Enonçons d'abord la règle :

❑ Soit $\sum u_n$ une série de terme général de signe quelconque :

(i) s'il existe $\alpha > 1$ tel que : $n^\alpha u_n \underset{\infty}{\to} L$ et L non nul alors : $\sum u_n$ est ACV.

(ii) s'il existe $\alpha \leq 1$ tel que : $n^\alpha u_n \underset{\infty}{\to} L$ et L non nul alors : $\sum u_n$ est DV.

(iii) s'il existe $\alpha > 1$ tel que : $n^\alpha u_n \underset{\infty}{\to} 0$ alors : $\sum u_n$ est ACV.

(iv) s'il existe $\alpha \leq 1$ tel que : $n^\alpha u_n \underset{\infty}{\to} \infty$ alors $\sum u_n$ est DV.

❑ En fait le TG est alors de signe constant puisque :

(i) et (ii) : $u_n \approx \frac{L}{n^\alpha}$ (iii) : $u_n = o\left(\frac{1}{n^\alpha}\right)$ (iv) : pour n grand : $u_n \geq \frac{1}{n^\alpha}$.

COMMENT APPLIQUER CONVENABLEMENT CETTE REGLE ?

Après s'être assuré que u_n (ou $-u_n$) est positif :

❑ Poser $v_n = n^\alpha u_n$ et $w_n = \ln(v_n)$.

❑ Etudier la limite de (w_n) en fonction du paramètre α, et essayer de se retrouver dans l'un des quatre cas précités, c'est-à-dire voir à quelle condition (w_n) tend vers une limite finie, vers $-\infty$ et $+\infty$ respectivement.

❑ Conclure.

QUAND L'APPLIQUER ?

La méthode **3** sur la recherche d'équivalents ne peut pas s'appliquer aux séries qui contiennent des exponentielles et des logarithmes, en ce sens que ces derniers n'admettent pas d'équivalent dans l'échelle des puissances (ce sont des *petits o*).

Exemple : discuter la convergence de la série de TG : $u_n = \exp(-n^\beta)$.

Avec les notations précédentes, on a :

$$w_n = \alpha \ln(n) - n^\beta.$$

Donc si $\beta > 0$, w tend vers $-\infty$ pour toute valeur de α ; il suffit par exemple de choisir α=2 et on est alors dans le cas (iii).

Si $\beta < 0$ w tend vers l'infini avec le signe de α ; il suffit de prendre $\alpha = \frac{1}{2}$ pour être dans le cas (iv).

On aurait aussi, pour une fois, pu appliquer la méthode **0** qui donne immédiatement la divergence dans le cas $\beta < 0$, puisque le TG tend alors vers 1.

METHODE 5 : Appliquer la règle de d'Alembert

Dans le cas d'une série à termes **strictement** positifs, l'étude du rapport $\frac{u_{n+1}}{u_n}$ peut permettre de conclure rapidement sur la nature d'une série :

si $\frac{u_{n+1}}{u_n}$ tend vers L>1 alors la série $\sum u_n$ est divergente.

si $\frac{u_{n+1}}{u_n}$ tend vers L<1 alors la série $\sum u_n$ est convergente.

si $\frac{u_{n+1}}{u_n}$ tend vers 1 : on ne peut **rien** dire.

Cette méthode est particulièrement indiquée pour l'étude des séries dont le TG s'exprime sous forme de **produit, quotient, contient des factorielles ou des puissances**.

Exemple : étudier la série de terme général $u_n = \frac{n!}{n^n}$.

La série est d'une forme adaptée à cette méthode, et le rapport envisagé vaut :

$$\frac{u_{n+1}}{u_n} = \frac{n^n}{(n+1)^n} = \left(1+\frac{1}{n}\right)^{-n} \xrightarrow[+\infty]{} \frac{1}{e}.$$

Cette quantité est strictement inférieure à 1, d'où la convergence de la série.

Remarque : Cette règle n'est pas très précise, en ce sens qu'elle ne distingue pas, parmi les séries de Riemann, celles qui convergent de celles qui divergent : le rapport tend vers 1. C'est pourquoi on en donne maintenant une version améliorée.

METHODE 6 : Appliquer la règle de d'Alembert (améliorée en 1)

Il existe plusieurs améliorations de cette règle. Celle qui est présentée ici est la plus fréquemment utilisée. Elle ne figure **pas au programme**, mais constitue un exercice classique que l'on vous conseille de savoir faire (cf. exercice 1 de ce chapitre).

Soit une série dont le TG est strictement positif et telle qu'il existe α tel que :

$$\frac{u_{n+1}}{u_n} = 1 - \frac{\alpha}{n} + O\left(\frac{1}{n^2}\right)$$

Alors il existe une constante réelle strictement positive A telle que :

$$u_n \approx \frac{A}{n^\alpha}.$$

Exemple : étudier la série de terme général $u_n = \frac{n^b.n!}{a(a+1)(a+2)\dots(a+n)}$ *(a>0).*

On s'intéresse au rapport :

$$\frac{u_{n+1}}{u_n} = \left(1+\frac{1}{n}\right)^b.\left(1+\frac{a}{n+1}\right)^{-1} = 1 - \frac{a-b}{n} + O\left(\frac{1}{n^2}\right)$$

qui est bien de la forme souhaitée, et on en déduit qu'il y a convergence si et seulement si $a-b>1$.

REMARQUE : Faire attention au signe ***moins*** *devant le* α *dans la formule.*

METHODE 7 : Comparer la série à une intégrale

Dans le cas où le terme général est de la forme $u_n = f(n)$, où f est une fonction positive décroissante sur $\mathbf{R}^+$, on utilise l'encadrement suivant :

$$\forall t \in [n, n+1] \quad f(n+1) \leq f(t) \leq f(n)$$

qui donne par intégration sur cet intervalle :

$$u_{n+1} \leq \int_n^{n+1} f(t)dt \leq u_n.$$

La sommation de ces relations permet d'encadrer les sommes partielles de la série et ramène le problème à la convergence d'une intégrale impropre : il est facile de voir que la série et l'intégrale sont de même nature (on vous conseille de **réécrire les encadrements à chaque fois**).
Cette manipulation ne présente évidemment d'intérêt que lorsque l'étude de cette dernière intégrale est plus simple à conduire que celle de la série...

Exemple : retrouver la nature de la série de terme général $u_n = \dfrac{\ln(n)}{n}$.

On reconnaît une série de Bertrand, mais qui est de la forme voulue avec $f(x) = \dfrac{\ln x}{x}$, qui est positive et décroissante pour $x \geq 3$. De plus, on connaît une primitive de f, à savoir $\dfrac{1}{2}(\ln x)^2$. On en déduit immédiatement la divergence de l'intégrale impropre associée à la série, et donc celle de la série.

III. Méthodes pour prouver la SCV

Une fois qu'on a fait le tour des méthodes précédentes (ce qui n'a pas dû prendre plus de deux minutes trente au maximum !), et que l'on a constaté avec dépit que la série n'avait pas franchement l'air absolument convergente, on est quitte pour continuer notre étude.
Signalons avant tout que les méthodes les plus employées de cette section sont incontestablement les deux premières (essayez donc les méthodes **dans l'ordre proposé**).

METHODE 8 : Utiliser le théorème des séries alternées

Encore un théorème dont beaucoup connaissent une formulation approximative des hypothèses, et généralement une partie seulement de la conclusion en trois points :

Soit $\sum u_n$ une série alternée, telle que $|u_n|$ décroisse et tende vers zéro. Alors :

(i) Cette série est convergente.

(ii) Sa somme est du signe de son premier terme et vérifie : $\left| \sum_0^{+\infty} u_n \right| \leq |u_0|$.

(iii) Son reste est du signe de u_{n+1} et vérifie : $\left| \sum_{n+1}^{+\infty} u_k \right| \leq |u_{n+1}|$.

REMARQUE :

Ces résultats sont faciles à établir en considérant les sommes partielles de rang pair et impair, qui sont des suites adjacentes.

Exemple : étudier la série de terme général $u_n = (-1)^n \frac{\ln(n)}{n}$.

La série est typiquement de la forme voulue, et $|u_n| = f(n)$ où f est la fonction de l'exemple précédent, dont on a déjà précisé qu'elle avait les propriétés voulues. D'où la convergence de cette série.

METHODE 9 : Effectuer un développement limité du TG

Cette méthode est en fait un raffinement de la méthode **3**, puisqu'elle consiste à aller voir un (ou deux) rangs après comment se comporte le TG de la série.
On effectue un développement limité du TG jusqu'à tomber sur des termes qui soient absolument convergents.

Exemple : discuter de la convergence de la série de TG $u_n = \ln\left(1 + \frac{(-1)^n}{n^\alpha}\right)$.

Si $\alpha \leq 0$: le TG ne tend pas vers 0 donc (méthode **0**) la série TDV.

Si $\alpha > 0$: le TG est équivalent à $\frac{(-1)^n}{n^\alpha}$, et la série est donc ACV pour $\alpha > 1$.
Pour étudier le cas intermédiaire, on effectue un DL du logarithme à l'ordre 2 qui donne :

$$u_n = \frac{(-1)^n}{n^\alpha} + O\left(\frac{1}{n^{2\alpha}}\right).$$

Le premier terme est SCV d'après la méthode **8**. Le second est absolument convergent pour $\alpha > \frac{1}{2}$. La série est donc SCV pour $\alpha \in \left]\frac{1}{2}, 1\right[$, DV avant, et ACV après.

METHODE 10 : Regrouper les termes par paquets

Il y a de nombreuses façons de regrouper les termes (sans en changer l'ordre). On cite les deux plus fréquentes qui permettent de conclure.

(i) Si le TG est positif et que la série « des paquets » CV, alors la série initiale aussi.

(ii) Si les termes à l'intérieur de chaque paquet sont de même signe et que la série « des paquets » CV, alors la série initiale aussi.

CAS D'UTILISATION :

Lorsque l'on introduit $p(n)$, nombre de chiffres de l'écriture décimale de n, on peut être certain qu'il faut faire des paquets de termes dont l'indice n a un nombre $p(n)$ égal à $k+1$, c'est-à-dire des paquets d'indices tels que :

$$10^k \le n \le 10^{k+1}-1.$$

Exemple : étudier la série de TG $u_n = \dfrac{1}{a^{p(n)}}$ *(a>0).*

Les termes de la série étant positifs, on n'a pas de problème. En faisant des paquets comme indiqué ci-dessus, on obtient :

$$v_k = \sum_{n=10^k}^{10^{k+1}-1} u_k = \left[10^{k+1}-1-10^k+1\right].\left(\frac{1}{a}\right)^{k+1} = \frac{9}{a}\left(\frac{10}{a}\right)^{k+1}.$$

La série des paquets converge pour $a>10$, comme la série initiale.

METHODE 11 : Effectuer une transformation d'Abel

Dans le cas où le terme général u_n de la série se met sous la forme : $u_n = \alpha_n.v_n$, et si T_n désigne la somme partielle de rang n de la série $\sum v_n$, le principe de la méthode consiste à écrire $v_n = T_n - T_{n-1}$.

Lorsqu'on a des renseignements sur la suite T (signe, caractère borné) et qu'on demande de prouver la convergence de $\sum u_n$, on essaye d'appliquer le critère de Cauchy (qui est une CNS de convergence de la série) en évaluant $S_q - S_p$ de la façon suivante :

$$S_q - S_p = \sum_{k=p}^{q} u_k = \sum_{k=p}^{q} \alpha_k.(T_k - T_{k-1}) = \sum_{k=p}^{q} \alpha_k.T_k - \sum_{k=p}^{q} \alpha_k.T_{k-1} = \sum_{k=p}^{q} \alpha_k.T_k - \sum_{k=p-1}^{q-1} \alpha_{k+1}.T_k$$

après changement d'indice. On regroupe alors les indices communs à savoir $k \in [p, q-1]$ et on isole les extrêmes p-1 et q :

$$S_q - S_p = \sum_{k=p}^{q-1} (\alpha_k - \alpha_{k+1}).T_k + \alpha_q.T_q - \alpha_p.T_{p-1}.$$

On injecte alors les renseignements sur T et α pour majorer cette différence.

Exemple : démontrer le théorème des séries alternées.

Si on pose $\alpha_n = |u_n|$ et $T_n = (-1)^n$, il est facile de majorer le membre de droite et voir qu'il tend vers 0, en faisant sauter les valeurs absolues dans le premier terme.

Cette démonstration du théorème des séries alternées est plus sophistiquée que celle qui consiste à repasser par les sommes partielles d'indices pair et impair et à montrer que ces suites sont adjacentes.

IV. Méthodes propres aux séries trigonométriques

Hormis les séries de Fourier, dont l'importance vaut qu'on leur consacre un chapitre à part, on appelle série trigonométrique toute série dont le TG fait intervenir une ou des fonctions circulaires.

Le but de ce court paragraphe est de regrouper quelques idées ou éléments qui peuvent se révéler importants dans l'étude d'une série trigonométrique car d'usage fréquent.

❑ A savoir : pour $\theta \neq k\pi$, les suites $\cos(n\theta)$ et $\sin(n\theta)$ n'ont **pas de limite** (cf. exercice 1, chapitre 9).

❑ Dans de nombreux cas, le passage à **l'exponentielle complexe** peut aider.

❑ Il est évidemment fondamental de connaître les formules de trigonométrie et les encadrements classiques relatifs aux fonctions circulaires (cf. chapitre 25).

❑ Les méthodes fréquemment utilisées dans l'étude de ces séries sont le développement limité et la transformation d'Abel.

❑ La transformation d'Abel permet d'établir la convergence des séries de Fresnel :

$\sum \frac{\cos(n)}{n^\alpha}$ et $\sum \frac{\sin(n)}{n^\alpha}$ sont	ACV pour $\alpha > 1$	SCV pour $0 < \alpha \leq 1$
	DV sinon.	

❑ On vous conseille l'exercice 23, qui donne un résultat très important pour étudier les séries de la forme $u_n = \frac{\sin(\pi\sqrt{n})}{n}$ ou $u_n = \frac{\sin(\ln(n))}{n}$, qu'il est **impossible** de traiter autrement.

V. Méthodes transposables aux séries complexes

Les méthodes **0** et **1** s'appliquent telles quelles.

Pour les méthodes **2** à **7**, il faut lire $|u_n|$ « module de u_n » au lieu de « valeur absolue de u_n ». On peut alors appliquer toutes les méthodes relatives aux séries de TG positif.

La méthode **11** (transformation d'Abel) s'applique sans problème.

Les autres méthodes ne peuvent en aucun cas s'appliquer sous la forme énoncée plus haut.

Erreurs classiques

❑ Il ne faut jamais écrire $\sum_{0}^{+\infty} u_n$ sans avoir prouvé, *au préalable*, que la série convergeait.

❑ Pour obtenir des résultats (encadrement ou valeur exacte) sur la somme d'une série, mieux vaut **repasser par les sommes partielles et passer à la limite** qu'écrire directement des résultats sur cette somme.

❑ Lorsqu'on découpe en plusieurs morceaux le terme général d'une série convergente, on n'est pas sûr que chacun des morceaux pris séparément soit le TG d'une série convergente.

❑ Pour établir la convergence d'une série dont le TG est positif, il faut majorer le TG et non les sommes partielles par le TG d'une série convergente pour conclure.

Astuces

❑ Lorsque le TG d'une série est donné sous la forme d'une intégrale, il faut souvent rechercher un équivalent de cette intégrale (cf. chapitre 24)

Lu dans les rapports de l'X

❑ « Les élèves ne pensent pas à utiliser les développements limités pour l'étude des séries. » (X 86)

❑ « Les élèves ne connaissent pas les règles d'étude des séries de terme général positif. » (X 89)

❑ « Les candidats ne pensent pas à utiliser le résultat évident suivant : une série de TG positif converge ssi la suite de ses sommes partielles est majorée. » (X 83)

❑ « A propos des séries alternées, on a entendu le raisonnement suivant :
$|u_n| = \frac{1}{n} + o\left(\frac{1}{n}\right)$ **donc** la suite $|u_n|$ décroît à partir d'un certain rang... » (X 83)

❑ « Dans certains exercices, il peut être utile de calculer explicitement les sommes partielles de rang n. » (X 83)

❑ « Attention : on n'a $\sin\left(\frac{1}{n^\alpha}\right) \approx \frac{1}{n^\alpha}$ que si $\alpha > 0$. » (X 88)

❑ « Les élèves ignorent comment l'on peut encadrer le reste d'une série alternée. » (X 89) *(cf. méthode **8**, rappel (ii))*

❑ « Il est faux que toute série bornée soit convergente. » (X 88)

❑ « Il peut être utile d'étudier les premiers termes d'une série pour conjecturer quelques résultats. » (X 89)

❑ « On confond trop souvent les hypothèses du théorème des séries alternées avec la conclusion... » (X 91)

Exercices

1. On considère une série dont le terme général est strictement positif tel que :

$$\exists\alpha \text{ tel que } \forall n : \quad \frac{u_{n+1}}{u_n} = 1 - \frac{\alpha}{n} + O\left(\frac{1}{n^2}\right).$$

En considérant la suite $v_n = \ln(u_n)$, démontrer qu'il existe A>0 telle que : $u_n \approx \frac{A}{n^\alpha}$.

En déduire la convergence de la série $\sum u_n$.

*Dans les exercices **2** à **22**, on demande d'étudier le plus rapidement possible la convergence de la série dont on donne le terme général.*

2. $u_n = \left[\ln\left(\cos\frac{1}{n}\right)\right]^\alpha$.

3. $u_n = (\ln(n))^{-\ln(n)}$.

4. $u_n = (-1)^n \dfrac{\ln(n)}{n - \ln(n)}$.

5. $u_n = \dfrac{\ln\left(1 + n^\beta x^n\right)}{n^\alpha}$ (x>0).

6. $u_n = \dfrac{x(x-1)(x-2)\ldots(x-n+1)}{n!}$ (x non entier).

7. $u_n = \sqrt[n]{n+1} - \sqrt[n]{n}$

8. $u_n = (-1)^n \left[\left(1 + \frac{1}{n}\right)^{-n} - \frac{1}{e}\right]$.

9. $u_n = \displaystyle\int_0^{+\infty} \frac{dt}{t^\alpha + n^\alpha}$.

10. $u_n = \displaystyle\int_0^{+\infty} \frac{dt}{\left(1 + t^3\right)^n}$.

11. $u_n = \left(\dfrac{\ln(n)}{n}\right)^{n^\beta}$.

12. $u_n = \dfrac{(-1)^n}{n^{3/4} + \cos(n)}$.

13. $u_n = \dfrac{1}{n^\alpha} \displaystyle\int_0^n \frac{\mathrm{Arc}\tan(t)}{\sqrt{t}}\, dt$.

14. $u_n = \dfrac{(-1)^n}{n^\alpha + (-1)^n n^\beta}$ $(\alpha > 0 \text{ et } \beta > 0)$.

15. $\dfrac{u_{n+1}}{u_n} = \dfrac{n+a}{n+b}$ (a et b > 0).

16. $u_n = \text{Arccos}\sqrt{1 - \dfrac{1}{n^\alpha}}$ $(\alpha > 0)$.

17. $u_n = \text{Arccos}\left(\dfrac{2}{\pi}\text{Arctan}\left(n^2\right)\right)$.

18. $u_n = \sin\left(\pi\left(2+\sqrt{3}\right)^n\right)$.

19. $u_n = \dfrac{|\cos(n)|}{n}$.

20. $u_n = \sin\left(2\pi\sqrt{n^2 + (-1)^n}\right)$.

21. $u_n = (-1)^n \cos(n\theta)$.

22. $u_n = \left(\dfrac{1}{p(n)}\right)^{p(n)}$ (p(n): nombre de chiffres de l'écriture décimale de n).

23. Soit f une fonction de classe C^1 telle que $\int_0^{+\infty} f$ et $\int_0^{+\infty} f'$ soient ACV.

Montrer que la série $\sum f(n)$ converge.

(On pourra utiliser une formule de Taylor reste intégral convenable).

Application : étudier la série $\sum \dfrac{\sin\left(\pi\sqrt{n}\right)}{n}$.

Corrigés

1. La suite $v_n = \ln(u_n)$ est bien définie puisque le TG est > 0 et en prenant le logarithme népérien de l'égalité de départ :

$$\ln\left(\frac{u_{k+1}}{u_k}\right) = v_{k+1} - v_k = \ln\left(1 - \frac{\alpha}{k} + O\left(\frac{1}{k^2}\right)\right) = -\frac{\alpha}{k} + O\left(\frac{1}{k^2}\right) = -\frac{\alpha}{k} + w_k.$$

En sommant ces égalités pour k allant de 1 à n :

$$v_{n+1} - v_1 = -\alpha \sum_{k=1}^{n} \frac{1}{k} + \sum_{k=1}^{n} w_k \quad (*).$$

D'une part le deuxième terme a une limite W pour n∞ puisque $w_k = O\left(\frac{1}{k^2}\right)$ donc $\sum w_k$ est une série ACV. Donc :

$$\sum_{k=1}^{n} w_k = W + o(1)$$

D'autre part, on sait que la série harmonique possède un développement asymptotique (cf. chapitre 15, VI) :

$$\sum_{k=1}^{n} \frac{1}{k} = \ln(n) + \gamma + o(1).$$

En injectant ces éléments dans (*) on obtient finalement :

$$v_{n+1} = -\alpha \ln(n) + v_1 + -\alpha\gamma + W + o(1).$$

Ceci veut exactement dire que :

$$\ln\left(n^{\alpha}.u_n\right) \xrightarrow[n\infty]{} v_1 + -\alpha\gamma + W$$

En passant à l'exponentielle on obtient le résultat, avec $A = \exp(v_1 + -\alpha\gamma + W) > 0$.

REMARQUE :

On peut remplacer le $O\left(\frac{1}{n^2}\right)$ *par le terme général de n'importe quelle série absolument convergente sans rien changer à la démonstration.*

---

*Pour les exercices **2** à **22**, qui sont relativement simples, on donne la méthode à utiliser et le résultat qui permet de conclure (équivalent, DL...) ; les calculs intermédiaires sont classiques et ne présentent pas de difficulté majeure ; encore faut-il savoir les faire...*

2. Méthode **3** : $u_n = \left[\ln\left(1 + \cos\frac{1}{n} - 1\right)\right]^{\alpha} \approx \left(\cos\frac{1}{n} - 1\right)^{\alpha} \approx \left(\frac{-1}{2n^2}\right)^{\alpha}$. Série CV ssi $\alpha > \frac{1}{2}$.

---

3. Méthode **4** : avec ses notations $w_n = -\ln(\ln(n)).\ln(n)\left[1 - \frac{\alpha}{\ln(\ln(n))}\right] \xrightarrow[n\infty]{} -\infty$ pour toute valeur de α. On prend α=2 et on est dans le cas (iii). Donc ACV.

---

4. Méthode **8** ou **9** ; la première est immédiate une fois la dérivée calculée :

$$f'(x) = \frac{1-\ln(x)}{(x-\ln(x))^2}.$$

---

5. Méthode **3**, en étant rigoureux dans la discussion pour ne pas oublier de cas.

Tout d'abord : pour tout β, la limite de $n^\beta x^n$ vaut : $\begin{cases} +\infty \text{ si } x>1 \\ 0 \text{ si } x<1 \end{cases}$.

Soit N_n et D_n le numérateur et le dénominateur du terme général.

$\boxed{x>1}$: $N_n \approx \ln\left(n^\beta x^n\right) = \beta\ln(n) + n\ln(x) \approx n\ln(x)$ donc $u_n \approx \frac{\ln(x)}{n^{\alpha-1}}$. CV ssi $\alpha > 2$.

$\boxed{x<1}$: $N_n \approx n^\beta x^n$ donc $u_n \approx \frac{x^n}{n^{\alpha-\beta}}$. Méthode **5** : la limite du rapport est x<1 donc CV.

$\boxed{x=1}$: $N_n = \ln\left(1+n^\beta\right)$ donc il faut diviser selon les valeurs de β.

$\beta < 0$: $u_n \approx \frac{1}{n^{\alpha-\beta}}$ donc CV ssi $\alpha - \beta > 1$.

$\beta = 0$: $u_n = \frac{\ln 2}{n^\alpha}$ donc CV ssi $\alpha > 1$.

$\beta > 0$: $u_n \approx \frac{\beta}{n^\alpha.(\ln(n))^{-1}}$ série de Bertrand CV ssi $\alpha > 1$.

---

6. On étudie l'ACV. Méthode **5** insuffisante (Limite 1). On essaye la méthode **6** :

$$\left|\frac{u_{n+1}}{u_n}\right| = 1 - \frac{x+1}{n+1}$$

qui est de la forme voulue (ici le « grand O » est carrément... nul !) donc : $u_n \approx \frac{A}{n^{x+1}}$.
Comme x> 0 on a ACV.

---

7. C'est une différence donc on en cherche un équivalent par le TAF en introduisant : $f_n(x) = \sqrt[n]{x}$ dont la dérivée est : $f'_n(x) = \frac{1}{n}x^{\frac{1}{n}-1}$.
On obtient alors :

$$u_n = f'(c_n) = \frac{1}{nc_n}\exp\left(\frac{1}{n}\ln(c_n)\right).$$

Comme c_n est équivalent à n, l'argument du logarithme tend vers 0, donc l'exponentielle tend vers 1, et le TG est donc équivalent à $\frac{1}{n^2}$.

---

8. Méthode **9** sans hésiter :

$$u_n = (-1)^n\left[\exp\left(-n\ln\left(1+\frac{1}{n}\right)\right) - \frac{1}{e}\right] = (-1)^n\left[\exp\left(-1+\frac{1}{2n} - +O\left(\frac{1}{n^2}\right)\right) - \frac{1}{e}\right] = \frac{(-1)^n}{2en} + O\left(\frac{1}{n^2}\right)$$

La série est somme d'une série SCV et d'une série ACV, donc est SCV.

---

9. On a dit (cf. « astuces ») qu'il fallait chercher un équivalent des intégrales ; si l'on se reporte au chapitre 25, on voit que les changements de variables sont un outil fort utile ; en effet, ici, t = u.n donne :

$$u_n = \frac{1}{n^{\alpha-1}} \int_0^{+\infty} \frac{dt}{u^\alpha + 1} = \frac{\text{constante}}{n^{\alpha-1}}.$$

Il y a convergence ssi $\alpha > 2$.

---

10. Pour le coup on n'a pas l'équivalent tout de suite ; cependant on peut trouver une relation de récurrence sur ces intégrales (cf. chapitre 24, méthode **2**, exemple 1) :

$$u_{n+1} = u_n\left(1 - \frac{1}{3n}\right)$$

qui permet évidemment d'appliquer la méthode **6**, et de constater que la série diverge.

---

11. Pas de doute avec des logarithmes : il faut la méthode **4**.
Avant tout la méthode **0** élimine le cas trivial où $\beta < 0$ pour lequel le TG tend vers 1, et donc on a divergence.
Avec les notations usuelles de la méthode **4** pour $\beta > 0$:

$$w_n = -n^\beta \ln(n)\left[1 + \frac{\ln\ln(n)}{\ln(n)} - \frac{\alpha}{n^\beta}\right] \approx -n^\beta \ln(n)$$

qui tend vers $-\infty$ pour tout α ; on est donc dans le cas (iii).

Reste $\beta = 0$ qui donne la série de Bertrand $\sum \frac{\ln n}{n}$, qui diverge.

---

12. L'étude de la valeur absolue donne $|u_n| \approx \frac{1}{n^{3/4}}$ qui diverge, mais qui incite fort à faire un développement limité :

$$u_n = \frac{(-1)^n}{n^{3/4}}\left(1 + \frac{\cos n}{n^{3/4}}\right)^{-1} = \frac{(-1)^n}{n^{3/4}}\left(1 + O\left(\frac{\cos n}{n^{3/4}}\right)\right) = \frac{(-1)^n}{n^{3/4}} + O\left(\frac{1}{n^{3/2}}\right).$$

Le premier terme est SCV (séries alternées) et le second est ACV ; au total on a SCV.

---

13. Pour chercher un équivalent de ce genre d'intégrale, on applique les méthodes du chapitre **24**, en l'occurrence comme l'intégrant est **positif**, on peut essayer d'en trouver un équivalent en $+\infty$. Ici, il y en a un qui saute aux yeux :

$$\frac{\text{Arc}\tan(t)}{\sqrt{t}} \approx \frac{\pi}{2\sqrt{t}}.$$

Par intégration on obtient :

$$\int_0^n \frac{\text{Arc}\tan(t)}{\sqrt{t}}\,dt \approx \pi\sqrt{n}.$$

Il y a donc convergence ssi $\alpha > \frac{3}{2}$.

---

14. On essaye les équivalents, ou les DL si nécessaire :

$\boxed{\beta > \alpha}$: $u_n \approx \frac{1}{n^\beta}$ donc CV ssi $\beta > 1$.

$\boxed{\beta = \alpha}$: le dénominateur s'annule pour les n impairs : la série **n'est pas définie**.

$\boxed{\beta < \alpha}$: $u_n \approx \frac{(-1)^n}{n^\alpha}$; on ne peut alors conclure que si $\alpha > 1$: on a alors ACV. Sinon :

$u_n = \frac{(-1)^n}{n^\alpha} + v_n$ avec $v_n \approx \frac{1}{n^{2\alpha-\beta}}$. Il y a CVS ssi $2\alpha - \beta > 1$.

---

15. Méthode **5** mais la limite est 1 donc méthode **6** :

$$\frac{u_{n+1}}{u_n} = \left(1+\frac{a}{n}\right)\left(1+\frac{b}{n}\right)^{-1} = 1 + \frac{a-b}{n} + O\left(\frac{1}{n^2}\right).$$

D'où il résulte qu'il existe A>0 tel que :

$$u_n \approx \frac{A}{n^{a-b}}.$$

Donc il y a CV ssi $a - b > 1$.

---

16. On peut chercher un équivalent ; comme on connaît mal l'Arccos, on écrit l'énoncé sous forme équivalente avec un cosinus :

$$\cos^2(u_n) = 1 - \frac{1}{n^\alpha} \quad \Leftrightarrow \quad \sin^2(u_n) = \frac{1}{n^\alpha} \quad .$$

A partir de là, on en déduit que le TG tend vers 0 et **donc** que :

$$u_n \approx \frac{1}{n^{\alpha/2}}.$$

Il y a convergence ssi $\alpha > 2$.

---

17. Même principe qu'au précédent, en utilisant de plus la formule :

$$\operatorname{Arctan}(n^2) = \frac{\pi}{2} - \operatorname{Arctan}\left(\frac{1}{n^2}\right).$$

On en déduit que :

$$\sin^2(u_n) = \frac{2}{\pi}\operatorname{Arctan}\left(\frac{1}{n^2}\right).$$

Donc la série diverge, en vertu de :

$$u_n \approx \sqrt{\frac{2}{\pi}}\,\frac{1}{n}.$$

---

18. Avec les fonctions trigonométriques, ou il faut une formule, ou il faut Abel, ou un équivalent (au pire un DL).

Pour l'équivalent, il faudrait que l'argument du sinus tende vers 0, donc que le terme entre parenthèses soit plus petit que 1, ce qui n'est pas le cas.

Toutefois (là il y a une grosse astuce, mais bon tout le monde la connaît ?) :

$$\left(2+\sqrt{3}\right)^n+\left(2-\sqrt{3}\right)^n \in \mathbb{N}$$

(Il suffit de développer par la formule du binôme).

On en déduit que :

$$u_n = \sin\left(\pi\left(2-\sqrt{3}\right)^n\right).$$

Là on peut prendre l'équivalent et on a convergence car la raison est < 1 en valeur absolue :

$$u_n \approx \left(2-\sqrt{3}\right)^n.$$

---

19. On a précisé dans les rappels du IV que la série de Fresnel $\sum \frac{\cos(n)}{n}$ était SCV, mais pas ACV donc on sait que la série proposée n'est pas CV.
Pour le montrer, il suffit de minorer le TG par celui d'une série DV. Par exemple :

$$u_n \geq \frac{\cos^2 n}{n} = \frac{\cos(2n)+1}{2n}.$$

La première série est de Fresne SCV, l'autre est la série harmonique DV. CQFD.

---

20. Le radical n'est « pas très loin de n » ; l'idée qui s'impose est donc celle du développement limité :

$$\sqrt{n^2+(-1)^n} = n\sqrt{1+\frac{(-1)^n}{n^2}} = n\left(1+\frac{(-1)^n}{2n^2}+O\left(\frac{1}{n^4}\right)\right).$$

On en déduit que :

$$u_n = \frac{(-1)^n \pi}{n} + O\left(\frac{1}{n^3}\right).$$

Le TG est somme d'une partie SCV (série alternée) et d'une partie ACV, donc est SCV

---

21. Méthode **0** : le TG ne tend pas vers 0 (cf. 1er rappel du IV).

---

22. Méthode **10** avec les mêmes paquets que dans l'exemple :

$$v_k = \sum_{n=10^k}^{10^{k+1}-1} \frac{1}{(k+1)^{k+1}} = \frac{10^{k+1}-10^k}{(k+1)^{k+1}} = \frac{9}{10}\left(\frac{10}{k+1}\right)^{k+1}.$$

La série $\sum\left(\frac{10}{n}\right)^n$ est convergente (méthode **5**, le rapport tend vers 0) ; comme tous les termes sont positifs, la convergence de la série des paquets entraîne celle de la série.

---

23. Soit F une primitive de f . La convergence de l'intégrale de f en +∞ dit exactement que **F a une limite en +∞**. Par ailleurs, d'après la formule de Taylor appliquée à l'ordre deux à F entre n et n+1 :

$$F(n+1)=F(n)+f(n)+\int_n^{n+1}(n+1-t)f'(t)dt$$

Comme on s'intéresse à la quantité f(n) on réécrit cette égalité sous forme :

$$f(n)=[F(n+1)-F(n)]-\int_n^{n+1}(n+1-t)f'(t)dt=a_n+b_n$$

On va montrer que les deux séries introduites sont convergentes.

Pour a, sa somme partielle de rang n, A_n, se calcule facilement grâce aux dominos qui donnent :

$$A_n=F(n+1)-F(0)$$

quantité qui a comme F une limite finie en +∞.

Pour b, on a absolue convergence car :

$$|\,b_n\,|\leq\int_n^{n+1}|\,f'(t)\,|.dt$$

La série majorante est convergente car l'intégrale $\int_0^{+\infty}f'$ est supposée **absolument** convergente.
On en déduit que la série $\sum f(n)$ converge.
Application : il est immédiat par changements de variables que les intégrales de f et f' sont ACV.

Chapitre 11

COMPLEMENTS SUR LES SERIES : CALCULS DE SOMMES ET ASPECTS THEORIQUES

I. Méthodes pratiques de calcul de sommes

Autant les méthodes permettant de prouver la convergence d'une série numérique sont nombreuses et variées, autant le nombre de séries dont on sait calculer la somme, et par conséquent le nombre de méthodes correspondantes est... indigent !

On peut néanmoins les regrouper autour des thèmes suivants, qui permettent de mener à bien la majeure partie des exercices posés.

ATTENTION :

*Dans tous les cas exposés ci-dessous, on suppose qu'on a **déjà établi la convergence** de la série (cf. méthodes au chapitre précédent).*

METHODE 1 : Utiliser des dominos

C'est de loin la méthode la plus fréquente. Elle repose sur le principe d'élimination des termes deux à deux (d'où l'image des dominos) dans des additions successives en cascade.
L'idée est de mettre le terme général de la série sous la forme :

$$u_n = \alpha_{n+1} - \alpha_n$$

où $\lim_{n\infty} \alpha_n = L$. Une addition en cascade de ces lignes de n=1 à n=+∞ donne :

$$\sum_{n=0}^{+\infty} u_n = L - \alpha_0.$$

METHODE PRATIQUE :

❑ (Pour mémoire) Prouver la convergence de la série.

❑ Mettre u sous la forme indiquée ci-dessus.

❑ Repasser aux sommes partielles (c'est plus prudent) et calculer :

$$S_N = \sum_{n=0}^{N} u_n$$

(généralement, on sera conduit dans cette étape à manipuler des sommes formelles dans lesquelles on devra faire des changements d'indice).

❑ Passer à la limite pour N tendant vers +∞ (ce qui est légitime puisque la série est convergente).

CAS D'APPLICATION :

❑ **Le terme général est une fraction rationnelle F(n) :**

Le plus efficace, pour mettre le terme général sous la forme souhaitée, est de faire une décomposition de F en éléments simples (rassurez-vous, généralement ces décompositions ne sont pas trop horribles...)

Exemple : $u_n = \frac{1}{n(n+1)}$.

$\sum u_n$ converge (équivalente à $\frac{1}{n^2}$) et la décomposition est : $u_n = \frac{1}{n} - \frac{1}{n+1}$

donc : $S_N = 1 - \frac{1}{N+1}$ d'où la valeur de $\sum_{n=0}^{+\infty} u_n = 1$.

Tous les cas ne sont hélas pas aussi simples, et l'on est parfois conduit à faire apparaître dans l'expression de S_N tout ou une partie des termes de la suite harmonique :

$$H_n = 1 + \frac{1}{2} + \frac{1}{3} + \ldots + \frac{1}{n}$$

dont il peut être utile de connaître les premiers termes du développement :

$$H_n = \ln(n) + \gamma + o(1)$$

γ désignant évidemment la fameuse constante d'Euler (dont on ne sait pas grand chose, sauf beaucoup de chiffres après la virgule...)

De toute façon il n'y pas d'inquiétude à avoir sur la présence des termes divergents en « logarithme népérien » : puisque l'on a établi la convergence de la série, on est certain que ces termes doivent, une fois regroupés, se compenser et donner une limite finie.

❑ **Le terme général comporte des termes en logarithme (ln) :**

On met le terme général sous la forme souhaitée en utilisant les propriétés fondamentales du logarithme, à savoir :

$$\ln(A.B) = \ln(A) + \ln(B)$$

$$\ln\left(\frac{A}{B}\right) = \ln(A) - \ln(B)$$

Exemple : $u_n = \ln\left(1 - \frac{1}{n^2}\right)$.

$\sum u_n$ converge (TG équivalent à $-\frac{1}{n^2}$) et on a :

$u_n = \ln\left(\frac{n^2-1}{n^2}\right) = \ln(n+1) + \ln(n-1) - 2.\ln(n)$

d'où : $u_n = \alpha_{n+1} - \alpha_n$, avec : $\alpha_n = \ln\left(\frac{n}{n-1}\right)$ qui tend vers zéro.

ce qui donne finalement : $\sum_{n=2}^{+\infty} u_n = 0 - \alpha_1 = -\ln(2)$.

❑ **Le terme général contient des radicaux :**

Dans certains cas, il arrive que l'on puisse mettre le terme général sous la forme souhaitée, en utilisant judicieusement des quantités conjuguées.

❑ **Le terme général contient des fonctions trigonométriques :**

L'utilisation de la formule de trigonométrie adéquate doit permettre d'obtenir la forme attendue pour le terme général. Tout le problème étant évidemment de trouver ladite formule...

Exemple : $u_n = \ln\left(\cos\dfrac{1}{2^n}\right)$.

On a absolue convergence puisque :

$$u_n \approx \cos\frac{1}{2^n} - 1 \approx -\frac{1}{2}\left(\frac{1}{2^n}\right)^2.$$

La formule à utiliser doit faire intervenir des angles et leur moitié ; vous vous persuaderez facilement qu'il est impératif de prendre :

$$\cos x = \frac{1}{2}.\frac{\sin 2x}{\sin x}$$

qui permet d'écrire :

$$u_n = \ln\left(\sin\frac{1}{2^{n-1}}\right) - \ln\left(\sin\frac{1}{2^n}\right) - \ln(2).$$

D'où :

$$S_N = \ln(\sin 1) - \ln\left(\sin\frac{1}{2^N}\right) - N\ln(2) = \ln(\sin 1) - \ln\left(\frac{\sin\frac{1}{2^N}}{\frac{1}{2^N}}\right).$$

Or $\lim\limits_{x \longrightarrow 0} \dfrac{\sin x}{x} = 1$. Donc la somme vaut : $\ln(\sin 1)$.

REMARQUES :

❑ On s'aperçoit de l'impérieuse nécessité de connaître parfaitement les formules de trigonométrie, afin de faire un choix judicieux.

❑ Cet exemple montre qu'il est généralement beaucoup plus sûr de repasser par des sommes partielles avant de calculer la somme de la série, sous peine d'oublier des morceaux en route...

METHODE 2 : Utiliser des sommes de séries connues

Il s'agit de faire apparaître dans l'expression du terme général de la série à étudier (on verra de quelle façon plus bas), des séries dont on connaît la somme.

CAS USUELS D'APPLICATION :

❑ **Utiliser des séries entières :**

Il arrive que l'on puisse regarder le terme général d'une série comme la valeur prise par le terme général d'une série entière connue en un point **intérieur à son domaine de convergence**.

Il n'y a plus qu'à appliquer la formule donnant la somme de la série entière pour calculer la somme de la série.

ATTENTION :

Beaucoup pensent que l'égalité bien connue :

$$\ln(2) = \sum_{n=1}^{+\infty} \frac{(-1)^{n+1}}{n}$$

peut être obtenue en évaluant le développement en série entière de $\ln(1+x)$ *en 1. Cela n'est pas possible, puisque le rayon de convergence de cette série est 1, et que donc la formule n'est a priori valable que sur* $]-1,1[$...

❑ **Utilisation des séries géométriques :**

Cas particulier de la situation précédente, elles jouent toutefois un rôle tellement important qu'elles méritent qu'on les cite à part.

En particulier, dès qu'on tombe sur une **série trigonométrique** qu'on n'arrive pas à mettre sous forme de dominos (méthode **1**), on peut toujours essayer de se ramener à une somme géométrique en utilisant :

$$\cos\theta = \Re e\left(e^{i\theta}\right)$$
$$\sin\theta = \Im m\left(e^{i\theta}\right)$$

❑ **Le terme général de la série est de la forme :** $u_n = \dfrac{P(n)}{n!}$.

P étant un polynôme, la règle de d'Alembert assure que toutes ces séries convergent puisque le rapport de deux termes consécutifs tend vers zéro.

Il existe une méthode systématique pour ces séries, que nous allons exposer brièvement avant de l'illustrer sur un exemple, par souci de clarté.

Soit p = deg(P) : on sait que $\mathbf{R}_p[X]$ est un espace vectoriel sur **R** de dimension p+1.
Dans le cas de ces séries, la décomposition de P sur la base canonique $1, X, X^2, \dots X^p$ est inadaptée. On utilise le résultat suivant : la famille :

$$1,\ X,\ X(X-1),\ X(X-1)(X-2),\ ,\ X(X-1)\dots(X-p+1) \text{ est une base de } \mathbf{R}_p[X].$$

METHODE :

❑ Décomposer P sur cette base.

❑ Se ramener à la série $\sum \frac{1}{n!}$, dont la somme est : $\sum_{n=0}^{+\infty} \frac{1}{n!} = e$.

Exemple : $u_n = \dfrac{n^2}{n!}$.

La décomposition de P sur la base 1, X, X(X-1) de $\mathbf{R}_2[X]$ s'obtient facilement :

$$X^2 = X(X-1) + X.$$

D'où pour n > 1 :

$$u_n = \frac{n+n(n-1)}{n!} = \frac{1}{(n-1)!} + \frac{1}{(n-2)!}.$$

On en déduit alors :

$$\sum_{n=0}^{+\infty} u_n = u_0 + u_1 + \sum_{n=2}^{+\infty} \left(\frac{1}{(n-2)!} + \frac{1}{(n-1)!} \right) = 0 + 1 + \sum_{n=0}^{+\infty} \frac{1}{n!} + \sum_{n=1}^{+\infty} \frac{1}{n!} = 2e.$$

REMARQUE :

Il faut faire attention à traiter à part les premiers termes, puisque la décomposition obtenue n'est valable que pour n>1 (plus généralement, elle n'est valable que pour n ≥ au degré de P).

METHODE 3 : Utilisation d'intégrales

On verra dans le chapitre de calcul d'intégrales que certaines intégrales se laissent mettre sous forme de série.
L'inverse est vrai, et a le mérite d'être beaucoup plus rentable dans la mesure où l'on sait calculer plus d'intégrales que de séries.

METHODE :

❑ Interpréter le terme général de la série comme une intégrale particulière.

❑ Intervertir *(si c'est licite)* le signe somme et le signe intégrale, pour écrire :

$$\sum_{n=0}^{+\infty} u_n = \sum_{n=0}^{+\infty} \left(\int_a^b f_n(t)dt \right) = \int_a^b \left(\sum_{n=0}^{+\infty} f_n(t) \right).dt.$$

Exemple : $u_n = \dfrac{(-1)^n}{n+1}$.

La convergence de la série résulte du théorème spécial sur les séries alternées.
Il est de notoriété publique que :

$$\int_0^1 t^n dt = \frac{1}{n+1}.$$

On sait aussi que :

$$1 - t + t^2 - t^3 + \ldots + (-1)^n t^n = \frac{1}{1+t} - \frac{(-t)^{n+1}}{1+t}.$$

Donc :

$$\left| \sum_{k=0}^{n} \frac{(-1)^k}{k+1} - \int_0^1 \frac{dt}{1+t} \right| \le \int_0^1 \frac{t^{n+1}}{1+t} dt \le \frac{1}{2} \int_0^1 t^{n+1} dt = \frac{1}{2(n+2)}.$$

Ce qui achève la démonstration et prouve : $\displaystyle\sum_{n=0}^{+\infty} u_n = \int_0^1 \frac{dt}{1+t} = \ln(2)$.

METHODE 4 : Utiliser des séries de Fourier

Pour mémoire, certaines séries sont sommables en tant qu'elles sont la série de Fourier d'une fonction déterminée (voir le chapitre correspondant).

II. Méthodes pour les exercices théoriques

La plupart des méthodes exposées au chapitre précédent pour établir la convergence d'une série numérique ne sont pas utilisables dans les exercices théoriques, puisque ce ne sont en fait que des conditions suffisantes.

Par exemple, si l'on vous parle d'une série convergente, il n'y a aucune raison pour que :

$$u_n = o\left(\frac{1}{n^\alpha}\right) \quad (\alpha > 1)$$

ni pour que le rapport de deux termes consécutifs ait une limite inférieure à 1!

Aussi est-il difficile de proposer des méthodes pour aborder des exercices théoriques. Cependant, vous pourrez vous raccrocher aux idées suivantes, qui devraient vous permettre de vous sortir d'affaire ou tout au moins de démarrer vos exercices :

IDEE 1 : Une série absolument convergente est convergente

Bien que ce ne soit qu'une condition suffisante, elle permet d'établir la convergence de nombreuses séries.

IDEE 2 : Repasser par les sommes partielles

Cela consiste en fait à revenir à la définition de la convergence de la série : la suite des sommes partielles est convergente.
La méthode usuelle qu'on applique alors est celle de la limite monotone (on montre que la suite des sommes partielles est croissante et majorée).

IDEE 3 : Utiliser des transformations d'Abel

Ce doit être un réflexe devant des séries dont le terme général est de la forme :

$$v_n = n(u_n - u_{n+1}).$$

IDEE 4 : Utiliser le critère de Cauchy

Encore une fois, c'est bien pratique puisqu'il n'y a pas besoin de connaître la somme au préalable, etc.

IDEE 5 : Utiliser la comparaison à une intégrale

Il faut penser à faire intervenir les intégrales dès que le terme général de la série se met sous la forme f(n), où f est une fonction monotone de signe constant.

On l'a déjà souligné, mais c'est tellement vrai qu'on recommence : suites, séries et intégrales forment un tout.

Exercices

*Dans les exercices **1** à **7**, on demande de s'assurer brièvement de la convergence des séries proposées et de calculer leur somme.*

1. a) $u_n = \ln\left(1+\frac{(-1)^n}{n}\right)$ b) $u_n = \ln\left(\frac{n(n+2)}{(n+1)^2}\right)$.

2. a) $u_n = \frac{1}{(n+1)(n+2)(n+3)}$ b) $u_n = \frac{1}{6\left(1^2+2^2+\ldots+n^2\right)}$.

3. a) $u_n = \frac{1}{n\sqrt{n+1}+(n+1)\sqrt{n}}$ b) $u_n = \frac{n^3-n+2}{n!}$

4. a) $u_n = \frac{\sin(n\alpha)}{2^n}$ b) $u_n = \frac{1}{2^n}\tan\left(\frac{x}{2^n}\right)$

(pour b), on pourra évaluer : cotan x - 2 cotan 2x).

5. a) $u_n = \mathrm{Arc\,tan}\left(\frac{1}{n^2+n+1}\right)$ b) $u_n = \mathrm{Arc\,tan}\left(\frac{1}{2n^2}\right)$.

6. a) $u_n = \frac{n}{2^n}$ b) $u_n = \frac{x^n}{1+2+\ldots+n}$ $(0<x<1)$.

7. a) $u_n = \frac{(-1)^n}{an+b}$ b) $u_{n+1} = u_n.\frac{n+a}{n+b}$ (a et b > 0)

(pour b), on se reportera avec profit à l'exercice 15 du chapitre précédent).

8. Soit (x_n) une suite à valeurs dans $[0,1[$. On définit une suite (y_n) par :

$$y_0 = x_0 \text{ et } \forall n>0 \; y_n = \frac{y_{n-1}+x_n}{1+x_n.y_{n-1}}.$$

a) Montrer que $y_n \in [0,1]$.

b)Démontrer l'équivalence : $\lim_{n\infty} y_n = 1 \Leftrightarrow \sum_{n=0}^{+\infty} x_n = +\infty$.

9. Soit $\sum u_n$ une série convergente et $S_n = \sum_{k=1}^{n} k.u_k$.

a) Démontrer que $\frac{S_n}{n}$ tend vers zéro.

b) Démontrer qu'on a :

$$\sum_{n=1}^{+\infty} \frac{S_n}{n(n+1)} = \sum_{n=1}^{+\infty} u_n.$$

10. On considère les séries $\sum u_n$ et $\sum v_n$ dont on appelle respectivement S_n et T_n les sommes partielles de rang n.

On suppose que u décroît et tend vers zéro, et que :

$$\forall n \geq 1,\ v_n = n.(u_n - u_{n+1}).$$

a) Exprimer T_n à l'aide de S_n et de u_{n+1}.

b) On suppose : $\sum u_n$ converge. Montrer que T est majorée, et que $\sum v_n$ converge.

c) On suppose que $\sum v_n$ converge. A l'aide de l'inégalité :

$$\forall (n,p) \quad \frac{S_n}{n} - \frac{S_{n+p}}{n+p} \leq \left(\sum_1^{+\infty} v_k\right).\left(\frac{1}{n} - \frac{1}{n+p}\right)$$

qu'on vérifiera, montrer que S est majorée puis que $\sum u_n$ converge.

d) Comparer les sommes des deux séries en cas de convergence.

e) *Application :* calculer $\displaystyle\sum_{n=1}^{+\infty} \left(\sum_{k=n}^{+\infty} \frac{1}{k^\alpha}\right)$ $(\alpha > 2)$.

Corrigés

1. a) Un petit développement limité du logarithme montre que :

$$u_n = \ln\left(1+\frac{(-1)^n}{n}\right) = \frac{(-1)^n}{n} + O\left(\frac{1}{n^2}\right)$$

où le terme général est somme d'une série semi-convergente et d'une série absolument convergente, et donc semi-convergente.

Vu qu'on a des logarithmes, on peut s'attendre à trouver des dominos. En effet, en distinguant selon la parité de n :

$$u_{2p} = \ln\left(1+\frac{1}{2p}\right) = \ln(2p+1) - \ln(2p)$$

et

$$u_{2p+1} = \ln\left(1-\frac{1}{2p+1}\right) = \ln(2p) - \ln(2p+1).$$

Finalement, comme le terme général n'est défini qu'à partir de n=2, l'addition en cascade des termes de la suite donne : $\sum_{2}^{+\infty} u_n = 0$.

b) On vous renvoie à l'exemple donné dans la méthode **1**, c'est exactement le même que l'exercice posé ici, avec seulement un décalage d'indice...

Pour ceux qui ne se le rappellent déjà plus, ou qui n'auraient pas lu les méthodes (les imprudents !), on trouve : $\sum_{1}^{+\infty} u_n = -\ln(2)$

---

2. a) La série est évidemment absolument convergente, puisque : $u_n \approx \frac{1}{n^3}$.

Conformément à ce qu'on a dit plus haut, on va effectuer une décomposition en éléments simples de cette fraction rationnelle, en vue d'appliquer la méthode **1** des dominos. Or :

$$u_n = \frac{-2}{n+1} + \frac{8}{n+2} + \frac{-6}{n+3}.$$

Donc :

$$S_N = \sum_{n=0}^{N}\left(\frac{-2}{n+1} + \frac{8}{n+2} + \frac{-6}{n+3}\right) = -2.\sum_{1}^{N+1}\frac{1}{n} + 8\sum_{2}^{N+2}\frac{1}{n} - 6\sum_{3}^{N+2}\frac{1}{n} = \frac{2}{N+2} - \frac{6}{N+3} + 1.$$

D'où la valeur de la somme de la série : $\sum_{0}^{+\infty} u_n = 1$.

b) La série est convergente, car :

$$0 \leq u_n \leq \frac{1}{6.n^2}.$$

On rappelle à tous ceux qui l'auraient oublié qu'il est de notoriété publique que :

$$1^2 + 2^2 + \ldots + n^2 = \frac{n(n+1)(2n+1)}{6}$$

ce qui incite à faire dans la foulée une décomposition en éléments simples comme on les aime :

$$u_n = \frac{1}{n} + \frac{1}{n+1} - \frac{4}{2n+1}.$$

Là, on sent que les choses vont sûrement se gâter avec le dernier terme, qui va contrarier un petit peu les dominos. On a donc intérêt à manipuler des sommes partielles, et on appelle H_n la suite harmonique.

$$S_N = \sum_1^N u_n = H_N + (H_{N+1} - 1) - 4\left(H_{2N+1} - 1 - \sum_1^N \frac{1}{2n}\right) = 3.H_N + H_{N+1} - 4.H_{2N+1} + 3.$$

En injectant le développement limité de H_n, on trouve :

$$S_N = 3 + \ln\left(\frac{N^3.(N+1)}{(2N+1)^4}\right) + o(1).$$

L'argument du logarithme a une limite finie (c'est normal, puisque la série doit converger), à savoir : 2^{-4}. En définitive :

$$\sum_1^{+\infty} u_n = 3 - 4.\ln(2).$$

---

3. a) La série est convergente : $u_n \approx \dfrac{1}{2.n\sqrt{n}}$.

Pour essayer de faire apparaître des dominos, on utilise les quantités conjuguées :

$$u_n = \frac{(n+1)\sqrt{n} - n\sqrt{n+1}}{n(n+1)^2 - (n+1)n^2} = \frac{(n+1)\sqrt{n} - n\sqrt{n+1}}{n(n+1)} = \frac{1}{\sqrt{n}} - \frac{1}{\sqrt{n+1}}.$$

Là, on est ravi car on a nos dominos et l'addition en cascade fournit : $\sum_1^{+\infty} u_n = 1$.

b) Cette série est exactement de la forme $\dfrac{P(n)}{n!}$, donc convergente (par le critère de d'Alembert).

En suivant la méthode **2**, on écrit le numérateur sous la forme :

$$n^3 - n + 2 = n(n-1)(n-2) + 3n(n-1) + 0.n + 2.$$

D'où pour $n \geq 3$:

$$u_n = \frac{1}{(n-3)!} + \frac{3}{(n-2)!} + \frac{2}{n!}.$$

Avec en outre :

$$u_0 = u_1 = 2 \text{ et } u_2 = 4.$$

D'où :

$$\sum_0^{+\infty} u_n = 2 + 2 + 4 + \sum_3^{+\infty} \frac{1}{(n-3)!} + 3\sum_3^{+\infty} \frac{1}{(n-2)!} + 2\sum_3^{+\infty} \frac{1}{n!} = 8 + e + 3(e-1) + 2(e - 1 - \frac{1}{2}) = 6e.$$

---

4. a) La série est convergente grâce à la majoration :

$$|u_n| \leq \frac{1}{2^n}.$$

La présence du sinus et du 2^n incitent à passer en complexes (méthode **2**) pour faire apparaître une série géométrique :

$$\sum_0^{+\infty} u_n = \Im m\left(\sum_0^{+\infty}\left(\frac{e^{i\alpha}}{2}\right)^n\right) = \Im m\left(\frac{2}{2 - (\cos\alpha + i.\sin\alpha)}\right) = \frac{2.\sin\alpha}{(2-\cos\alpha)^2 + \sin^2\alpha} = \frac{2.\sin\alpha}{5 - 4.\cos\alpha}.$$

b) La série est convergente car équivalente à $\frac{x}{2^{2n}}$.

La seule formule reliant les tangentes d'un arc et de son double que l'on connaisse est :

$$\tan 2x = \frac{2.\tan x}{1-\tan^2 x}$$

que l'on peut réécrire, comme le conseille l'énoncé, sous la forme :

$$\cot\mathrm{an}(x) - 2\cot\mathrm{an}(2x) = \tan x.$$

D'où l'expression sous forme de dominos du terme général :

$$u_n = \frac{1}{2^n}\cot\mathrm{an}(\frac{x}{2}) - \frac{1}{2^{n-1}}\cot\mathrm{an}(\frac{x}{2^{n-1}}).$$

On a alors :

$$S_N = \frac{1}{2^n}\cot\mathrm{an}\left(\frac{x}{2^n}\right) - \cot\mathrm{an}(x) \xrightarrow[N\infty]{} \frac{1}{x} - \cot\mathrm{an}(x).$$

---

5. a) $u_n \approx \frac{1}{n^2}$ donc la série est convergente.

Compte tenu de ce qu'on a expliqué dans les méthodes, il est normal de rechercher une formule de trigonométrie adaptée.

On reconnaît, à votre décharge, qu'il n'est pas immédiatement évident qu'il faille utiliser la formule :

$$\tan(a-b) = \frac{\tan(a)-\tan(b)}{1+\tan(a)\tan(b)}$$

après avoir remarqué que :

$$\frac{1}{n^2+n+1} = \frac{(n+1)-n}{1+n(n+1)}.$$

Définissons alors la suite x_n telle que $x_n = \arctan(n)$. Alors :

$$u_n = \arctan\left(\frac{\tan x_{n+1} - \tan x_n}{1+\tan x_n.\tan x_{n+1}}\right) = \arctan(\tan(x_{n+1}-x_n) = x_{n+1}-x_n.$$

Cette formule a eu le mérite de faire apparaître les dominos, donc c'était bien la bonne. Vu qu'on a : $\lim\limits_{n\to\infty} x_n = \frac{\pi}{2}$, et x_0=0, on en déduit : $\sum\limits_0^{+\infty} u_n = \frac{\pi}{2}$.

b) On ne vous aura pas une seconde fois, vous vous doutez qu'il faudra encore utiliser la formule :

$$\tan(a-b) = \frac{\tan(a)-\tan(b)}{1+\tan(a)\tan(b)}.$$

Le problème est maintenant de trouver la suite x_n qui, comme au a) va faire tourner la chose. Vous vérifierez que si l'on pose : $x_n = \arctan\left(\frac{1}{2n-1}\right)$, on a :

$$x_n - x_{n+1} = \arctan\left(\frac{\frac{2}{4n^2-1}}{1+\frac{1}{4n^2-1}}\right) = \arctan\left(\frac{1}{2n^2}\right).$$

Comme au a), on conclut : $\sum\limits_1^{+\infty} u_n = x_1 - \lim\limits_{n\infty}(x_n) = \frac{\pi}{4}$.

---

6. a) La série converge puisque : $\frac{u_{n+1}}{u_n} \xrightarrow[n\infty]{} \frac{1}{2}$ (d'Alembert).

Là, la série n'est pas géométrique. Cependant, c'est bien sur la piste des séries entières qu'il faut s'orienter. En effet, le terme général est de la forme : $n.x^n$ (avec $x=1/2$), qui ressemble à la dérivée de x^n. Plus précisément :

$$\sum_{n=1}^{+\infty} nx^n = x.\sum_{n=1}^{+\infty} nx^{n-1} = x.\left(\sum_{n=1}^{+\infty} x^n\right)' = \frac{x}{(1-x)^2}.$$

D'où : $\sum_{n=0}^{+\infty} u_n = 2$ (en remplaçant x par 1/2).

b) On a : $|u_n| < \frac{x^n}{n}$, ce qui assure de la convergence de la série.

En remplaçant le dénominateur par sa valeur, et en décomposant en éléments simples :

$$u_n = \frac{2x^n}{n(n+1)} = 2\left(\frac{x^n}{n} - \frac{x^n}{n+1}\right).$$

Le premier terme va donner exactement le développement en série entière du logarithme, il faut arranger le deuxième pour trouver un autre logarithme :

$$\sum_1^{+\infty} 2\left(\frac{x^n}{n} - \frac{x^n}{n+1}\right) = 2\sum_1^{+\infty} \frac{x^n}{n} - 2.\frac{1}{x}\sum_1^{+\infty} \frac{x^{n+1}}{n+1} = -2.\ln(1-x) + \frac{2}{x}(\ln(1-x)+x).$$

D'où la valeur de la somme :

$$\sum_1^{+\infty} u_n = 2\left(1 + \left(\frac{1}{x} - 1\right)\ln(1-x)\right).$$

Ces deux derniers exercices illustrent encore une fois l'impérieuse nécessité de connaître parfaitement toutes les formules (trigonométrie, développements en série entière) pour ne pas avoir d'encombres...

---

7. a) Le théorème spécial sur les séries alternées assure de la convergence de la série étudiée.

Si vous avez lu attentivement les méthodes, en particulier la méthode **3**, vous avez sans doute remarqué que l'exercice ressemble beaucoup à l'exemple développé dans ladite méthode, une fois qu'on a remarqué que :

$$\int_0^1 t^{an+(b-1)}dt = \frac{1}{an+b}.$$

On reprend exactement la même démarche :

$$\sum_0^N (-1)^n t^{an+(b-1)} = t^{b-1}\left(\frac{1-\left(-t^a\right)^{N+1}}{1+t^a}\right).$$

D'où :

$$\left| S_N - \int_0^1 \frac{t^{b-1}}{1+t^a}dt \right| \le \int_0^1 \frac{t^{a(N+1)}t^{b-1}}{1+t^a}dt \le \int_0^1 t^{a(N+1)}t^{b-1}dt = \frac{1}{a(N+1)+b}.$$

Le majorant tend vers zéro, donc la somme de la série est : $\int_0^1 \frac{t^{b-1}}{1+t^a}dt$.

(Cette intégrale est impropre, mais convergente à la borne zéro car b>0)

b) La convergence de la série a été prouvée au chapitre précédent (cf. exercice 15) : il y a convergence **ssi b-a > 1.**

En réécrivant la relation de récurrence sous la forme :

$$(n+b).u_{n+1} = (n+a).u_n$$

on s'aperçoit qu'on peut la rendre plus symétrique pour faire apparaître des dominos :

$$(n+b+1).u_{n+1} - u_{n+1} = n.u_n + a.u_n$$

ou : $$(n+1).u_{n+1} - n.u_n = a.u_n - (b-1).u_{n+1}.$$

En sommant de n=0 à n=N ces relations on obtient, si $S_N = \sum_1^N u_n$:

$$(N+1).u_{N+1} = a.(S_N + u_0) - (b-1)(S_N + u_{N+1}).$$

On a vu au chapitre précédent que :

$$u_n \approx \frac{A}{n^{b-a}}$$

donc le premier terme tend vers zéro (car b-a > 1), ainsi que le dernier (c'est le terme général d'une série CV tend vers 0).
Le passage à la limite dans cette relation fournit :

$$\sum_1^{+\infty} u_n = \frac{a}{b-a-1}.u_0.$$

---

8. a) Ce résultat s'établit évidemment par récurrence.
C'est vrai pour n=0 ; supposons le pour n, pour l'avoir en n+1, il faut vérifier :

$$(a,b) \in [0,1]^2 \quad \Rightarrow \quad \frac{a+b}{1+ab} \in [0,1]$$

qui est vrai car :

$$0 \le \frac{a+b}{1+ab} \text{ et } \frac{a+b}{1+ab} - 1 = \frac{(1-a)(1-b)}{1+ab} \le 0.$$

b) L'expression $\frac{a+b}{1+ab}$ doit forcément vous faire penser à quelque chose, surtout si vous avez fait l'exercice 5. Vous savez que :

$$\text{th}(u+v) = \frac{\text{th}u + \text{th}v}{1+\text{th}u.\text{th}v}.$$

Puisqu'on a x_n et $y_n \in [0,1]$, on peut poser : $x_n = \text{Argth}(u_n)$ et $y_n = \text{Argth}(v_n)$ avec u_n et v_n dans $]0,+\infty[$.

On a alors la relation de récurrence : $v_n = v_{n-1} + u_n$ d'où : v croissante et $v_n = \sum_0^n u_k$.

De plus :

$$y_n \longrightarrow 1 \iff v_n \longrightarrow +\infty \iff \sum u_n \text{ diverge}.$$

Or on a :

$$\sum x_n \text{ converge} \Rightarrow x_n \longrightarrow 0 \Rightarrow u_n \approx x_n \Rightarrow \sum u_n \text{ converge}.$$

La réciproque étant vraie, on a par contraposition :

$$\sum u_n \text{ diverge} \iff \sum x_n \text{ diverge}.$$

En rassemblant les éléments :

$$y_n \longrightarrow 1 \quad \Leftrightarrow \sum x_n \text{ diverge}.$$

(Toutes les séries sont **à termes positifs**, ce qui légitime nos raisonnements).

---

9. a) Pas la moindre hésitation : la forme même de S doit faire penser à une transformation d'Abel.

Posons : $A_0 = 0$ et $A_n = \sum_{k=1}^{n} u_k$. La transformation d'Abel donne : $S_n = n.A_n - \sum_0^{n-1} A_k$.

On envisage la suite $\frac{S_n}{n}$, qui vaut :

$$\frac{S_n}{n} = A_n - \frac{1}{n}\sum_0^{n-1} A_k.$$

Par hypothèse la série Σu_n converge, donc la suite A_n converge vers L.

Le deuxième terme de l'expression ci-dessus est la moyenne de Césaro d'ordre n de la suite A, donc tend comme elle vers L.
Finalement :

$$\frac{S_n}{n} \xrightarrow[n\infty]{} L - L = 0.$$

b) Notons que : $\frac{S_n}{n(n+1)} = o(\frac{1}{n})$ d'après a), ce qui est insuffisant pour assurer la convergence de la série dont on cherche la somme.

Il est donc IMPERATIF de repasser par les sommes finies, et de « bidouiller »

$$\sum_1^n \frac{S_k}{k(k+1)} = \sum_1^n \frac{S_k}{k} - \sum_1^n \frac{S_k}{k+1} = \sum_1^n \frac{S_k}{k} - \sum_2^{n+1} \frac{S_{k-1}}{k} = \sum_2^n \frac{S_k - S_{k-1}}{k} + S_1 - \frac{S_n}{n} = \sum_2^n \frac{ku_k}{k} + u_1 - \frac{S_n}{n+1}.$$

Finalement :

$$\sum_{k=1}^{n} \frac{S_k}{k(k+1)} = \sum_1^n u_k + o(1).$$

Cette égalité assure en même temps que la série en question converge, et que sa somme est la même que celle de u.

---

10. a) La transformation d'Abel, vous connaissez ; on a donc instantanément :

$$T_n = S_n - n.u_{n+1}.$$

b) Notons que v est toujours à termes positifs, puisque u est décroissante.

Donc la suite T est toujours croissante. Lorsque S_n converge vers S, l'égalité du a) donne :

$$T_n \le S_n \le S.$$

Croissante et majorée, la suite T est convergente. Donc Σv_n converge.

c) En reprenant l'égalité du a) :

$$T_n = S_n - n.(S_{n+1} - S_n) = (n+1).S_n - n.S_{n+1}.$$

En divisant par n(n+1) les deux termes on trouve :

$$\frac{S_n}{n}-\frac{S_{n+1}}{n+1}=T_n.\left(\frac{1}{n(n+1)}\right)\leq T.\left(\frac{1}{n}-\frac{1}{n+1}\right).$$

Il suffit de sommer entre n et p pour trouver l'inégalité proposée.

$$\forall(n,p)\quad \frac{S_n}{n}-\frac{S_{n+p}}{n+p}\leq\left(\sum_{1}^{+\infty}v_k\right).\left(\frac{1}{n}-\frac{1}{n+p}\right).$$

Or u tend vers zéro donc sa moyenne de Césaro d'ordre n aussi soit :

$$\frac{S_n}{n}\text{ tend vers } 0.$$

En faisant tendre p vers $+\infty$ dans l'inégalité :

$$\frac{S_n}{n}\leq\frac{T}{n}.$$

Donc S est majorée ; vu que S est croissante (u est à termes positifs), elle converge.

d) Si $\sum u_n$ converge vers S, alors $\sum v_n$ converge vers T, avec $T \leq S$ (par b)). Mais alors en appliquant c) on retrouve que $\sum u_n$ est convergente vers S, avec $S \leq T$. Finalement **S = T**.

Si $\sum v_n$ converge, on applique d'abord c) puis b) .

Il y a équivalence entre la convergence de ces séries et leurs sommes sont égales.

e) on pose : $u_n=\sum_{k=n}^{+\infty}\frac{1}{k^\alpha}$, qui vérifie les hypothèses (décroissante vers zéro).

Alors il est immédiat que : $v_n=\frac{1}{n^{\alpha-1}}$, et que $\sum v_n$ converge car $\alpha>2$, vers $\sum_{k=1}^{+\infty}\frac{1}{k^{\alpha-1}}$.
Les conclusions précédentes montrent que $\sum u_n$ converge vers la même limite.

Chapitre 12
METHODES D'ETUDE DES SUITES ET SERIES DE FONCTIONS

AVERTISSEMENT : Les théorèmes figurant dans ce chapitre sont, pour des raisons inconnues, l'objet d'interprétations farfelues de la part des candidats.
C'est pourquoi on attachera une attention toute particulière à leurs énoncés exacts, ainsi qu'à leur cadre strict d'application.

Notations : on rappelle les abréviations utilisées dans ce chapitre :

CVS : convergence simple
CVU : convergence uniforme
CVN : convergence normale

SUITES DE FONCTIONS

I. Preuves de convergence simple (CVS)

Il faut toujours, lorsqu'on étudie la convergence d'une suite de fonctions, commencer par s'intéresser à sa convergence simple. Non qu'elle soit « simple » à prouver, mais c'est de son étude que ressort **la valeur de la limite** de la suite de fonctions.

On rappelle que dire que la **suite de fonctions** (f_n) converge simplement vers f (sur une partie A de **R**), c'est dire que pour tout x dans A, la **suite numérique** $(f_n(x))$ converge vers une limite, qu'on appelle $f(x)$, valeurs qui définissent la fonction f.

Cette remarque amène tout naturellement à constater que les méthodes dont on dispose pour étudier la convergence simple d'une suite de fonctions sont exactement celles qui permettent de mener à bien l'étude de la convergence d'une suite numérique.

METHODE 1 : Utiliser les preuves de la convergence d'une suite numérique

Pour mémoire on rappelle les grandes idées :

❑ Pour un exercice pratique :

Etudier directement la limite, en particulier en utilisant les suites de références et les limites classiques usuelles (groupements $x^{\alpha}.(\ln x)^{\beta}$ ou $x^{\alpha}e^{\beta x}$, par exemple), qui interviennent continuellement dans ce type d'exercice.

❑ Pour un exercice théorique :

Ou bien on revient à la définition, ou bien on utilise le critère de Cauchy (lorsqu'on ne connaît pas la valeur de la limite, par exemple).

On se reportera avec profit aux chapitres 8 et 9 sur les suites réelles.

II. Preuves de convergence uniforme (CVU)

Rappelons tout d'abord deux points :

❑ L'un de vocabulaire : on parle de la convergence uniforme d'une suite (f_n) de fonctions **vers** une fonction f **par rapport à** la variable x **sur une partie** A de **R**.

REMARQUE :

*Il est important de mentionner complètement ces éléments ; en effet, si on a une suite $f_n(x,y,z,t)$ où les variables évoluent dans des intervalles différents, parler de « **LA** convergence uniforme de f » n'a guère de sens...)*

❑ L'autre de définition : on dit que la suite $(f_n(x))$ converge uniformément **par rapport à** x **sur** I si et seulement si on a :

$$\forall \varepsilon > 0 \quad \exists N \text{ tel que } \forall n \geq N \textbf{ et } \forall x \in I \quad |f_n(x) - f(x)| < \varepsilon$$

(le mot *uniforme* voulant seulement dire que le N est valable pour tout x dans I, donc qu'on a une majoration *uniforme* de la différence sur I) .

METHODE 2 : Démontrer que $\sup_{x \in I} |f(x) - f_n(x)|$ tend vers zéro

Cette méthode n'est rien d'autre que la lecture de la définition.

On peut procéder de deux façons :

❑ Soit on arrive à majorer directement la quantité $|f_n(x) - f(x)|$ par une expression ne dépendant **que de n** et tendant vers zéro pour n infini.

❑ Soit, lorsque la quantité $|f_n(x) - f(x)|$ est un peu compliquée :

- on pose $\Delta_n(x) = |f_n(x) - f(x)|$,
- on étudie les variations de cette fonction sur I (généralement par dérivation),
- on détermine la valeur de $M_n = \sup_{x \in I} \Delta_n(x)$ (si ce sup existe),
- on vérifie enfin si : $\lim_{n \to +\infty} M_n = 0$.

METHODE 3 : Utiliser le critère de Cauchy uniforme

On ne le répétera jamais assez, ce critère est à réserver de préférence aux exercices théoriques et présente l'immense avantage de permettre de prouver la CVU sans connaître au préalable la limite de la suite de fonctions.

*Pour les preuves de **NON** convergence uniforme, se reporter à **IV** .*

III. Preuves de propriétés sur la fonction limite

Il y a un certain nombre de questions que l'on peut poser sur la fonction f (limite de la suite), et dont les réponses reposent sur des théorèmes bien précis, qu'on va énoncer en entier, pour les raisons exposées en préliminaire.

METHODE 4 : Preuves dans les cas standards *(quand on a des CVU)*

❑ ***« Montrer que f est continue sur I »***

Si :
(i) $\forall n$ la fonction $t \to f_n(t)$ est continue sur I
(ii) la suite (f_n) converge **uniformément** vers f sur I

Alors : f est continue sur I.

❑ ***« Montrer que f est dérivable sur I »***

Si :
(i) $\forall n$ la fonction $t \to f_n(t)$ est C^1 sur I
(ii) la suite (f_n) converge **simplement** en (au moins) un point de I
(iii) la suite (f'_n) des dérivées converge **uniformément** vers g sur I

Alors : (i) La suite (f_n) converge simplement en tout point de I vers une fonction f
(ii) La fonction f est dérivable sur I et sa dérivée est g.

❑ ***« Calculer $\int_a^b f(t)\,dt$ »*** *(a et b sont des réels)*

Si :
(i) $\forall n$, f_n est continue sur $[a,b]$
(ii) la suite (f_n) converge uniformément vers f sur $[a,b]$

Alors : $\int_a^b f(t)\,dt = \lim_{n \to +\infty} \left(\int_a^b f_n(t)dt \right)$.

❑ ***« Déterminer la limite de f en a »***

Si :
(i) $\forall n$, $\lim_{x \to a} (f_n(x))$ existe et vaut L_n
(ii) la suite (f_n) converge uniformément sur $]a-\alpha, a+\alpha[$

Alors :
(i) la suite L_n est convergente vers L
(ii) $\lim_{x \to a} f(x)$ existe et vaut L

METHODE 5 : Preuve dans les autres cas

Toutes les conditions énoncées précédemment sont des conditions **suffisantes** assez fortes imposées à la suite de fonctions. Elles sont cependant très souvent vérifiées dans les exercices d'oral ou autres problèmes de concours que vous rencontrerez.

Si toutefois ces théorèmes s'avéraient inapplicables, il faudrait revenir aux raisonnements « à la main », avec des « epsilon » à couper en morceaux.

En particulier, il est impératif de revenir à des telles considérations (manipulations d'inégalités, d'epsilon...) lorsqu'on vous demande d'établir la **non** continuité ou la **non** dérivabilité de f.

IV. Preuves de non CVU d'une suite de fonctions

De nombreux exercices demandent, en plus de la preuve de la convergence uniforme sur une partie A, d'établir la non convergence uniforme sur une partie B un peu plus grande que A (ce qui revient à établir que A est la plus grande partie sur laquelle il y a convergence uniforme).

METHODE 6 : Revenir à la définition

Dans les exercices numériques, cela revient à calculer $\sup_{x \in I} |f_n(x) - f(x)|$ (comme exposé dans la méthode **2**) et à montrer que cette quantité ne tend pas vers zéro.

REMARQUE :

On vous déconseille d'essayer de démontrer la négation de la convergence uniforme directement, c'est-à-dire en vérifiant la négation de la proposition écrite « avec des quantificateurs ». Vous risquez de ne plus vous en sortir...

METHODE 7 : Raisonner par l'absurde

On suppose donc qu'on a convergence uniforme sur la partie B en question, et on en déduit, par application des théorèmes énoncés dans la partie **III** :

⇨ Que la fonction limite f doit être continue sur B, alors qu'elle est visiblement discontinue.

⇨ Que l'intégrale de f sur B devrait avoir une certaine valeur, et qu'elle en a une autre...

On conclut alors que l'hypothèse de convergence uniforme sur B est absurde.

REMARQUE :

Il faut évidemment avoir, pour ces deux méthodes, la valeur de la fonction limite.

SERIES DE FONCTIONS

Tout comme l'étude des séries numériques peut être traitée par des outils beaucoup plus performants que l'étude des suites, les séries de fonctions disposent de méthodes d'étude plus efficaces que les suites de fonctions ; ainsi la convergence normale est un outil de toute première utilité.

V. Preuves de convergence simple (CVS)

METHODE 8 : Utiliser les preuves de la convergence d'une série numérique

On mentionnera pour mémoire les équivalents, développements limités ou le théorème des séries alternées.
On se reportera aux chapitres 10 et 11 sur les séries numériques.

En pratique, il est de nombreux cas où la convergence normale (cf. infra) est IMMEDIATE à vérifier : il est alors **inutile** d'étudier au préalable la CVS, la CVN entraînant la CVU et par tant la CVS.

VI. Preuves de convergence uniforme (CVU)

Il est conseillé d'essayer ces méthodes ***dans l'ordre*** *de leur présentation.*

METHODE 9 : Prouver la convergence normale

C'est un peu l'équivalent de l'absolue convergence dans l'étude des séries numériques, en ce sens que c'est une condition suffisante assez forte, mais qui est toutefois remplie dans plus de 70% des cas.

❑ PRINCIPE : arriver à établir une majoration du terme général de la forme :

$$\forall x \in I, \quad |f_n(x)| \leq a_n$$
$$\text{avec : } \sum a_n \text{ convergente}$$

Il est très fréquent qu'on n'arrive à obtenir une telle majoration qu'au prix d'une réduction de l'intervalle de variation de x. Par exemple on se placera fréquemment sur : $[A, +\infty[$ ou $[-A, A]$.

Exemple : montrer la convergence uniforme sur $\mathbf{R}^{+*}$ *de* $\sum f_n(x)$ *avec :* $f_n(x) = \dfrac{e^{-nx}}{n}$.

La majoration évidente : $|f_n(x)| < e^{-nx}$ assure de la convergence simple sur $\mathbf{R}^{+*}$.
En x=0, on tombe sur la série harmonique divergente.
En utilisant la décroissance de e^{-x} sur **R**, on arrive à majorer indépendamment de x :
$\forall A > 0, \quad \forall x \in [A, +\infty[\quad |f_n(x)| < e^{-nA}$.
La série de droite étant manifestement convergente, on a convergence uniforme sur tout intervalle $[A, +\infty[$, et donc sur leur réunion $\mathbf{R}^{+*}$.

METHODE 10 : Majoration uniforme du reste

Le reste d'ordre n de la série de fonctions est la quantité $\sum_{n+1}^{+\infty} f_k(x)$.

❑ PRINCIPE :

Il s'agit d'obtenir une majoration du type :

$$\forall x \in I, \quad \left|\sum_{k=n+1}^{+\infty} f_k(x)\right| \leq u_n \quad \text{avec} \quad \lim_{n \to +\infty} u_n = 0$$

(Ce n'est ni plus, ni moins que la définition de la convergence normale sur I, de la suite des sommes partielles).

❑ CAS PARTICULIER FREQUENT D'EMPLOI : série de fonctions alternée.

Commençons par rappeler qu'une série de fonctions est dite alternée si son terme général s'écrit sous la forme $f_n(x) = (-1)^n u_n(x)$ avec (u_n) suite positive décroissante d'applications, c'est-à-dire :

$$\forall n, \quad \forall x \in I \quad u_{n+1}(x) \leq u_n(x).$$

Il ne faut pas confondre cela avec une suite d'applications décroissantes, ce qui voudrait seulement dire qu'à n fixé, la fonction $u_n(x)$ décroît par rapport à x.

Si la suite de fonctions (u_n) tend uniformément vers la fonction nulle sur I, alors le théorème dit « spécial » (il n'est pas plus spécial qu'un autre théorème) affirme que :

- la série de fonctions $\sum f_n(x)$ est uniformément convergente sur I.

ET : - on a la majoration :

$$\left|\sum_{k=n+1}^{+\infty} f_k(x)\right| \leq u_{n+1}(x)$$

(Cette seconde conséquence importante est souvent inconnue des candidats ; cf. chapitre 10, méthode **8**).

On a donc bien une majoration du type voulu.

METHODE 11 : Utiliser le critère de Cauchy uniforme

Le but étant d'arriver à majorer uniformément, pour p et q assez grands : $\sum_{p}^{q} f_k(x)$.

On est souvent conduit à opérer une transformation d'Abel pour majorer plus facilement l'expression. (cf. explication de la méthode chapitre 10, méthode **11**).

VII. Preuves de propriétés de la somme

On suppose que la fonction : $f(x)=\sum_{k=0}^{+\infty} f_k(x)$ est définie pour x appartenant à I (sauf pour la deuxième propriété).

On se pose les mêmes questions qu'au **III**. Les réponses sont sensiblement les mêmes.

METHODE 12 : Preuves dans les cas standards (quand on a CVU)

❑ ***« Montrer que f est continue sur I »***

Si :
(i) $\forall n$ la fonction $x \to f_n(x)$ est continue sur I
(ii) la série $\sum f_n(x)$ converge **uniformément** vers f sur I

Alors : f est continue sur I.

❑ ***« Montrer que f est dérivable sur I »***

Si :
(i) $\forall n$ la fonction $x \to f_n(x)$ est C^1 sur I
(ii) la série $\sum f_n(x)$ converge simplement en au moins un pointt
(ii) la série $\sum f'_n(x)$ converge **uniformément** vers g sur I

Alors : la fonction f est **définie** et dérivable sur I tout entier.

❑ ***« Calculer $\int_a^b f(t)\,dt$ »*** *(a et b sont des réels)*

Si :
(i) $\forall n$, f_n est continue sur $[a,b]$
(ii) la série $\sum f_n$ converge uniformément vers f sur $[a,b]$

Alors : $\int_a^b f(t)\,dt = \sum_{n=0}^{+\infty}\left(\int_a^b f_n(t)dt\right)$.

❑ ***« Déterminer la limite de f en a »***

Si :
(i) $\forall n$, $\lim_{x\to a}(f_n(x))$ existe et vaut L_n
(ii) la suite (f_n) converge uniformément sur $]a-\alpha, a+\alpha[$

Alors :
(i) la suite L_n est convergente vers L
(ii) $\lim_{x\to a} f(x)$ existe et vaut L

METHODE 13 : Preuves dans les autres cas

❑ Lorsqu'on demande d'établir une **continuité** ou une **dérivabilité** en un point autour duquel on n'a pas convergence uniforme, il faut revenir à la définition.

❑ Il y a des cas où l'application du théorème d'**intégration** terme à terme s'avère compliquée, car on n'a pas convergence uniforme sur tout l'intervalle d'intégration. Il est alors plus simple de revenir à des choses basiques en essayant de majorer :

$$\int_a^b f(t)dt - \sum_{k=0}^{n} \int_a^b f_k(t)dt = \int_a^b \left(\sum_{k=n+1}^{+\infty} f_k(t)dt \right)$$

ce qui fait alors plus simplement.

❑ Que faire pour calculer une intégrale **impropre** sur f ? En particulier a-t-on :

$$\int_0^{+\infty} \left(\sum_0^{+\infty} f_k(t)dt \right) \overset{????}{=} \sum_0^{+\infty} \left(\int_0^{+\infty} f_k(t)dt \right)$$

L'interversion des signes « somme » et « intégrale » n'est possible (à travers le théorème d'intégration terme à terme rappelé plus haut) que lorsque l'intervalle d'intégration est compact. **Il n'y a pas de théorème dans le cas général.**

On peut néanmoins donner deux idées, qui permettent de se sortir d'affaire :

IDEE 1 : Repasser à un intervalle compact $[0, A]$

On applique le théorème d'interversion des signes somme-intégrale sur le compact $[0, A]$ et on essaye de voir si l'on peut passer à la limite $A \longrightarrow +\infty$ dans la formule :

$$\int_0^A \left(\sum_0^{+\infty} f_k(t)dt \right) = \sum_0^{+\infty} \left(\int_0^A f_k(t)dt \right).$$

IDEE 2 : Faire intervenir les sommes partielles et le reste de la série

On écrit (l'interversion somme-intégrale est licite car la somme est **finie**) :

$$\int_0^{+\infty} \left(\sum_0^{+\infty} f_k(t)dt \right) = \int_0^{+\infty} \left(\sum_{k=0}^{n} + \sum_{k=n+1}^{+\infty} \right) f_k(t)dt = \sum_{k=0}^{n} \left(\int_0^{+\infty} f_k(t)dt \right) + \int_0^{+\infty} R_n(t)dt.$$

On essaye alors de voir si le deuxième terme tend vers zéro, par des encadrements.

Dans un cas comme dans l'autre, il faut faire attention à ne pas intervertir des choses qu'on n'a pas le droit d'intervertir (on a toujours envie que ça marche, mais ce n'est pas toujours le cas…) Soyez vigilant…

Astuces

❑ Il est bon de se rappeler qu'une fonction continue sur un compact y est *uniformément* continue.

❑ Penser à la majoration du reste d'ordre n fournie par le théorème des séries alternées (cf. supra).

Erreurs

❑ On a seulement les *implications :* C.V.N $\Rightarrow$ C.V.U $\Rightarrow$ C.V.S.

❑ Lorsqu'on parle de convergence uniforme ou normale d'une suite ou série de fonctions il faut IMPERATIVEMENT préciser :

- de quelle suite on parle,
- par rapport à quelle variable la convergence est uniforme ou normale,
- sur quel intervalle cette convergence a lieu.

❑ Ainsi des propositions du type :

« $\sum f_n(x,t)$ converge uniformément donc est continue »

n'ont aucun sens ; il faut dire :

« la série de fonctions de terme général continu $f_n(x,t)$ converge uniformément par rapport à t sur **R** donc la fonction $f(x,t) = \sum_{n=0}^{+\infty} f_n(x,t)$ est continue par rapport à t sur **R**. »

Lu dans les rapports de l'X

❑ « Lorsque l'on utilise le théorème de dérivation terme à terme, il est indispensable de vérifier qu'il y a convergence simple en au moins un point. » (X 88)

❑ « Comme toujours, la notion de convergence uniforme est mal assimilée. » (X 90)

❑ « La convergence uniforme est une formule magique, qui n'est ni maîtrisée, ni comprise. Qui converge uniformément, par rapport à quoi et où ? » (X 90)

❑ « La convergence normale est confondue avec la convergence uniforme... il existe pourtant des séries uniformément convergentes sans être normalement convergentes... » (X 89)

❑ « Les candidats n'ont en général pas à l'esprit le fait que les notions de convergence uniforme et normale sont seulement suffisantes, et pas nécessaires pour assurer la continuité, la dérivabilité de la somme d'une série de fonctions, ou pour permuter somme et intégrale. » (X 91)

❑ « La moitié des candidats intervertissent $\int$ et $\sum$ sans s'apercevoir que, s'agissant d'une intégrale impropre, le programme ne leur permet pas de traiter la chose d'une manière aussi désinvolte... » (X 91)

❑ Et pour finir, une remarque qui fera froid dans le dos de certains :

« Les phénomènes de convergence uniforme, et d'interversion de limites sont parmi ceux qui donnent le plus d'informations sur un candidat. » (X 91)

Exercices

*Dans les exercices **1** à **4**, on demande d'étudier la convergence simple, puis la convergence uniforme des suites de fonctions sur les intervalles I proposés.*

1. a) $f_n(x)=\dfrac{x^n}{1+x^n}$ $\quad I=[0,1]$

b) $f_n(x)=\dfrac{nx^2e^{-nx}}{\left(1-e^{-x}\right)^2}$ $\quad I=\mathbf{R}.$

2. $f_n(x)=n^2x(1-x)^n$ $\quad I=[0,2]$ $\quad$ (on pourra calculer : $\int_0^1 f_n(t)dt$).

3. $f_n(x)=\prod_{k=1}^{n}\cos\left(\dfrac{x}{2^k}\right)$ $\quad I=\mathbf{R}$; $I=[-a,a]$.

4. $f_n(x)=\dfrac{f^2(x)}{\sqrt{f^2(x)+\frac{1}{n}}}$ $\quad I=\mathbf{R}$ $\quad$ (f étant une fonction continue sur $\mathbf{R}$).

5. Soit f une fonction continue sur **R**, et F une primitive quelconque de F.
On définit une suite de fonctions sur **R** par :

$$f_n(x)=\frac{nx}{2}\left[F\left(x+\frac{1}{n}\right)-F\left(x-\frac{1}{n}\right)\right]$$

Démontrer que cette suite converge uniformément sur tout compact de **R**.

6. Soit E un sous espace vectoriel de $C^0(\mathbf{R},\mathbf{R})$ de dimension finie, et soit $\left(f_1,f_2,\ldots,f_p\right)$ une base de E.

a) Démontrer qu'il existe des réels $\left(a_1,a_2,\ldots,a_p\right)$ tels que dét $\left[f_i(a_j)\right]$ soit non nul.

b) Soit une suite (u_n) d'éléments de E qui converge simplement vers u sur **R**.
Démontrer que u est un élément de E, et que la convergence de la suite est uniforme sur tout compact.

7. On définit pour $x\geq 0$ une série de fonctions $\sum f_n(x)$ par : $f_n(x)=\dfrac{e^{-nx}}{1+n^2}$.

a)Vérifier que cette définition a un sens. Soit f la fonction somme.

b) Etudier la continuité, puis la dérivabilité de f. On fera une étude particulière en 0.

8. On pose : $f(x)=\sum_{n=1}^{+\infty}\frac{2x}{x^2+n^2}$.

Déterminer le domaine de définition de f et les limites de f aux bornes de ce domaine.

9. Soit (λ_n) une suite de réels croissante, positive et tendant vers $+\infty$.

On pose : $f(x)=\sum_{n=0}^{+\infty}(-1)^n.e^{-\lambda_n x}$.

a) Etudier la définition de f, et sa continuité.

b) Calculer la valeur de l'intégrale : $\int_0^{+\infty} f(t)dt$.

c) Appliquer au cas $\lambda_n = n+1$.

10. Séries de Dirichlet :

Soit (λ_n) une suite de réels croissante, positive et tendant vers $+\infty$ et Σa_n une série à terme général complexe, supposée convergente.

On pose :

$$D_n = \sum_{k=n}^{+\infty} a_k$$

pour tout complexe z : $u_n(z) = a_n.e^{-\lambda_n.z}$

pour tout réel $\theta \in \left[0,\frac{\pi}{2}\right[$: $\Omega(\theta)=\{0\}\cup\{z\in\mathbf{C}^* \text{ tels que } |\mathrm{Arg}(z)|\leq\theta\}$

a) Soit z=x+iy un complexe avec $x=\Re e(z)>0$. Soit a et b deux réels avec a<b.

En exprimant : $(e^{-za}-e^{-zb})$ à l'aide d'une intégrale, montrer que :

$$\left|e^{-za}-e^{-zb}\right|\leq\frac{|z|}{x}\left(e^{-xa}-e^{-xb}\right).$$

b) Démontrer que la série de fonctions de Dirichlet $\sum u_n(z)$ converge uniformément par rapport à z dans tout $\Omega(\theta)$.

Corrigés

1. a) **C.V.S :** on applique la méthode **1**. De l'inégalité évidente :

$$\forall x \in [0,1[\quad |f_n(x)| \leq x^n$$

on déduit $f_n \xrightarrow[n\infty]{} 0$ pour x dans $[0,1[$.

Pour x=1, la suite $f_n(1)$ est constante égale à 1/2.

Il y a donc convergence simple sur $[0,1]$ vers f.

C.V.U : Visiblement la fonction f est discontinue en $x=1$, alors que le terme général est continu sur $[0,1]$. D'après la méthode **7**, il ne peut pas y avoir convergence uniforme sur $[0,1]$.
Par contre, sur l'intervalle $[0,a]$ (où a<1), il découle de :

$$\forall x \in [0,a] \quad |f_n(x)| \leq a^n$$

et de la méthode **2** que la convergence est uniforme sur $[0,a]$.

b) **C.V.S** : On applique comme indiqué dans la méthode **1** les règles d'étude classiques des suites numériques.

- pour x<0 : comme $\lim\limits_{n\to\infty} ne^{-nx}=+\infty$, la suite diverge,

- pour x=0 : $\lim\limits_{x\to 0} \dfrac{x}{\left(1-e^{-x}\right)}=1$; (f_n) est définie en zéro par $f_n(0)=n$ et $\lim\limits_{n\to\infty} f_n(0)=+\infty$,

- pour x>0 : $\lim\limits_{n\to\infty} ne^{-nx}=0$ donc $\lim\limits_{n\to\infty} f_n(x)=0$.

On en déduit qu'il y a convergence simple sur $\mathbf{R}^{+*}$ vers la fonction nulle.

C.V.U : Comme on est dans un exercice numérique on applique la méthode **2** ; il n'est pas évident de trouver le sup, donc on étudie : $\Delta_n(x)=|f_n(x)-f(x)|=f_n(x)$.

On trouve que $\Delta_n'(x)=\dfrac{nxe^{-nx}}{(1-e^{-x})}.\varphi(x)$, où : $\varphi'(x)=\left(1-e^{-x}\right)\left[(2-nx)-2xe^{-x}\right]$

et : $\varphi''(x)=e^{-x}\left[(n-2)x-2(n-1)\right]$.

On déduit de l'étude du signe de φ'' que φ' est négative sur $\mathbf{R}^+$et donc que :

$$M_n=\sup_{x\in R^+} \Delta_n(x)=\Delta_n(0)=n$$

cette quantité ne tend pas vers 0 donc il n'y a pas convergence uniforme sur $\mathbf{R}^{+*}$.

Par contre on en déduit que pour tout a>0 comme $f_n(a)$ tend vers 0 :

$$M_n=\sup_{x\in >a} \Delta_n(x)=\Delta_n(a)\xrightarrow[n\infty]{} 0$$

donc il y a convergence uniforme sur tout $[a,+\infty[$.

2. **C.V.S** : Le terme en $(1-x)^n$ invite à faire une comparaison à une suite géométrique, sous réserve que $|1-x|<1$ c'est à dire $x \in]0,2[$. Dans ce cas :

$$|f_n(x)| \le 2n^2 |1-x|^n$$

Or on sait (cf. par exemple le chapitre sur les séries entières) que $\sum n^2q^n$ converge, pour $q<1$, ce qui assure en particulier que n^2q^n tend vers zéro. Donc $f_n(x) \xrightarrow[n\infty]{} 0$.

Pour ce qui est de : - $x=0$: f_n est identiquement nulle, donc converge vers 0

- $x=2$: $f_n(2) = 2n^2(-1)^n$, qui diverge évidemment.

En résumé, il y a convergence simple vers la fonction nulle sur $[0,2[$.

C.V.U : On va montrer qu'on n'a pas convergence uniforme sur $[0,2[$ en montrant qu'il n'y a pas convergence uniforme sur $[0,1]$. L'énoncé invite à appliquer la méthode **7**, en comparant l'intégrale de la limite et la limite de l'intégrale :

D'une part, une double intégration par parties donne

$$\int_0^1 f_n(t)dt = \frac{n^2}{(n+1)(n+2)} \xrightarrow[n\infty]{} 1.$$

D'autre part :

$$\int_0^1 f(t)dt = \int_0^1 0.dt = 0 \xrightarrow[n\infty]{} 0.$$

On ne peut donc pas avoir convergence uniforme sur $[0,2[$.

Par contre, pour tout $a>0$, il y a convergence uniforme sur $[a,2-a]$; en effet, on a alors, en appliquant la méthode **2** :

$$\forall x \in [a,2-a], |f_n(x) - f(x)| < 2n^2|1-a|^n.$$

---

3. **C.V.S :** Comme on a déjà eu l'occasion de l'expliquer plusieurs fois dans ce livre, avec les suites faisant intervenir la trigonométrie, le tout est de connaître ses formules de trigonométrie, et de savoir laquelle il faut appliquer.
Ici, il est (quasiment) évident que :

$$\sin(2x) = 2.\sin(x).\cos(x)$$

est LA formule. On trouve instantanément :

$$\text{pour } x \neq 2^n.k.\pi \quad f_n(x) = \frac{1}{2^n}\frac{\sin(x)}{\sin\left(\frac{x}{2^n}\right)}$$

$$\text{pour } x = 2^n.k.\pi \quad f_n(x) = 0$$

On en déduit en utilisant l'équivalent bien connu : $\sin(x) \underset{0}{\approx} x$, que :

$$f_n(x) \xrightarrow[n\infty]{} f(x) = \frac{\sin(x)}{x}.$$

Il y a convergence simple vers f sur **R**.

C.V.U : Il n'y a pas convergence uniforme sur **R** puisque :

$$\left|f_n(2^n\pi)\right| = 1 \text{ et } f_n(0) = 0$$

donc $\sup_R |f_n(x) - f(x)| \ge 1$ et ne tend pas vers zéro.

Par contre, sur tout intervalle de la forme $[-A, A]$ il y a CVU ; en effet, soit N un rang à partir duquel $\frac{a}{2^n} \leq \frac{\pi}{2}$. Soit en outre $\Phi(x) = \frac{1}{\sin x} - \frac{1}{x}$ et $M = \sup_{|x| \leq \pi/2} |\Phi(x)|$.

Pour n>N, on a alors immédiatement :

$$|f_n(x) - f(x)| = \frac{|\sin x|}{2^n} \cdot \left|\Phi\left(\frac{x}{2^n}\right)\right| \leq \frac{M}{2^n}$$

inégalité valable même en 0, qui prouve le résultat annoncé.

---

4. **C.V.S :** Vu que $1/n$ tend vers 0, on peut légitimement penser que f_n converge vers $\frac{f^2}{\sqrt{f^2}} = |f|$. Toutefois il faut distinguer si $f(x) = 0$ ou non.

- $f(x) = 0$: $f_n(x) = 0$ donc il y a convergence simple vers 0,

- sinon : l'argument invoqué plus haut assure de la convergence vers $|f|$.

En résumé, il y a convergence simple sur **R** vers la fonction $|f|$.

C.V.U : Vu la forme de la suite de fonctions, on se dit que la méthode **2** devrait marcher, en utilisant bien sûr des quantités conjuguées.

On trouve facilement :

$$|f(x)| - f_n(x) = |f(x)|\left[1 - \frac{|f(x)|}{\sqrt{f^2(x) + 1/n}}\right] = |f(x)| \cdot \frac{1/n}{\sqrt{f^2(x) + 1/n} \cdot \left(|f(x)| + \sqrt{f^2(x) + 1/n}\right)}.$$

Pour majorer la fraction, on minore le dénominateur le plus simplement possible :

$$\sqrt{f^2(x) + 1/n} \cdot \left(|f(x)| + \sqrt{f^2(x) + 1/n}\right) \geq \frac{1}{\sqrt{n}} \cdot (|f(x)| + |f(x)|).$$

D'où il ressort que :

$$\big||f(x)| - f_n(x)\big| \leq \frac{1}{2\sqrt{n}}.$$

Cette inégalité étant valable sur **R**, y compris pour les points où f est nulle, assure que la convergence est uniforme sur **R**.

---

5. On trouve facilement les égalités suivantes par changement de variable :

$$f_n(x) = \frac{nx}{2} \cdot \int_{x-1/n}^{x+1/n} f(t)dt = \frac{nx}{2} \int_{-1/n}^{1/n} f(x+u)du = \frac{nx}{2} \cdot \int_0^{1/n} (f(x+u) + f(x-u)).du.$$

Si f est constante égale à M, la suite est identiquement égale à xM. On peut penser qu'il y a convergence vers : $xf(x)$

Pour majorer la différence, on va utiliser le fameux principe d'« homogénéisation des différences » (cf. chapitre 4, principe **3**) c'est-à-dire écrire f comme une intégrale :

$$f_n(x) - xf(x) = \frac{nx}{2} \cdot \int_0^{1/n} (f(x+u) + f(x-u)).du - \frac{nx}{2} \int_0^{1/n} (f(x) + f(x))du$$

Puis :

$$f_n(x) - xf(x) = \frac{nx}{2}\int_0^{1/n} [f(x+u) - f(x)] + [f(x-u) - f(x)]du.$$

La continuité de f ne suffira pas à elle seule : il va falloir invoquer une continuité **uniforme**.

On cherche à montrer une convergence uniforme pour x dans un compact. On a donc une constante A telle que :

$$|x| < A.$$

Il est facile de voir que les arguments de f (à savoir $x+u$, x et $x-u$) restent, lorsque u décrit $\left[0, \frac{1}{n}\right]$ et x décrit $[-A, A]$, dans le **compact fixe** $[-A-1, A+1]$.

Sur $[-A-1, A+1]$, f est continue donc uniformément continue ; on a donc une estimation conditionnelle du type :

$$\forall \varepsilon \quad \exists \alpha \quad \text{tel que : } \forall (s,t) \in [-A-1, A+1] \quad |s-t| < \alpha \quad \Rightarrow \quad |f(s) - f(t)| < \varepsilon.$$

Choisissons alors $\varepsilon > 0$, et $N > 1/\alpha$. Compte tenu des arguments précédents :

$$\forall x \in [-A, A] \quad \forall n \geq N \qquad \left|f_n(x) - xf(x)\right| \leq \frac{n|x|}{2} \cdot \int_0^{1/n} 2\varepsilon . du \leq A.\varepsilon.$$

On vient d'établir la convergence uniforme de la suite sur tout compact.

---

6. a) ce résultat d'algèbre linéaire est établi dans le TOME **II** de cet ouvrage. Il peut être admis pour la question d'analyse qui suit, bien qu'il soit simple à établir.

b) Puisque E admet $(f_1, f_2, \ldots, f_p)$ pour base, on peut écrire : $u_n = \sum_{k=1}^{p} \lambda_k^n . f_k$.

En appliquant cette relation à chacun des éléments de $(a_1, a_2, \ldots, a_p)$ introduits au a) :

$$\forall n \quad \forall j \in \{1; 2; \ldots; p\} \quad \sum_{k=1}^{p} \lambda_k^n . f_k(a_j) = u_n(a_j).$$

On peut alors interpréter cette relation comme un système dont les inconnues sont les $(\lambda_k)_{k \in N}$; ce système est de Cramer, puisque son déterminant est non nul d'après a).
On a donc une relation de la forme :

$$\forall n \quad \begin{pmatrix} \lambda_1^n \\ \lambda_2^n \\ \ldots \\ \lambda_p^n \end{pmatrix} = M^{-1} . \begin{pmatrix} u_n(a_1) \\ u_n(a_2) \\ \ldots \\ u_n(a_p) \end{pmatrix}$$

où la matrice M est **indépendante** de n.
Cette relation montre que les suites des coordonnées $(\lambda_i^n)_{n \in N}$ sont convergentes pour tout i de 1 à p, puisqu'elles sont combinaison linéaire finie des suites $(u_n(a_i))_{n \in N}$ (la suite u converge simplement en tout point).

Notons :

$$\lambda_i = \lim_{n \longrightarrow \infty} \left(\lambda_i^n\right)_{n \in N}.$$

La relation établie au début, $u_n = \sum_{k=1}^{p} \lambda_k^n . f_k$ donne, par passage à la limite :

$$u = \sum_{k=1}^{p} \lambda_k . f_k .$$

Ceci prouve que u est dans E.

Montrons maintenant la convergence uniforme sur un compact K. En revenant à la définition de la C.V.U (méthode **2**) :

$$\left|u_n(x) - u(x)\right| \leq \sum_{k=1}^{p} \left|\lambda_k^n - \lambda_k\right| . M_k \leq M . \sum_{k=1}^{p} \left|\lambda_k^n - \lambda_k\right|$$

en notant : $M_k = \sup_{x \in K} \left|f_k(x)\right|$ et : $M = \sup_{1 \leq k \leq p} M_k$.

Le membre de droite est la somme de p termes tendant vers zéro, donc tend vers 0, ce qui prouve que l'on a convergence uniforme sur K.

---

7. a) C.V.S : La méthode **8** est évidemment la bonne. En utilisant la décroissance de l'exponentielle sur **R**, il vient :

$$\forall x \geq 0 \quad e^{-nx} \leq 1 \quad \text{d'où} : |f_n(x)| \leq \frac{1}{1+n^2}.$$

Une telle majoration prouve d'un seul coup d'un seul la convergence simple de la série de fonctions pour x≥0, mais aussi la convergence normale, donc uniforme sur $\mathbf{R}^+$.

b) - Le théorème de continuité (méthode **12**) est applicable, puisque le terme général est continu et qu'on a convergence uniforme .

- On va essayer d'appliquer le seul théorème sur la dérivation qu'on connaisse, à savoir le théorème de dérivation terme à terme.

On a évidemment :

$$\forall x \geq 0 \quad f_n'(x) = \frac{-n.e^{-nx}}{1+n^2}.$$

La majoration de l'exponentielle par 1 est trop forte ici, puisqu'on obtient :

$$\forall x \geq 0 \quad |f_n'(x)| \leq \frac{n}{1+n^2} \leq \frac{1}{n}.$$

La série majorante étant évidemment divergente. On peut raffiner en écrivant :

$$\forall a > 0 \quad \forall x \geq a \quad \left|f_n'(x)\right| \leq e^{-na}$$

La série géométrique majorante est convergente, donc on a convergence normale, donc uniforme sur tout intervalle $[a, +\infty[$, où a>0, et donc finalement sur $]0, +\infty[$, de la série des dérivées. Comme on a convergence simple en 0, le théorème assure de la dérivabilité sur $]0, +\infty[$.

L'énoncé invite à imaginer qu'« il y a un problème en zéro. » On revient alors à la définition de la dérivée en étudiant l'accroissement :

$$\frac{f(x) - f(0)}{x - 0} = -\frac{1}{x} \sum_{n=0}^{+\infty} \frac{1 - e^{-nx}}{1+n^2} = \sum_{n=0}^{+\infty} \left(\frac{1 - e^{-nx}}{-nx}\right) . \left(\frac{n}{1+n^2}\right).$$

Sous la dernière forme, on voit clairement ce qui va clocher : étant donné que $\frac{1-e^u}{u} \longrightarrow 1$, le rapport se comporte en gros comme $\sum \frac{-1}{n}$, qui diverge.

De façon plus précise :

$$\forall n \ \forall x \geq 0 \quad \frac{1-e^{-nx}}{-nx} \leq 0$$

donc :

$$\forall N \quad \frac{f(x)-f(0)}{x-0} \leq \sum_{n=0}^{N} \left(\frac{1-e^{-nx}}{-nx}\right) \cdot \left(\frac{n}{1+n^2}\right) \qquad (*)$$

Comme la série $\sum \frac{n}{1+n^2}$ diverge, il existe N tel que :

$$\sum_{0}^{N} \frac{n}{1+n^2} \geq A.$$

On voit donc en choisissant ce N dans (*) et en faisant tendre x vers 0 dans (*) que :

$$\forall A > 0 \quad \lim_{x \longrightarrow 0} \frac{f(x)-f(0)}{x-0} \leq -\frac{A}{2}.$$

Ce qui prouve que la limite en question vaut -∞, et donc que f n'est pas dérivable en 0.

---

8. **C.V.S :** on a évidemment : $\forall x \quad \forall n > 0 \quad \left|\frac{2x}{x^2+n^2}\right| \leq \frac{2|x|}{n^2}$

Ce qui nous assure que f est définie sur **R** (et qui montre la convergence uniforme sur tout compact, donc en particulier la continuité).

Comme f est visiblement paire (repasser aux sommes partielles), on se place en +∞.
La forme même du dénominateur fait penser à l'arctangente, et donc invite à com parer une série et une intégrale, sous réserve d'avoir une monotonie.

Allons-y : soit g la fonction : $t \longrightarrow \frac{2x}{x^2+t^2}$ (x fixé). Elle est clairement décroissante.

D'où :

$$\forall t \in [n, n+1] \quad g(n+1) \leq g(t) \leq g(n)$$

qu'on intègre sur l'intervalle. Après réarrangement pour obtenir au centre le TG de la série on trouve :

$$\int_{n}^{n+1} \frac{2t}{x^2+t^2} dt \leq \frac{2t}{x^2+n^2} \leq \int_{n-1}^{n} \frac{2t}{x^2+t^2} dt.$$

On somme de 0 à N pour obtenir, après calcul des intégrales :

$$2.\text{Arc}\tan\left(\frac{N+1}{t}\right) \leq \sum_{0}^{N} \frac{2t}{n^2+t^2} \leq 2.\text{Arc}\tan\left(\frac{N}{t}\right) + \frac{2}{t}.$$

En passant à la limite pour N ∞ :

$$\pi \leq f(t) \leq \pi + \frac{2}{t}.$$

En faisant enfin tendre t vers +∞, on trouve que la limite de f aux bornes est π.

Encore une illustration du rapport étroit suite/séries/intégrale lorsqu'on a une fonction décroissante.

9. a) **C.V.S :** conformément à la méthode **2**, on cherche parmi les méthodes sur les séries numériques laquelle est la plus appropriée ici : c'est sûrement le critère spécial des séries alternées. Vous vérifierez facilement que ses trois hypothèses sont satisfaites pour x>0.

On a donc convergence simple sur **R**.

C.V.U : On est exactement dans le cadre de la remarque faite dans la méthode **10**, c'est-à-dire que le reste d'ordre n se majore par le théorème des séries alternées :

$$\forall x \quad \left| f(x) - \sum_{0}^{n-1} (-1)^k e^{-\lambda_k x} \right| \leq e^{-\lambda_n x} \qquad (*)$$

De la décroissance de l'exponentielle sur **R** on tire :

$$\forall a > 0 \quad \forall x \in [a, +\infty[\qquad e^{-\lambda_n x} \leq e^{-\lambda_n a}.$$

D'où finalement :

$$\forall a > 0 \quad \forall x \in [a, +\infty[\qquad \left| f(x) - \sum_{0}^{n-1} (-1)^k e^{-\lambda_k x} \right| \leq e^{-\lambda_n a}.$$

La suite majorante tend vers 0 indépendamment de x, ce qui assure la convergence uniforme sur $[a, +\infty[$, et finalement sur $]0, +\infty[$.
Le terme général étant continu, f l'est aussi.

b) On est dans le cadre de la méthode **13**, c'est-à-dire qu'on n'intègre pas sur un compact.
On peut (encore grâce au corollaire des séries alternées) montrer que l'intégrale impropre est convergente. En effet :

$$0 \leq f(x) \leq e^{-\lambda_0 x}$$

Le plus simple est donc de repasser aux sommes partielles ; en intégrant (*) sur $\mathbf{R}^+$:

$$\left| \int_0^{+\infty} f(x)dx - \sum_{0}^{n-1} \left(\int_0^{+\infty} (-1)^k e^{-\lambda_k x} dx \right) \right| \leq \int_0^{+\infty} e^{-\lambda_n x} dx$$

D'où, en évaluant les diverses quantités :

$$\left| \int_0^{+\infty} f(x)dx - \sum_{0}^{n-1} \frac{(-1)^k}{\lambda_k} \right| \leq \frac{1}{\lambda_{k+1}}.$$

Le majorant tend vers 0 puisque l'inverse diverge donc :

$$\int_0^{+\infty} f(x)dx = \sum_{k=0}^{+\infty} \frac{(-1)^k}{\lambda_k}.$$

---

10. La forme intégrale souhaitée est :

$$e^{-za} - e^{-zb} = z.\int_a^b e^{-zt}.dt \quad \Rightarrow \quad \left| e^{-za} - e^{-zb} \right| \leq |z|.\int_a^b \left| e^{-zt} \right|.dt$$

or avec z = x + iy on a : $\left|e^{-zt}\right| = \left|e^{-t(x+iy)}\right| = \left|e^{-xt}\right|.\left|e^{-iyt}\right| = \left|e^{-xt}\right|.1 = e^{-xt}$ d'où en reportant :

$$\left|e^{-za} - e^{-zb}\right| \leq |z|.\int_a^b e^{-xt}.dt = \frac{|z|}{x}\left(e^{-xa} - e^{-xb}\right).$$

b) La majoration qu'on vous a invité à faire au a) devrait vous encourager à faire une transformation d'Abel (méthode **11**) :

$$\sum_p^q u_n(z) = \sum_p^q (D_n - D_{n+1}).e^{-\lambda_n z} = D_p.e^{-\lambda_p z} - D_{q+1}.e^{-\lambda_{q+1} z} + \sum_{p+1}^q D_n.\left(e^{-\lambda_n z} - e^{-\lambda_{n+1} z}\right).$$

En injectant l'inégalité du a) on trouve :

$$\left|\sum_p^q u_n(z)\right| \leq |D_p|.e^{-\lambda_p x} + |D_{q+1}|.e^{-\lambda_{q+1} x} + \frac{|z|}{x}\sum_{p+1}^q D_n.\left(e^{-\lambda_n x} - e^{-\lambda_{n+1} x}\right).$$

Puisque la série est convergente, D_n tend vers 0 donc pour $n \geq N$: $|D_n| \leq \varepsilon$.

Par ailleurs, x étant dans $\Omega(\theta)$, on a (faire un dessin) : $\frac{|z|}{x} \leq \cos(\theta)$.

En reprenant la dernière majoration et en injectant ces deux-là, on a pour $q \geq p \geq N$:

$$\left|\sum_p^q u_n(z)\right| \leq \varepsilon + \varepsilon + \frac{\varepsilon}{\cos(\theta)}.\left(e^{-\lambda_p x} - e^{-\lambda_p x}\right) \leq_i \varepsilon.\left(2 + \frac{1}{\cos(\theta)}\right).$$

Le majorant tend vers 0 donc le critère de Cauchy uniforme est satisfait, ce qui assure de la convergence uniforme dans tout cône $\Omega(\theta)$.

Chapitre 13
METHODES D'ETUDE DES SERIES ENTIERES

On s'intéresse dans ce chapitre indifféremment aux séries entières de **variable complexe** z ou de **variable réelle** x, qu'on notera respectivement $\sum a_n z^n$ et $\sum a_n x^n$.

Certaines des méthodes proposées (en particulier celles faisant intervenir des intégrales) ne sont cependant applicables qu'aux séries entières de variable réelle ; on le précisera à chaque fois.

R désigne le rayon de convergence de la série entière envisagée.

I. Détermination du rayon de convergence

METHODE 1 : Revenir à la définition

❑ **Définition :** Le rayon de convergence R de la série entière $\sum a_n z^n$ est :

$$\sup\left\{r > 0 \text{ tels que } \sum a_n r^n \text{ soit une série } \textbf{absolument} \text{ convergente}\right\}.$$

❑ **Propriété fondamentale :** la série $\sum a_n z^n$ est :

- Absolument convergente pour $|z| < R$.
- Trivialement divergente pour $|z| > R$ (son terme général n'est pas borné)
- Sur le cercle $|z| = R$, on ne peut en général rien dire de précis sur la série.

UTILISATION PRATIQUE DE LA DEFINITION :

❑ On majore le terme général $a_n z^n$ de façon **suffisamment précise** par le terme général d'une autre série entière dont on sait qu'elle converge pour $|z| < A$; alors on en déduit que : $\boxed{R \geq A}$.

❑ On essaye ensuite de montrer que : $\boxed{R \leq A}$

⇨ Soit par l'absurde en montrant que pour $|z| > A$ il y a divergence.
⇨ Soit en cherchant des points sur le cercle $|z| = A$ tels que la série diverge.

REMARQUE :

La seconde éventualité ne se produit pas forcément ; par exemple la série $\sum \frac{z^n}{n^2}$ *est de rayon 1, et sur le cercle* $|z| = 1$ *la série est absolument convergente (cf. exemple 2).*

Exemple 1 : rayon de $\sum \frac{z^n}{n}$.

Pour $n \geq 1$, on a évidemment :

$$\frac{z^n}{n} \leq z^n$$

et la série majorante est de rayon 1. Donc $R \geq 1$.

Pour $z=1$ qui est situé sur le cercle, on tombe sur $\sum \frac{1}{n}$, qui diverge. Donc $R=1$.

Exemple 2 : rayon de $\sum \frac{z^n}{n^2}$.

La même majoration que précédemment permet de montrer que $R \geq 1$.

Pour $|z|>1$, le terme général tend vers $+\infty$ en module, donc $R \geq 1$, et $R=1$.

METHODE 2 : Utiliser la règle de d'Alembert

Elle dit en substance que :

$$\lim_{n \longrightarrow +\infty} \left| \frac{a_{n+1}}{a_n} \right| = \lambda \quad \Rightarrow \quad R = \frac{1}{\lambda}$$

CONDITIONS D'EMPLOI :

- il faut évidemment supposer que $\forall n,\ a_n \neq 0$,
- on prend comme conventions :

$$\frac{1}{\infty} = 0 \text{ et } \frac{1}{0} = +\infty.$$

REMARQUES :

❑ *Cette propriété n'admet aucune réciproque (c'est une condition suffisante).*

❑ *Pour appliquer la méthode **2**, on utilise fréquemment le résultat suivant facile à prouver par la méthode **1** :*

$$a_n \approx b_n \quad \Rightarrow \quad \sum a_n z^n \text{ et } \sum b_n z^n \text{ ont même rayon}$$

Exemples :

Les deux séries entières précédentes sont expédiées par cette méthode.

METHODE 3 : Faire des opérations sur les séries entières

❑ **Somme :**

$$\text{rayon}\left(\sum (a_n + b_n) z^n\right) \geq \min\left\{\text{rayon}\left(\sum a_n z^n\right), \text{rayon}\left(\sum b_n z^n\right)\right\}.$$

Cas particulier d'égalité : lorsque les deux séries qu'on somme ont même rayon.

❑ **Produit au sens de Cauchy :**

$$\text{rayon}\left(\sum\left(\sum_{p+q=n} a_p b_q\right)z^n\right) \geq \min\left\{\text{rayon}\left(\sum a_n z^n\right), \text{rayon}\left(\sum b_n z^n\right)\right\}.$$

❑ **Dérivation et intégration terme à terme** : conservation du rayon de convergence.

Exemple : rayon de $\sum \frac{x^n}{n}$.

C'est, à une division par x près, l'intégrée terme à terme de $\sum x^n$, qui est de rayon 1. Donc R=1.

II. Déterminer un développement en série entière

METHODE 4 : Se ramener aux fonctions usuelles

❑ Considérer la fonction comme somme, produit, dérivée ou primitive d'une ou plusieurs fonctions de référence (cf. tableau Chapitre 25).

❑ En déduire que chacune des parties de la fonction est respectivement la somme, le produit, la dérivée ou la primitive terme à terme du DSE de ces fonctions de référence.

METHODE 5 : Méthode de l'équation différentielle

La méthode se déroule en plusieurs étapes :

❑ **Supposer** que f est DSE et que son rayon R est **non nul**.

❑ Déterminer une équation différentielle *simple* vérifiée par f.

❑ Reporter l'expression de f sous forme de série dans l'équation différentielle pour arriver à des relations de **récurrence** sur les a_n en invoquant **l'unicité** du DSE.

❑ **Vérifier** que la série $\sum a_n z^n$ ainsi trouvée a un rayon non nul (en général par la règle de d'Alembert, cf. **I**).

❑ S'assurer enfin de **l'unicité** de la solution de l'équation différentielle utilisée, à l'aide du théorème de Cauchy Lipschitz (cf. chapitre 18) pour conclure que f est égale à la somme de la série trouvée.

Exemple : DSE de $f(x) = [\ln(1+x)]^2$.

Supposons que R>0 ; comme $(1+x).f'(x) = 2.\ln(1+x)$, on a, pour tout x de $]-R,R[$:

$$(1+x).\sum_{n=0}^{+\infty}(n+1)a_{n+1}.x^n = 2\sum_{n=0}^{+\infty}\frac{(-1)^{n+1}}{n}x^n.$$

Par unicité du DSE, on en déduit $a_1 = 0$ et la relation de récurrence pour n>1 :

$$(n+1)a_{n+1} = -na_n + 2\frac{(-1)^{n+1}}{n}.$$

Posons $b_n = (-1)^n na_n$; on a alors :

$$b_{n+1} = b_n + \frac{2}{n}.$$

On en déduit que pour n>1 :

$$a_n = 2.\frac{(-1)^n}{n}\sum_{k=1}^{n}\frac{1}{k}.$$

Par ailleurs $a_0 = f(0) = 0$. La règle de d'Alembert montre que le rayon est 1, compte tenu de l'équivalent en $\ln(n)$ de la suite harmonique $\sum 1/k$.
L'équation différentielle satisfait les conditions de Cauchy-Lipschitz sur $]-1,1[$ puisque le coefficient de y' ne s'y annule pas. On peut conclure.

METHODE 5bis : Méthode de l'équation fonctionnelle

Si l'on sait que la fonction vérifie une équation fonctionnelle, on peut évidemment reprendre la méthode ci-dessus en l'adaptant.

❑ Supposer que f est DSE et que son rayon R est non nul.

❑ Reporter l'expression de f sous forme de série dans l'équation fonctionnelle pour arriver à des relations de récurrence sur les a_n en invoquant l'unicité du DSE.

❑ Vérifier que la série $\sum a_n z^n$ ainsi trouvée a un rayon non nul (en général par la règle de d'Alembert, cf. **I**).

❑ Etudier l'unicité de la solution à l'équation fonctionnelle.

METHODE 6 : La méthode de la série de Taylor

On appelle série de Taylor de f la série entière $\sum \frac{f^n(0)}{n!}z^n$.

Rappelons tout d'abord que :

Si la série de Taylor de f converge **vers f** alors f est DSE au voisinage de 0.

La méthode s'en déduit logiquement :

❑ Majorer par récurrence les dérivées successives de f.

❑ Montrer que la série de Taylor de f converge bien vers f en majorant un reste de Taylor (Lagrange ou intégral).(Si besoin revoir les formules de Taylor, chapitre 7).

Exemple : soit f solution de $f'(x) = f(\lambda x)$ *où* $\lambda \in]0,1[$ *; on* ***admet*** *que pour tout x,*

$$f^{(n)}(x) = \lambda^{\frac{n(n-1)}{2}} f(\lambda^n x).$$

Montrer que f est développable en série entière.

Soit A>0, x un élément de $[-A, A]$ et M un majorant de f sur ce compact.
D'après la formule de Taylor Lagrange :

$$\exists c \in [-A, A] \quad \text{tel que :} \quad f(x) = \sum_{k=0}^{n-1} \frac{f^{(k)}(0)}{k!} x^k + \frac{f^{(n)}(c)}{n!} x^n.$$

D'où il résulte la majoration suivante :

$$\left| f(x) - \sum_{k=0}^{n-1} \frac{f^{(k)}(0)}{k!} x^k \right| \leq \lambda^{\frac{n(n-1)}{2}} M \frac{x^n}{n!} \leq M \frac{A^n}{n!}$$

qui prouve la convergence de la série de Taylor vers f uniformément sur **tout** compact. Donc f est DSE, et on peut ajouter que son rayon est infini.

METHODE 7 : Prouver que f est DSE par majoration des coefficients

La méthode se déroule en trois étapes :

❑ Obtenir une relation de récurrence sur les coefficients a_n du DSE (par exemple en exploitant une équation fonctionnelle ou différentielle sur f).

❑ Intuiter et démontrer par récurrence une majoration de ces coefficients.

❑ Déduire de cette majoration que la série $\sum a_n x^n$ est convergente pour x petit.

Exemple : soit $q(x) = \sum_{n=0}^{+\infty} b_n x^n$ *sur* $]-A, A[$. *Montrer qu'il existe des solutions DSE de l'équation différentielle :* $y'' - qy = 0$ *de rayon R≥ A.*

Suppposons que f soit une telle solution de rayon R≥0. On obtient par identification que les coefficients de son DSE vérifient :

$$a_{n+2} = \frac{1}{(n+1)(n+2)} \sum_{k=0}^{n} a_k b_{n-k} \qquad (1)$$

Fixons nous 0<r<A. La série $\sum b_n r^n$ étant convergente, son terme général est en particulier borné par M, ce qui s'écrit :

$$\forall k \quad |b_k| \le \frac{M}{r^k} \qquad \textbf{(2)}$$

En reportant **(2)** dans **(1)**, on obtient, après simplification :

$$\left|r^{n+2}a_{n+2}\right| \le \left[\frac{Mr^2}{n+2}\right] \cdot \sum_{k=0}^{n} \frac{|a_k| . r^k}{n+1} \le \sum_{k=0}^{n} \frac{|a_k| . r^k}{n+1} \qquad (3)$$

la dernière majoration étant valable pour n>N (choisi pour que le crochet, qui tend vers 0, soit inférieur à 1).

Posons $K = \sup\{|a_k| . r^k \text{ avec } k \le N+1\}$. En reportant la majoration par K des numérateurs de **(3)**, il vient :

$$\left|r^{N+2}a_{N+2}\right| \le K$$

On peut recommencer notre raisonnement par récurrence forte et conclure que :

$$\forall n \ge 0 \quad \left|r^n a_n\right| \le K \qquad \textbf{(4)}$$

Cette majoration permet d'en déduire une majoration du terme général de la série $\sum a_n x^n$ sous la forme :

$$\forall r \in]0, A[\quad \forall x \in]-r, r[\quad \forall n, \quad |a_n x^n| \le K . \left(\frac{|x|}{r}\right)^n$$

La série majorante est géométrique de raison < 1, donc convergente. Donc $\sum a_n x^n$ converge sur $]-r, r[$, donc R≥r. Finalement :

$$\forall r \in]0, A[\quad R \ge r$$

En faisant tendre r vers A, on en déduit que : **R≥A**, ce qu'on voulait.

Bien retenir l'astuce qui permet de majorer les coefficients, elle sert tout le temps pour cette méthode : on majore le TG de la 2ème série, ce qui donne une majoration des coefficients, qu'on injecte dans des formules de récurrence sur la première série.

III. Sommer une série entière

Sommer une série entière, c'est l'exprimer à l'aide de fonctions usuelles. C'est donc l'exercice inverse du précédent. On va donc, très logiquement, appliquer les méthodes précédentes « à l'envers » (cela ne voulant pas dire « n'importe comment »...)

METHODE 8 : Se ramener aux fonctions de référence

Décomposer le développement en série entières, en séries entières connues, et remonter alors aux fonctions de référence.

METHODE 9 : Méthode de l'équation différentielle

❑ Etablir une équation différentielle simple dont la somme de la série entière est solution.

❑ Résoudre (si c'est possible, évidemment, sinon il faudra trouver autre chose...) cette équation en explicitant les solutions à l'aide des fonctions de référence.

❑ Conclure que la somme de la série entière est l'une de ces fonctions, en étudiant **l'unicité** par Cauchy Lipschitz.

IV. Etablir des propriétés sur la somme de la série

On considère la fonction $f(z)=\sum a_n z^n$ définie pour $|z|<R$.

METHODE 10 : Utiliser les résultats du cours

❑ $f(z)$ est continue sur le disque **ouvert** de convergence.

❑ $f(z)$ est indéfiniment dérivable sur **C** et :

$$f^{(p)}(z)=\sum_{n=p}^{+\infty} n(n-1)(n-2)\ldots(n-p+1)a_n z^n.$$

SI LA VARIABLE EST ***REELLE :***

❑ On peut intégrer f terme à terme sur le disque ouvert de convergence.

(N'allez pas appliquer cette propriété sur **C**, vous trouveriez des choses étranges...)

V. Etablir des propriétés sur les coefficients a_n

METHODE 11 : Utilisation de la forme intégrale des coefficients

Il est évident que :

$$\int_0^{2\pi} e^{ik\theta}d\theta=\delta_{0,k}=\begin{cases}1 \text{ si } k=0\\ 0 \text{ si } k\neq 0\end{cases}$$

On en déduit la forme intégrale des coefficients du DSE :

$$a_n=\frac{1}{2\pi.r^n}\int_0^{2\pi} f\left(re^{i\theta}\right)e^{-in\theta}d\theta$$

Tout renseignement sur f se traduit par des renseignements sur a_n ; on sait que pour r<R, la fonction f est continue sur la boule fermée de rayon r et de centre O (qui est compacte) donc que f est bornée par M_r. On en déduit que :

$$|a_n| \leq \frac{M_r}{r^n}.$$

Ce n'est qu'un des exemples d'utilisation de la forme intégrale des coefficients...

Astuces

❑ On se sert très souvent de l'unicité du DSE (ex : établissement des relations de récurrence sur les coefficients dans la méthode dite de « l'équation différentielle »). N'oubliez donc pas de la citer, quand vous l'utiliserez.

❑ Il est parfois plus simple de se ramener à des sommes finies et d'étudier un reste plutôt que de vouloir à tout prix intégrer terme à terme une série entière (cf. chapitre précédent, méthode **13**)

❑ Lorsque l'on prouve qu'en un point particulier du cercle d'incertitude la série entière est **absolument** convergente, c'est qu'elle converge sur tout le cercle.
(Pourquoi ? Mais tous les points du cercle ont même module!!!)

❑ Utiliser judicieusement la **parité** de f pour conclure rapidement à la nullité de certains coefficients du DSE.

❑ N'oubliez pas que les séries entières sont des séries numériques particulières, et que donc les règles d'étude (en particulier la transformation d'Abel) peuvent être utilisées.

Erreurs

❑ Ne jamais écrire d'expression du genre $\sum_{n=0}^{+\infty} a_n z^n$ sans vous être assuré au préalable que cette série entière avait effectivement un sens.

❑ Attention :

$$\left(\sum_{n=0}^{+\infty} a_n z^n\right)\cdot\left(\sum_{n=0}^{+\infty} b_n z^n\right) \neq \sum_{n=0}^{+\infty} (a_n . b_n) z^n.$$

Il faut faire des produits **de Cauchy**.

❑ Ne pas inventer de réciproque saugrenue au critère de d'Alembert.

❑ Ne pas sauter d'étape dans la méthode de l'équa.diff ; elles ont toutes leur importance ; en particulier : vérifier que le rayon de convergence est non nul.

❑ Si le but d'un exercice est de prouver que **toutes** les solutions d'une équa.diff sont DSE, il ne faut pas chercher une solution **particulière** DSE, MAIS montrer que f est somme de sa série de Taylor.

❑ Attention au lien entre fonction C^∞ et fonction DSE :

- une fonction DSE est C^∞,
- la réciproque est fausse.

❑ Essayez de vous convaincre que ce n'est pas en utilisant le DSE de $\ln(1+x)$ appliqué en $x=-1$ qu'on prouve :

$$\ln(2)=\sum_{n=1}^{+\infty} \frac{(-1)^{n+1}}{n}.$$

❑ Ne faites pas le « changement de variable » $u = e^{i\theta}$ dans une intégrale du type :

$$\int_0^{2\pi} f\left(re^{i\theta}\right)e^{-in\theta}d\theta$$

(l'erreur vient du fait que ce n'est pas un changement de variable **réel,** donc que ce que vous faites est complètement faux).

Exercices

1. Déterminer le rayon de convergence de la série entière $\sum a_n x^n$ dans les cas :

a) $a_n = \ln\left(1+\frac{1}{n}\right)$.

b) a_n est la n-ième décimale de π.

c) $a_n = \sin(n\theta)$ $(\theta \neq k\pi)$.

2. Déterminer le rayon de convergence de la série entière $\sum a_n x^n$ sachant que :

$$\lim_{n \longrightarrow +\infty} \left(\frac{{a_n}^2}{a_{n-1}.a_{n+1}}\right) = a$$

a étant un réel non nul.

3. On suppose que le rayon de convergence de la série entière $\sum a_n x^n$ est R. Que peut-on dire du rayon de $\sum b_n x^n$ dans les cas :

a) $b_{2n} = a_n$ et $b_{2n+1} = 0$.

b) $b_n = \sum_{k=1}^{n} a_k$.

4. Déterminer les DSE des fonctions suivantes :

a) $\ln\left(1+x+x^2\right)$. b) $(\mathrm{Arc}\sin x)^2$. c) $(\sin x)^2$.

5. Déterminer les DSE des fonctions suivantes :

a) $\sum_{k=0}^{+\infty} \sin\left(a^n x\right)$ (pour $|a|<1$).

b) $\int_0^{+\infty} \frac{\sin(t)}{t}.\exp(-xt)dt$ (développer en série entière de $y=\frac{1}{x}$).

6. Soit f une fonction DSE au voisinage de zéro et telle que $f(0) \neq 0$. Démontrer qu'il en est de même pour la fonction $g=\frac{1}{f}$.

7. Sommer les séries entières suivantes :

a) $\sum_{n=1}^{+\infty} \frac{x^n}{n}\cos\left(\frac{\pi}{4}+n\frac{\pi}{2}\right)$. b) $\sum_{n=1}^{+\infty} \frac{x^n}{2n+1}$. c) $\sum_{n=1}^{+\infty} n^{(-1)^n} x^n$.

8. Soit f une fonction de classe C^∞ sur $[0,a]$ telle que :

$$\forall n \quad \forall x \in [0,a] \quad f^{(n)}(x) \geq 0.$$

Montrer que f est DSE en chaque point de $[0,a]$.

9. Calculer explicitement les termes de la suite définie par : $a_0 = a_1 = 1$ et :

$$\forall n \geq 2 \quad a_n = a_{n-1} + (n-1)a_{n-2}.$$

10. Théorème de Tauber

Soit une série réelle $\sum a_n$. On définit alors :

$$S_n = \sum_{k=0}^{n} a_k$$

et pour n non nul :

$$T_n = \frac{S_0 + S_1 + \ldots + S_n}{n+1}.$$

On suppose que la suite (T_n) est convergente vers L.

On définit en outre les sommes de deux séries entières :

$$f(x) = \sum_{n=0}^{+\infty} a_n x^n \quad \text{et} \quad g(x) = \sum_{n=0}^{+\infty} (n+1).T_n.x^n.$$

a)Etablir que g est définie pour x dans $]-1\ ,\ 1[$.

b)En déduire que : $\sum S_n.x^n$ est définie pour x dans $]-1\ ,\ 1[$.

c) Exprimer f en fonction de g.

d) En déduire que f est définie sur $]-1\ ,\ 1[$, et tend vers L quand x tend vers 1.

Corrigés

1. a) a_n est équivalent à $\frac{1}{n}$; la méthode **2** donne instantanément R=1.

b) On ne peut pas utiliser la méthode **2**, ni la méthode **3**. Essayons la **1**.

❑ $\left| a_n x^n \right| \leq 9.|x|^n$ qui est de rayon 1 donc $R \geq 1$.

❑ La série diverge en 1. En effet, comme π est irrationnel, aussi loin qu'on aille, il y aura des a_n non nuls. Donc le terme général de la série $\sum a_n$ ne tend pas vers 0, donc cette série diverge. Donc $R \leq 1$.

❑ Finalement R = 1.

c) C'est le même principe :

❑ $\left| a_n x^n \right| \leq |x|^n$ qui est de rayon 1 donc $R \geq 1$.

❑ On sait que $(\sin(n\theta))$ n'a pas de limite (cf. chapitre 9, exercice 1). En particulier le terme général de $\sum a_n$ ne tend pas vers 0 et cette série diverge. Donc $R \geq 1$.

❑ Finalement R=1.

---

2. Vu les termes qui apparaissent, ce serait un comble que la méthode 2 échoue. Soit $u_n = \frac{a_{n+1}}{a_n}$. Par hypothèse :

$$\frac{u_n}{u_{n-1}} = 1 - \frac{a}{n} + o\left(\frac{1}{n}\right).$$

En procédant de même qu'à l'exercice 1 du chapitre 10, c'est-à-dire en faisant un développement limité du logarithme de cette expression et en sommant (cf. son corrigé pour explications détaillées) :

$$\ln(u_n) = -a.\ln(n) + o(\ln(n)).$$

Donc - si $a > 0$ (u_n) tend vers 0 et la méthode **2** donne $R = +\infty$,

- si $a < 0$ (u_n) tend vers $+\infty$ et alors R = 0.

---

3. a) Là, pour le coup, la méthode **2** ne marchera pas puisqu'il n'y a pas de réciproque à d'Alembert. Revenons à la méthode **1**.

Remarquons à cet effet :

$$\sum_{n=0}^{2N} b_n x^n = \sum_{p=0}^{N} a_n \left(x^2\right)^n.$$

❑ Pour $|x| \leq \sqrt{R}$ il y a convergence à droite. Donc $R' \geq \sqrt{R}$.

❑ Pour $|x| > \sqrt{R}$ le TG de la série de droite ne tend pas vers 0 donc la série de gauche diverge, et celle de droite aussi. D'où : $R' \leq \sqrt{R}$.

❑ Finalement $R' = \sqrt{R}$.

b) Certains, dans leur lancée, ont peut-être essayé la méthode **2** alors que la méthode **3** est immédiate si l'on veut bien reconnaître un produit de Cauchy :

$$\sum_{k=1}^{n} a_k = \sum_{p+q=n} a_p . c_q \quad \text{où } c_n = 1.$$

On en déduit que : $R' \geq \min(R,1)$. On n'a pas mieux dans le cas général.

---

4. a) Il serait maladroit de calculer les dérivées n-ièmes de f en vue d'utiliser la méthode 3. Il semble assez naturel d'essayer la méthode 2, puisque l'équation différentielle simple vérifiée par f est :

$$f' = \frac{2x+1}{1+x+x^2}.$$

On décompose en éléments simples et on développe chaque terme en série entière, et ça marche... après dix pages de calcul !!

Il est plus simple de remarquer que :

$$1+x+x^2 = \frac{1-x^3}{1-x}.$$

Quand on prend le logarithme il vient :

$$\ln\left(1+x+x^2\right) = \ln\left(1-x^3\right) - \ln(1-x).$$

Alors la méthode **1** donne immédiatement le rayon R=1 et le DSE :

$$f(x) = \sum_{n=1}^{+\infty} \frac{x^n}{n} - \sum_{n=1}^{+\infty} \frac{x^{3n}}{n}.$$

b) Là, pour le coup, on ne voit pas de fonctions de référence apparaître donc on essaye la méthode 2.

❑ On suppose que f est DSE sur $]-R,R[$ où $R < 1$ (puisque Arcsin est définie sur $[-1,1]$)

❑ On trouve en éliminant f entre f ' et f'' que :

$$\left(1-x^2\right)f'' - xf' = 2.$$

❑ On reporte l'expression $f(x) = \sum_{n=0}^{+\infty} a_n x^n$ dans cette équation en dérivant terme à terme ce qui est licite d'après le **IV**, on aboutit, **par unicité du DSE**, à :

$$a_0 = 2 \quad \text{et} \quad (n+2)(n+1)a_{n+2} = n^2.a_n$$

qui donnent facilement :

$$a_{2n} = \frac{2^{2n-2}.(n-1)!^2}{n.(2n-1)!} \quad \text{et} \quad a_{2n+1} = 0.$$

❑ Reste à s'assurer qu'une telle série entière a effectivement un rayon non nul. Vu la forme des coefficients, il est naturel d'essayer d'Alembert qui donne R=1.

❑ Enfin, sur un intervalle où $\left(1-x^2\right)$ne s'annule pas, Cauchy Lipschitz assure de l'unicité d'une solution telle que $f'(0) = 0 = a_0$ et $f'(1) = 1 = a_1$.

c) Evidemment, dans leur lancée, certains auront cherché une équa diff, et en auront sûrement trouvé une....
Il est plus simple (et tellement moins ridicule) de se rappeler que :

$$(\sin x)^2 = 1 - \cos(2x).$$

Alors là, la méthode **1** est instantanée. Il suffit de recopier le DSE de la fonction cosinus, ce qu'on vous laisse le soin de faire.

---

5. a) Avant tout, s'assurer de **la convergence de la série** qui est même absolue sur **R** par la majoration :

$$|u_n(x)| \leq |x|.|a|^n \qquad \text{et } |a| < 1.$$

On peut espérer appliquer la méthode **6** : en effet le calcul des dérivées successives doit être possible en dérivant terme à terme.
Une application répétée du théorème de dérivation terme à terme donne :

$$f \text{ est } C^\infty \quad \text{et} \quad f^{(p)}(x) = \sum_{n=0}^{+\infty} a^{np} \sin\left(a^n x + p\frac{\pi}{2}\right).$$

Comme $|a|<1$, la dérivée **p-ième** de f est donc majorée par :

$$f^{(p)}(x) \leq \sum_{n=0}^{+\infty} |a^p|^n = \frac{1}{1-|a^p|} \leq \frac{1}{1-|a|}.$$

Le reste de Taylor-Lagrange est donc majoré par :

$$\left| f(x) - \sum_{k=1}^{p-1} \frac{f^{(k)}(0)}{k!} x^k \right| \leq \frac{1}{1-|a|} \cdot \frac{|x|^p}{p!}$$

qui tend vers 0 pour p infini (x fixé).

Donc f est somme de sa série de Taylor sur **R** et les coefficients du DSE sont les :

$$\frac{f^{(p)}(0)}{p!} = \frac{1}{p!.(1-a^p)} \sin\left(\frac{p\pi}{2}\right).$$

b) Là, il y a un énorme piège : intégrer terme à terme le DSE de $\frac{\sin(t)}{t}$, ce qui est **illicite** puisqu'on n'est pas sur un compact.
Néanmoins l'idée n'est pas mauvaise et on peut s'y ramener **en revenant aux sommes finies**, et en majorant un reste de Taylor adéquat.
On a :

$$\frac{\sin(t)}{t} = \sum_{k=0}^{n} \frac{(-1)^k t^{2k}}{(2k+1)!} + R_n(t) \quad \text{où} \quad |R_n(t)| < \frac{t^{2n}}{(2n+1)!}$$

qu'on multiplie par l'exponentielle, puis qu'on intègre entre 0 et $+\infty$ après avoir vérifié que tout convergeait, et en ayant calculé par récurrence les intégrales :

$$\int_0^{+\infty} \exp(-xt) t^{2k} dt.$$

On arrive à la majoration :

$$\left| f(x) - \sum_{k=0}^{n} \frac{(-1)^k}{(2k+1)} . y^{2k+1} \right| < \frac{y^{2n}}{2n+1}$$

le majorant tendant vers 0.

Cette majoration prouve finalement que f est DSE de la variable $y = \frac{1}{x}$ et on reconnaît dans le DSE (???!!!) une fonction de référence à savoir $\text{Arc}\tan\left(\frac{1}{x}\right)$.

---

6. On évacue assez rapidement la méthode **4** ; on pourrait penser chercher une équa. diff mais rien que g' a une très sale tête, ce qui laisse augurer des résultats atroces pour les dérivées d'ordre supérieur. Exit donc méthode **5**, et méthode **6** a fortiori.

Reste la méthode **7**, qu'on va essayer en désespoir de cause.

Quitte à diviser f par f(0) on peut toujours supposer que f(0)=1.

Soit a_n et b_n les coefficients respectifs des DSE de f et g (si ce dernier existe).

❑ La relation fg = 1 donne, en remplaçant :

$$b_0 = 1 \quad \text{et} \quad \forall n > 0 \ \ b_n = -\sum_{k=0}^{n-1} a_k . b_{n-k} .$$

❑ Soit 0<r<R (rayon de CV de la série entière de f) ; par définition la série entière est convergente, donc son terme général est borné et il existe M tel que :

$$\forall n \ \left| a_n r^n \right| < M.$$

On a alors :

$$| b_1 | = | a_1 | < \frac{M}{r} \quad \text{et} \quad | b_2 | = | a_0 b_1 + a_1 b_0 | < \frac{M(M+1)}{r}.$$

On montre alors facilement par récurrence **FORTE** que :

$$| b_n | < \frac{M(M+1)^{n-1}}{r^{n-1}}.$$

❑ D'où il ressort que pour tout complexe z,

$$\left| b_n z^n \right| < \frac{Mr}{M+1} . \left| \frac{M+1}{r} . z \right|^n$$

donc pour $|z| < \frac{r}{M+1}$ la série entière $\sum b_n z^n$ converge, ce qui prouve que celle-ci a un rayon de convergence non nul, CQFD.

---

7. a) La série est de rayon 1 (méthode **1**) ; on va utiliser la méthode **9** car on se dit qu'en dérivant $\frac{x^n}{n}$ on aura du x^{n-1}, plus agréable.

En distinguant suivant les valeurs de n modulo 4 on trouve :

$$\frac{2}{\sqrt{2}} f'(x) = \sum_{n=0}^{\infty}\left(x^3+x^2-x-1\right)\left(x^4\right)^n = \frac{x^3+x^2-x-1}{1-x^4} - \frac{x+1}{x^2+1}.$$

Le passage à f se fait par intégration de la fraction rationnelle (cf. chapitre 19), sans oublier la constante d'intégration. On obtient:

$$f(x) = -\frac{\sqrt{2}}{2}\left(\operatorname{Arc}\tan x + \ln\sqrt{x^2+1}\right)$$

b) Le rayon est 1 (méthode **2**). Il est naturel de vouloir se ramener à des termes du genre : $\frac{y^{2n+1}}{2n+1}$, qui donneront des résultats agréables par dérivation.

On se ramène à ces termes en posant $y = \sqrt{|x|}$, et alors :

$$y.f(x) = \sum_{n=0}^{+\infty} \frac{y^{2n+1}}{2n+1}.(\operatorname{sgn}(x))^n.$$

On tombe donc sur des Argth ou sur des Arctan, selon le signe de x.

En résumé :

si $x \geq 0$ $\quad f(x) = \frac{1}{\sqrt{x}}\operatorname{Argth}(\sqrt{x})$; $\qquad$ si $x \leq 0$ $\quad f(x) = \frac{1}{\sqrt{-x}}\operatorname{Arc}\tan(\sqrt{-x})$.

c) Le rayon n'est peut-être pas immédiat sous cette forme barbare de f, mais plus évident si l'on distingue les indices selon leur parité :

$$f(x) = \sum_{p=1}^{\infty} 2p\ x^{2p} + \sum_{p=0}^{\infty} \frac{x^{2p+1}}{2p+1}.$$

Alors R = 1 (méthode **3**, les deux séries ayant même rayon, la somme a le rayon commun).
Le second terme est exactement Argth x.
Quant au premier on y fait apparaître une dérivée :

$$\sum_{p=1}^{\infty} 2p\ x^{2p} = x \sum_{p=0}^{\infty} 2p\ x^{2p-1} = x.\frac{d}{dx}\left(\sum_{p=0}^{\infty} \left(x^2\right)^p \right) = \frac{2.x^2}{\left(1-x^2\right)^2}$$

d'où la valeur de f :

$$f(x) = \operatorname{Argth} x + \frac{2.x^2}{\left(1-x^2\right)^2}.$$

---

8. Il ne s'agit pas ici (vous l'aurez remarqué) d'un exercice calculatoire mais d'un exercice théorique, donc les méthodes **4** et **5** n'ont aucune chance d'aboutir.

Par contre, il est question de dérivées nièmes, et la méthode **6** semble donc tout indiquée pour venir à bout de la chose.

Soit $S_n(x)$ la somme partielle d'ordre n de la série de Taylor de f.

Il est immédiat que pour x dans $[0,a]$ la suite $S_n(x)$ est positive.

Il suffit de prouver qu'elle tend vers f(x) en tout point.

Il va donc falloir obtenir une meilleure majoration des dérivées nièmes en 0.

❑ Ecrivons $f(x+a)-f(x)=S_n(a)+R_n(a)$ avec $R_n(a)$ reste de Lagrange, positif.

La somme de droite ne contenant que des termes positifs elle est minorée par l'un quelconque de ces termes donc :

$$S_n(a)+R_n(a) \geq \frac{f^{(n)}(0)}{n!}a^n.$$

Le terme $f(x+a)-f(x)$ étant majoré par $M=2.\sup_{[0,a]} |f(x)|$ il vient :

$$\left|f^{(n)}(0)\right| \leq M\frac{n!}{a^n}$$

❑ Taylor Lagrange fournit enfin :

$$|f(x)-S_n(x)| \leq M\left(\frac{x}{a}\right)^n.$$

Le majorant tend vers 0 pour $x < a$ ce qui assure que la série de Taylor converge bien vers f sur $[\ 0\ ,\ a\ [$.

---

9. Puisque cet exercice figure dans ce chapitre, c'est qu'il faut faire apparaître une série entière. On peut donc toujours poser $f(x)=\sum_{n=0}^{+\infty} a_n x^n$.

Pour avoir un renseignement sur le rayon de cette série entière, il faut par exemple majorer a_n. En tâtonnant un peu, on obtient par récurrence la majoration large mais suffisante :

$$0 \leq a_n \leq n!$$

Elle prouve (cf. méthode **1**) que $R \geq 1$ donc que R est non nul, et que f est effectivement définie quelque part.
A quoi cela nous avance-t-il d'avoir introduit une série entière ? On peut espérer que sa somme est calculable, et qu'on remontera ensuite à ses coefficients — qui sont nos inconnues.
Connaître f, c'est sommer la série entière. Vue la relation sur les coefficients, on peut raisonnablement s'attendre à ce que f vérifie une équation différentielle (en vue d'appliquer la méthode **9**).

L'équation la plus simple vérifiée par f est : $f' = (1 + x)\, f$, qui donne, compte tenu de $f(0)=1=a_0$:

$$f(x)=\exp(x).\exp\left(\frac{x^2}{2}\right)$$

(la série entière est identique à cette fonction, car Cauchy Lipschitz s'applique ici et garantit l'unicité de la solution telle que $f(0)=1$).

On en déduit une autre détermination du DSE de f, comme produit de Cauchy des DSE des fonctions du membre de droite.

En utilisant finalement l'unicité du DSE on obtient :

$$a_n = \sum_{k=0}^{E\left(\frac{n}{2}\right)} \frac{1}{2^k k!\,(n-2k)!}.$$

---

10. a) (T_n) converge, donc est bornée par M et :

$$\left|(n+1)T_n x^n\right| \le M.(n+1).|x|^n$$

et la série majorante converge pour x dans $]-1\,,\,1[$.

b) Il est alors naturel de chercher à relier S et T ; ainsi :

$$S_n = (n+1).T_n - n.T_{n-1}$$

d'où :

$$\left|S_n x^n\right| \le 2M.(n+1).|x|^n$$

et la série majorante converge pour x dans $]-1\,,\,1[$.

b) Vous êtes impardonnables de n'avoir pas vu les transformations d'Abel :

$$f(x) = \sum_{n=0}^{+\infty} (S_n - S_{n-1})x^n = (1-x)\sum_{n=0}^{+\infty} S_n x^n = (1-x)\sum_{n=0}^{+\infty} ((n+1)T_n - nT_{n-1})x^n = (1-x)^2 g(x).$$

c) Pour majorer $(f(x)-L)$, il faut rendre cette expression homogène (cf. explication de ce principe dans le Chapitre 4).

Il est très judicieux d'écrire :

$$1 = (1-x)^2 \sum_{n=0}^{\infty}(n+1)\,x^n$$

et donc d'écrire :

$$f(x)-L = (1-x)^2 \sum_{n=0}^{\infty}(n+1)\,(T_n - L)x^n.$$

Passons alors aux ε.
(T_n) tend vers L donc pour $n > N$, $|T_n - L| < \varepsilon$. En remarquant que **pour 1>x>0** :

$$(1-x)^2 \sum_{n=N}^{\infty}(n+1)\,x^n \le (1-x)^2 \sum_{n=0}^{\infty}(n+1)\,x^n = 1.$$

On a :

$$\forall x \in]0,1[\quad \forall n > N \quad |f(x)-L| < (1-x)^2.\sum_{n=0}^{N-1}(n+1).|T_n - L| + \varepsilon = \text{Constante} + \varepsilon$$

La première partie du majorant tend vers zéro quand x tend vers 1, ce qui prouve que f(x) tend vers L quand x tend vers 1.

Chapitre 14
METHODES D'ETUDE DES SERIES TRIGONOMETRIQUES ET DE FOURIER

La plupart des exercices portant sur les séries de Fourier sont assez calculatoires, puisque leur but essentiel est de faire calculer des coefficients de DSF (développement en série de Fourier), pour trouver, par application des théorèmes généraux rappelés ci-dessous, la valeur de la somme de certaines séries numériques.

Les méthodes sont donc très simples, mais pourtant les sources d'erreurs sont multiples : erreurs dans les formules donnant les coefficients, incompréhension de la notion de dérivabilité par morceaux, ignorance des hypothèses exactes des théorèmes de Dirichlet... Bref : le cours est en général mal su !

On retrouvera donc dans ce chapitre l'intégralité des énoncés utiles à la résolution des exercices proposés.

Définition d'une fonction de classe D^k (resp. C^k) par morceaux :

Une fonction f définie sur un intervalle $[a,b]$ est dite de classe D^k (resp. C^k) par morceaux s'il existe une subdivision $\{x_i\}$ de cet intervalle telle que la restriction de f aux intervalles $]x_i, x_{i+1}[$ soit **prolongeable** en une fonction de classe D^k (resp. C^k) sur $[x_i, x_{i+1}]$.

Ainsi, la fonction définie par $f(x)=\frac{1}{x}$ pour $x\in[-1,1]\setminus\{0\}$ **n'est pas** continue par morceaux.

Par contre, une fonction dont le graphe a l'allure suivante :

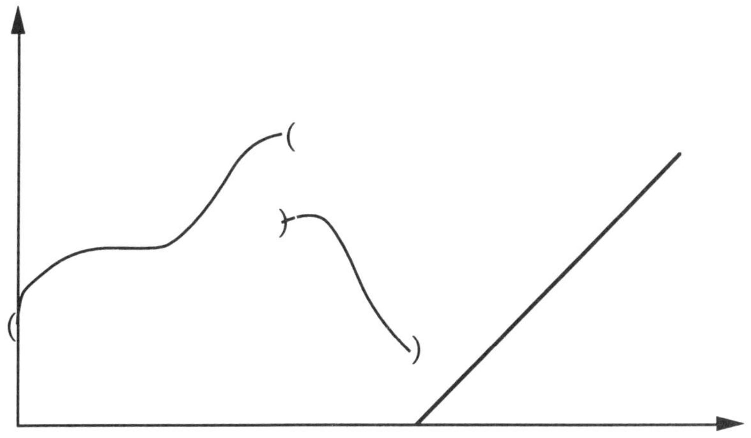

est continue par morceaux. Par contre elle n'est pas dérivable par morceaux.

Dans la suite de ce chapitre, les fonctions sont supposées réglées, 2π périodiques et à valeurs réelles ou complexes, sauf mention contraire.

I. Formulaire relatif aux coefficients de Fourier

On peut définir les sommes partielles du développement en série de Fourier d'une fonction f quelconque par l'une des formules :

$$S_n(f)(x) = \frac{a_0}{2} + \sum_{n \geq 1} (a_n \cos(nx) + b_n \sin(nx)) = \sum_{-\infty}^{+\infty} c_n . e^{inx}$$

où les coefficients sont donnés par :

$$a_n(f) = a_n = \frac{1}{\pi}\int_0^{2\pi} f(t)\cos(nt)dt$$

$$b_n(f) = b_n = \frac{1}{\pi}\int_0^{2\pi} f(t)\sin(nt)dt$$

$$c_n(f) = c_n = \frac{1}{2\pi}\int_0^{2\pi} f(t)e^{-int}dt$$

Lorsque la fonction est de classe C^1, on obtient par intégrations par parties :

$$a_n(f) = \frac{1}{n}a_n(f') \qquad b_n(f) = \frac{-1}{n}b_n(f') \qquad c_n(f) = \frac{-i}{n}c_n(f').$$

II. Méthodes d'obtention des principales formules

METHODE 1 : Appliquer le théorème de Dirichlet local

Si f est 2π périodique de classe D^1 : $S_n(f)(x) \xrightarrow[n\infty]{} \frac{f(x+)+f(x-)}{2}$.

Si de plus f est continue : $S_n(f)(x) \xrightarrow[n\infty]{} f(x)$.

METHODE 2 : Appliquer le théorème de Dirichlet global

Si f est 2π périodique, continue et de classe C^1 par morceaux : $S_n(f)(x) \xrightarrow[n\infty]{} f(x)$ et la convergence est normale sur **R** tout entier.

METHODE 3 : Appliquer l'égalité de Parseval

Si f est (réglée) 2π périodique on a :

$$\frac{1}{2\pi}\int_0^{2\pi} |f(t)|^2 dt = \sum_{-\infty}^{+\infty} |c_n(f)|^2 = \frac{|a_0|^2}{4} + \sum_{n\geq 1}\left(|a_n|^2 + |b_n|^2\right)$$

Cette formule a deux conséquences très importantes ; supposons que f et g soient **continues.**

Si $a_n(f) = b_n(f) = 0$ ou $c_n(f) = 0$ pour tout n, alors f est identiquement nulle.

Si f et g ont leurs coefficients de Fourier identiques, elles sont égales.

Le premier résultat vient de ce que sous l'hypothèse, le membre de droite est nul dans l'égalité de Parseval, donc celui de gauche aussi, ce qui, d'après le théorème de positivité de l'intégrale, donne f = 0.

Le second est la conséquence du premier appliqué à $(f - g)$.

Erreurs classiques

❑ La plus bête : se tromper dans les formules donnant les coefficients ; prendre garde aux deux différences entre les coefficients réels et complexes : un facteur 2, et un signe moins.

❑ Non moins bête, mais plus subtile : oublier de mettre à part le terme a_0 dans les formules.

❑ Ne pas oublier le module autour de f^2 dans Parseval. Il ne sert à rien dans **R**, mais dans **C**...

❑ Ne pas conclure trop hâtivement sur l'apparente parité des fonctions 2π périodiques que vous rencontrerez en exercices.

Lu dans les rapports de l'X

❑ « On ignore souvent dans quels espaces de fonctions les divers théorèmes sur les séries de Fourier sont valables. Aussi apprend-on que la formule de Parseval n'est applicable qu'aux fonctions continûment dérivables par morceaux. » (X 91)

❑ « A propos d'intégrales trigonométriques à évaluer entre 0 et 2π, le changement de variables $u = e^{it}$ est systématiquement employé, ce qui conduit à la nullité de toutes les intégrales de ce type... » (X 91)

❑ « On passe dix minutes à déterminer la nature de la série $\sum b_n \cos(nt)$ en utilisant une transformation d'Abel, alors que l'on sait que $b_n \approx \frac{1}{n^{3/2}}$. » (X 91)

❑ « Une série trigonométrique quelconque n'est pas forcément la série de Fourier d'une fonction... » (X 91)

NDLR : En effet, d'après l'égalité de Parseval, pour qu'une série $\sum a_n \cos(nx) + b_n \sin(nx)$ soit une série de Fourier, il faut nécessairement que les séries $\sum |a_n|^2$ et $\sum |b_n|^2$ soient convergentes, ce qui n'est pas le cas pour $\sum \frac{\sin(nx)}{\sqrt{n}}$, par exemple...

❑ « Il faut préférer la notation exponentielle aux fonctions trigonométriques. » (X 89)

❑ « Les théorèmes de convergence des séries de Fourier ne sont pas toujours très clairs dans l'esprit des candidats. » (X 86)

❑ « Certains candidats sont ralentis par un manque de dextérité dans les calculs trigonométriques... » (X 87)

Exercices

1. Soit la fonction f paire, 2π périodique définie par :

$$\forall x \in \left[0, \frac{\pi}{2}\right[\quad f(x) = 1$$
$$\forall x \in \left[\frac{\pi}{2}, \pi\right[\quad f(x) = -1$$

Déterminer les coefficients de son DSF. En déduire la valeur de : $\sum_{n=0}^{+\infty} \frac{(-1)^n}{2n+1}$.

2. Soit la fonction f paire, 2π périodique définie par : $\forall x \in [0, \pi] \quad f(x) = \pi - x$.
Déterminer son développement en série de Fourier et en déduire les sommes :

$$S_1 = \sum_{k=0}^{+\infty} \frac{1}{(2k+1)^2} \quad \text{et} \quad S_2 = \sum_{k=1}^{+\infty} \frac{1}{k^2}.$$

3. Déterminer, pour a>0 le développement en série de Fourier de la fonction :

$$f(x) = \frac{1}{\mathrm{ch}(a) - \cos(x)}.$$

En déduire les intégrales :

$$\int_0^{2\pi} \frac{dx}{\mathrm{ch}(a) - \cos(x)}.$$

4. **Formule d'Euler :**

A l'aide du développement en série de Fourier de la fonction 2π périodique donnée par $f(x) = \cos(ax)$, où a n'est pas entier relatif, montrer que pour x non multiple entier de π on a :

$$\cot\mathrm{an}(x) = \frac{1}{x} + \sum_{n=1}^{+\infty} \frac{2x}{x^2 - n^2\pi^2}.$$

5. Soit f une fonction C^1, 2π périodique d''intégrale nulle sur une période. Montrer l'inégalité :

$$\int_0^{2\pi} |f|^2 \le \int_0^{2\pi} |f'|^2.$$

Préciser les cas d'égalité.

6. Soit f continue 2π périodique.

a) Montrer que si la série de Fourier de f est absolument convergente, alors f est somme de sa série de Fourier.

b) Montrer qu'on a l'équivalence :

$$f \in C^\infty \quad \Leftrightarrow \quad \forall k, \lim_{n \to +\infty} n^k c_n = 0.$$

Corrigés

1. La fonction étant paire, les coefficients b_n sont nuls. De plus pour n>0 :

$$a_n = \frac{2}{\pi}\left[\int_0^{\pi/2} \cos(nt)dt - \int_{\pi/2}^{\pi} \cos(nt)dt\right] = \frac{4}{n\pi}\sin\left(\frac{n\pi}{2}\right).$$

Cette expression vaut aussi pour n=0 après vérification à part. Donc les seuls coefficients non nuls sont les :

$$a_{2p+1} = \frac{4}{\pi}\frac{(-1)^p}{2p+1}$$

f est évidemment de classe C^1 par morceaux : on peut prolonger f sur l'adhérence de ses sous-intervalles de définition ; les fonctions 1 et -1 sont évidemment C^1.
Le théorème de Dirichlet local, appliqué en x, donne :

$$\frac{f(x+)+f(x-)}{2} = \frac{4}{\pi}\sum_{p=0}^{+\infty} \frac{(-1)^p}{2p+1}\cos(2p+1)x.$$

Appliqué en zéro, il donne :

$$\sum_{p=0}^{+\infty} \frac{(-1)^p}{2p+1} = \frac{\pi}{4}.$$

---

2. La fonction étant paire, les coefficients b_n sont nuls. On a par ailleurs :

$$a_0 = \frac{2}{\pi}\int_0^{\pi} (\pi - t)dt = \pi$$

et pour n non nul :

$$a_n = \frac{2}{\pi}\int_0^{\pi} (\pi - t)\cos(nt)dt = \frac{2}{n^2\pi}\left[1-(-1)^n\right].$$

Finalement les seuls coefficients non nuls sont les :

$$a_{2p+1} = \frac{4}{(2n+1)^2\pi}.$$

Comme f est de classe C^1 par morceaux on peut (très original) appliquer la méthode, en 0 :

$$\frac{f(0+)+f(0-)}{2} = \frac{\pi}{2} = \frac{4}{\pi}\sum_{0}^{+\infty} \frac{1}{(2n+1)^2}.$$

On en déduit donc :

$$\sum_{0}^{+\infty} \frac{1}{(2n+1)^2} = \frac{\pi^2}{8}.$$

Pour trouver l'autre somme, on peut remarquer que :

$$S_2 = \sum_k \frac{1}{k^2} = \sum_{\text{pairs}} \frac{1}{k^2} + \sum_{\text{impairs}} \frac{1}{k^2} = \sum_{p=0}^{+\infty}\left(\frac{1}{2p}\right)^2 + S_1 = \frac{1}{4}S_2 + S_1.$$

On trouve finalement :

$$S_2 = \frac{3}{4}S_1 = \frac{\pi^2}{6}.$$

---

3. Au milieu de cet océan de monotonie, un peu d'originalité dans cet exercice. En effet, les formules intégrales qu'on emploie habituellement ne serviront pas pour calculer le DSF, puisqu'on doit précisément *déduire* les intégrales de ce DSF.
Quelle idée peut-on avoir ? Le point commun entre ch et cos, c'est l'exponentielle, qui elle a un rapport avec les séries de Fourier... On a successivement :

$$\frac{1}{\operatorname{ch}(a)-\cos(x)}=\frac{2}{2\operatorname{ch}(a)-e^{ix}-e^{-ix}}=\frac{2e^{ix}}{2\operatorname{ch}(a)e^{ix}-e^{2ix}-1}=\frac{2e^{ix}}{\left(e^{a}-e^{ix}\right)\left(e^{ix}-e^{-a}\right)}.$$

On peut décomposer en éléments simples la dernière fraction rationnelle de la variable e^{ix} :

$$f(x)=\frac{1}{\operatorname{sh}(a)}\left[\frac{1}{1-e^{ix-a}}-\frac{e^{-ix-a}}{1-e^{-ix-a}}\right].$$

Vu la forme des dénominateurs, on peut utiliser l'identité qui donne le DSE de $(1+u)^{-1}$ (ici, le u est bien en valeur absolue inférieur à 1) pour obtenir :

$$f(x)=\frac{1}{\operatorname{sh}(a)}\left[\sum_{n=0}^{+\infty}\left(e^{ix-a}\right)^{n}+\sum_{n=0}^{+\infty}\left(e^{-(ix+a)(n+1)}\right)\right]=\frac{1}{\operatorname{sh}(a)}\left[1+\sum_{n=1}^{+\infty}\left(e^{ix}\right)^{n}e^{-na}+\sum_{n=1}^{+\infty}\left(e^{ix}\right)^{-n}e^{-na}\right].$$

Ce qui donne finalement :

$$f(x)=\frac{1}{\operatorname{sh}(a)}\left[1+\sum_{n=1}^{+\infty}e^{-na}\cos(nx)\right].$$

Pour conclure, on peut par exemple intégrer $f(t)\cos(kt)$ et $f(t)\sin(kt)$: à gauche on obtient presque les coefficients de Fourier, à droite, par intégration terme à terme (licite car la série de fonctions est normalement convergente sur **R**) on obtient e^{-ka}.
Les coefficients et la valeur des intégrales s'ensuivent par identification, en faisant attention aux termes en 2π.

---

4. La fonction proposée est paire et continue par morceaux, donc la méthode **1** s'applique sans encombre majeur. Les coefficients s'obtiennent soit par linéarisation des produits trigonométriques, soit par double intégration par parties.

On trouve dans les deux cas (normalement !) :

$$a_n=\frac{2.a.(-1)^n\sin(a\pi)}{a^2-\pi^2}\cdot\frac{1}{\pi}$$

$$a_0=\frac{2\sin(a\pi)}{a\pi}$$

On applique ensuite la formule de Dirichlet en $t=\pi$:

$$\cos(a\pi)=\frac{\sin(a\pi)}{a\pi}+2a\frac{\sin(a\pi)}{\pi}\sum_{n=1}^{+\infty}\frac{\left[(-1)^n\right]^2}{a^2-n^2}.$$

Il ne reste plus qu'à poser $x=a\pi$ pour trouver la formule proposée.

---

5. Vu les deux membres à comparer (la présence des modules au carré en particulier) il n'y pas vraiment de doute à avoir quant à la méthode : c'est bien évidemment la méthode **3** qu'il faut employer (elle marche toujours).
Comme f ' intervient, il est bon de se rappeler le lien entre les coefficients de Fourier de f et ceux de sa dérivée.
D'après Parseval, on est donc conduit à s'assurer que :

$$\sum_{-\infty}^{+\infty}\left|c_n(f)\right|^2\leq\sum_{-\infty}^{+\infty}\left|c_n(f')\right|^2$$

Par ailleurs comme f est d'intégrale nulle sur sa période : $c_0(f) = 0$. De plus :

$$c_0(f') = \frac{1}{2\pi}\int_0^{2\pi} f'(t)dt = f(2\pi) - f(0) = 0.$$

On doit donc s'assurer que :

$$\sum_{n\neq 0} |c_n(f)|^2 \leq \sum_{n\neq 0} |c_n(f')|^2.$$

C'est le moment de se souvenir que (cf. I) :

$$\forall n \neq 0 \qquad |c_n(f')| = \left|-\frac{i}{n}c_n(f)\right| \leq |c_n(f)|$$

qui par sommation donne l'inégalité voulue. On n'a égalité que si toutes ces inégalités sont des égalités, ce qui implique que tous les coefficients soient nuls pour n non nul, et impose que f soit de la forme : $a\cos(x) + b\sin(x)$.
La réciproque est un calcul facile.

---

6. a) La série de Fourier complexe de f $\sum c_n e^{inx}$ étant normalement convergente, sa somme g est évidemment continue, puisque le terme général l'est (limite uniforme de fonctions continues, etc., etc.)
Pour montrer que deux fonctions continues sont égales, il suffit (cf. corollaires méthode **3**) de vérifier qu'elles ont mêmes coefficients de Fourier. Calculons donc ceux de g, c'est-à-dire :

$$\frac{1}{2\pi}\int_0^{2\pi}\left(\sum_{k=-\infty}^{+\infty} c_n e^{ikt}\right)e^{-int}dt.$$

L'intégration terme à terme est licite, puisque la série dont on intègre la somme est normalement convergente (cf. chapitre 12) et on peut intervertir les signes somme et intégrale :

$$\frac{1}{2\pi}\int_0^{2\pi}\left(\sum_{k=-\infty}^{+\infty} e^{ikt}\right)e^{-int}dt = \frac{1}{2\pi}\sum_{k=-\infty}^{+\infty} c_k \int_0^{2\pi} e^{i(k-n)t}dt = \frac{1}{2\pi}\sum_{k=-\infty}^{+\infty} c_k(2\pi\delta_{kn}) = c_n.$$

C'est ce qu'on voulait...

b) Si f est C^∞, p intégrations par parties successives donnent :

$$c_n(f) = \frac{1}{(in)^p}\int_0^{2\pi} f^{(p)}(t)e^{-int}dt.$$

Ceci donne donc, puisque toutes les dérivées de f sont périodiques donc bornées, par majoration :

$$|n^p c_n| \leq \frac{1}{n}\left\| f^{(p+1)}\right\|_\infty$$

qui permet d'aboutir à la conclusion.
Réciproquement, si on a l'hypothèse finale, on en déduit que pour toute valeur de p les séries $\sum c_n (in)^p e^{inx}$ sont normalement convergentes puisqu'alors :

$$n^p c_n = o\left(\frac{1}{n^2}\right).$$

C'est vrai pour n=0, donc la série $\sum c_n e^{inx}$ converge normalement et par a), on a alors :

$$f(x) = \sum_{-\infty}^{+\infty} c_n e^{inx}.$$

Par récurrence, on peut dériver terme à terme (grâce à ces convergences normales) et conclure que f est indéfiniment dérivable.

Chapitre 15

METHODES DE RECHERCHE DE LIMITES ET D'EQUIVALENTS DE SOMMES

I. Autour des sommes de Riemann

A elles seules, les sommes de Riemann permettent de régler de façon plutôt expéditive ; toutefois il faut bien connaître toutes les façons de traiter ces sommes, car le plus difficile est souvent de reconnaître la bonne formule !

METHODE 1 : Somme classique

Si f est continue sur $[a,b]$, le résultat traditionnel du cours s'applique et donne :

$$\lim_{n\infty} \frac{b-a}{n}\sum_{k=1}^{n} f\left(a+k\frac{b-a}{n}\right)=\int_a^b f(t)dt.$$

METHODE 2 : Somme de Riemann « impropre »

Si on suppose seulement f continue sur $]a,b[$, le résultat traditionnel est mis en défaut ; toutefois, il peut être remplacé par le résultat suivant, qui se démontre par découpage de l'intégrale et encadrement des différents morceaux par monotonie :

Soit f une fonction :
- (i) continue sur $]a,b[$,
- (ii) monotone sur $[a,b]$, (ou monotone par morceaux)
- (iii) telle que : $\int_a^b f(t)dt$ soit convergente en a et b.

Alors le résultat précédent reste valable.

REMARQUE :

Au cas où vous auriez à utiliser ce résultat, démontrez-le non dans le cas général, mais dans le cas particulier de votre exercice !

Exemple : limite de $\sum_{k=1}^{n-1} \frac{1}{\sqrt{kn-k^2}}$

On transforme en somme de Riemann : $\frac{1}{n}\sum_{k=1}^{n-1} f\left(\frac{k}{n}\right)$, où $f(t)=\frac{1}{\sqrt{t-t^2}}$

$f'(t)=\frac{2t-1}{2\left(t-t^2\right)^{3/2}}$; on a : f décroissante sur $\left]0,\frac{1}{2}\right]$, décroissante sur $\left[\frac{1}{2},1\right[$.

Par ailleurs l'intégrale est bien convergente en 0 et 1 (intégrales de Riemann).

Posons $p = E\left(\frac{n}{2}\right)$. En utilisant les variations de f, comme $\frac{p}{n} \le \frac{1}{2}$:

$$\int_{1/n}^{p/n} f + \int_{(p+1)/n}^{(n-1)n} f \le \frac{1}{n}\sum_{k=1}^{n-1} f\left(\frac{k}{n}\right) \le \int_0^{p/n} f + \int_{(p+1)/n}^{1} f.$$

En utilisant la relation de Chasles pour faire apparaître l'intégrale de 0 à 1 :

$$\int_{1/n}^{1-1/n} f + \int_{p/n}^{(p+1)/n} f \le \frac{1}{n}\sum_{k=1}^{n-1} f\left(\frac{k}{n}\right) \le \int_0^1 f - \int_{p/n}^{(p+1)/n} f.$$

Le premier terme à gauche tend par définition vers l'intégrale de 0 à 1.
La continuité de f et le choix de p montrent que le terme résiduel tend vers 0.
On en déduit que la somme tend vers cette intégrale, qui vaut π.

METHODE 3 : Cas où la somme est presque une somme de Riemann

Typiquement, il s'agit des sommes $\frac{1}{n}\sum_{1}^{n} f\left(\frac{k}{n}\right)g\left(\frac{k+1}{n}\right)$, où il y a un décalage d'indice.

Lorsque f est g sont continues sur le compact $[0,1]$, on majore la différence entre cette somme et la somme « régulière » en utilisant l'uniforme continuité de g, et on montre que cette différence tend vers 0.

La limite est encore, dans ce cas là, $\int_0^1 f(t)g(t)dt$.

METHODE 4 : Cas où les termes sont équivalents à ceux d'une somme de Riemann

La méthode consiste encore une fois à faire la différence entre la somme à étudier et la somme de Riemann qui l'approche, et majorer cette différence par une formule de Taylor (Lagrange ou intégral).

Exemple : limite de $\sum_{k=1}^{n} \exp\left(\frac{1}{n+k}\right) - n$.

La première chose à faire pour y voir quelque chose est d'homogénéiser la différence (cf. principe **3**, chapitre 4) :

$$u_n = \sum_{k=1}^{n} \left[\exp\left(\frac{1}{n+k}\right) - 1\right].$$

Quand n et k sont grands, l'argument de l'exponentielle tend vers 0 et on sait que : $e^t - 1 \underset{0}{\approx} t$. On peut légitimement penser que u n'est pas loin de v, avec :

$$v_n = \sum_{k=1}^{n} \frac{1}{n+k} = \frac{1}{n}\sum_{k=1}^{n} \frac{1}{1+\frac{k}{n}} \xrightarrow[n\infty]{} \int_0^1 \frac{dt}{1+t} = \ln 2.$$

Grâce à la formule de Taylor Lagrange à l'ordre 2 appliquée à e^t, on trouve :

$$\forall k \in [1,n] \quad \left| e^{\frac{1}{n+k}} - 1 - \frac{1}{n+k} \right| \leq \frac{e^{\frac{1}{n+k}}}{2(n+k)^2} \leq \frac{e}{2n^2}.$$

D'où par inégalité triangulaire et sommation :

$$| u_n - v_n | \leq \frac{e}{2n}$$

qui montre que u et v ont même limite, ln2.

METHODE 5 : Cas de sommes se mettant sous forme $\sum_{n=1}^{+\infty} h.f(nh)$

On s'intéresse à la limite de ces sommes quand h tend vers zéro. Dans certains cas précis, on peut appliquer le théorème dit « du squeeze » (ou théorème de pincement) qui n'est rien d'autre qu'une somme de Riemann pour une intégrale de 0 à $+\infty$:

Soit f : - (i) continue pour $x>0$, - (ii) strictement positive pour $x>0$,

- (iii) décroissante, - (iv) telle que $\int_0^{+\infty} f$ soit convergente.

On a alors :

$$\sum_{n=1}^{+\infty} h.f(nh) \xrightarrow[h\longrightarrow 0]{} \int_0^{+\infty} f.$$

REMARQUE :

❑ *Ce résultat est démontré à l'exercice 3. Nous vous conseillons de le connaître, ainsi que sa démonstration.*

Ses cas d'application sont assez faciles à reconnaître :

❑ D'une part, la sommation se fait pour n allant de zéro à $+\infty$.

❑ D'autre part, on fait tendre un paramètre réel (et non un entier comme plus haut).

❑ Enfin, généralement, il y a des termes en x^n dans l'expression, et x tend vers 1.

Exemple : déterminer un équivalent en 1^- de $\sum_{n=1}^{+\infty} \frac{x^n}{1+x^n}$.

Commencez par remarquer que les trois critères de reconnaissance sont satisfaits.

Le plus délicat est de mettre cette somme sous la forme voulue, mais **l'astuce est toujours la même :**

$$\frac{x^n}{1+x^n} = \frac{1}{x^{-n}+1} = \frac{1}{e^{-n.\ln(x)}+1} = f(nh).$$

Si l'on pose $\boxed{h=-\ln(x)}$ qui tend bien vers 0 en 1 et $f(t)=\dfrac{1}{e^{-t}+1}$ qui vérifie (i) à (iv), d'après le théorème on a alors :

$$\sum_{1}^{+\infty} f(nh) \underset{0}{\approx} \frac{1}{h}.\int_0^{+\infty} f.$$

Or $h=-\ln(x) \underset{1}{\approx} (1-x)$ et l'intégrale vaut ln2 (poser $u = e^t$) donc :

$$\sum_{n=1}^{+\infty} \frac{x^n}{1+x^n} \underset{1}{\approx} \frac{\ln 2}{1-x}.$$

REMARQUE :

❑ *Pour être parfaitement rigoureux il faut aussi vérifier que l'expression dont on cherche un équivalent est bien définie pour $x<1$.*

❑ *De plus, n'essayez pas d'appliquer une quelconque interversion des limites dans ce genre d'exercices : vous auriez de mauvaises surprises !*

II. Autour du théorème de Césaro

METHODE 6 : Cas d'une somme classique

Soit une somme $\sum_{k=1}^{n} u_k$, où la suite u a une limite L.
On sait alors que cette somme est équivalente à n.L quand n tend vers $+\infty$.

METHODE 7 : Cas d'une somme de série entière

On s'intéresse à une série entière $\sum_{n=1}^{+\infty} a_n x^n$ de rayon R.
On cherche un équivalent de cette somme quand x tend vers R. On a alors :

Soit $\sum a_n x^n$ et $\sum b_n x^n$ deux séries entières à coefficients **strictement positifs** telles que :
- (i) $\sum a_n x^n$ est de rayon 1,
- (ii) les suites a_n et b_n sont équivalentes,
- (iii) $\lim\limits_{x \longrightarrow 1^-} \sum_{n=1}^{+\infty} a_n x^n = +\infty$.

Alors :

$$\sum_{n=1}^{+\infty} a_n x^n \underset{1^-}{\approx} \sum_{n=1}^{+\infty} b_n x^n.$$

REMARQUE :

❑ *Ce résultat est une généralisation de Césaro et se prouve exactement comme l'autre ; il est proposé à l'exercice 5.*

❑ *On adapte sans problème au cas où le rayon est R>0.*

❑ *Il faut évidemment connaître convenablement les DSE usuels !*

Exemple : trouver un équivalent en 1^- de $\sum_{n=1}^{+\infty} \ln\left(1+\frac{1}{n}\right)x^n$.

Les coefficients étant > 0 et équivalents à $\frac{1}{n}$, on peut appliquer le résultat, sous réserve que la somme de la seconde série entière soit divergente pour x tendant vers 1, ce qui est le cas en vertu de :

$$\sum_{n=1}^{+\infty} \ln\left(1+\frac{1}{n}\right)x^n \underset{1^-}{\approx} \sum_{n=1}^{+\infty} \frac{1}{n}x^n = -\ln(1-x)$$

où la dernière expression tend vers $+\infty$ quand x tend vers 1.

III. Autour des relations de comparaison entre séries

On se sert ici des résultats sur les séries équivalentes de TG **strictement positifs :**

⇨ Lorsque les séries sont **divergentes**, les **sommes** sont équivalentes.

⇨ Lorsque les séries sont **convergentes**, les **restes** sont équivalents.

A partir de là on peut déduire deux méthodes, selon que les termes de la somme dont on cherche un équivalent sont positifs ou non :

METHODE 8 : Equivalent d'une somme à termes positifs

Si les termes de la somme sont positifs et équivalents aux termes d'une autre somme plus simple à calculer qui est divergente, alors le résultat précédent s'applique.
En particulier, si on a une expression un peu compliquée de la somme S_n, il peut être utile d'évaluer l'accroissement entre deux termes consécutifs et d'en chercher un équivalent.

Exemple : déterminer un équivalent de $S_n = \sum_{p=1}^{n} \sum_{q=1}^{n} \frac{pq}{p+q}$.

Comme indiqué ci-dessus, on évalue la différence entre deux termes consécutifs :

$$S_n - S_{n-1} = \frac{n^2}{2n} + 2\sum_{k=1}^{n} \frac{kn}{k+n} = \frac{n}{2} + 2n^2\left[\frac{1}{n}\sum_{k=1}^{n} \frac{k/n}{1+k/n}\right].$$

Le crochet est une somme de Riemann qui tend vers $\int_0^1 \frac{tdt}{1+t} = (1-\ln 2)$

Donc la différence entre deux termes consécutifs de la somme est équivalente à :

$$S_n - S_{n-1} \approx 2(1-\ln 2)n^2.$$

La série du second membre étant manifestement divergente, on obtient par sommation :

$$S_n \approx 2(1-\ln 2)\sum_{k=1}^{n} k^2 \approx 2(1-\ln 2)\frac{n^3}{3}$$

(Pour le dernier équivalent, voir les rappels du VI).

METHODE 9 : Equivalent d'une somme à termes alternés

Le principe consiste à essayer de se ramener au cas précédent en regroupant convenablement certains termes consécutifs pour avoir des paquets de termes de signe constant.

On est généralement conduit à chercher séparément un équivalent des sommes partielles d'indice pair et impair.
La dernière étape consiste à essayer de regrouper les deux équivalents dans une formule.

Exemple : déterminer un équivalent de $\sum_{k=1}^{n} (-1)^{k+1}\sqrt{k}$.

Pour les sommes partielles de rang pair on a :

$$S_{2p} = \sum_{k=1}^{2p} (-1)^{k+1}\sqrt{k} = \sum_{k=1}^{p} \left[\sqrt{2k-1} - \sqrt{2k}\right].$$

En utilisant le théorème des accroissements finis, on voit facilement que :

$$\sqrt{2k-1} - \sqrt{2k} \approx \frac{-1}{2\sqrt{2k}}$$

En utilisant les équivalents classiques rappelés au VI, il vient ($\alpha = -1/2$ dans (iii)) :

$$S_{2p} \approx -\frac{\sqrt{2p}}{2}$$

Comme $S_{2p+1} = S_{2p} + \sqrt{2p+1}$, par addition des parties principales des équivalents :

$$S_{2p+1} \approx \frac{\sqrt{2p+1}}{2}.$$

On peut regrouper ces deux formules en une seule : $S_n \approx (-1)^{n+1}\frac{\sqrt{n}}{2}$.

IV. Comparaison à une intégrale

Comme on l'a déjà rappelé quelques fois, il n'y a pas loin de la série à l'intégrale, et l'avantage de la seconde est d'être plus souvent calculable.

METHODE 10 : Cas des sommes $\sum f(k)$ avec f monotone

La monotonie permet d'encadrer facilement la somme par des intégrales portant sur f en sommant sur k les inégalités :

$$f(k) \leq \int_{k}^{k+1} f(t)dt \leq f(k+1) \text{ (dans le cas où f est décroissante).}$$

Il y a essentiellement deux situations qu'on peut traiter ainsi :

- le cas d'une somme de n termes, avec n tendant vers $+\infty$,
- le cas d'une somme infinie de fonctions dépendant d'un paramètre qui tend vers une valeur déterminée.

Exemple : déterminer un équivalent en 1^+ de : $\sum_{n=2}^{+\infty} \frac{1}{n^x}$.

La série est bien convergente pour x>1.

Pour x fixé, la fonction $t \longrightarrow \frac{1}{t^x}$ est décroissante donc on obtient par sommation :

$$\int_2^{+\infty} \frac{dt}{t^x} \leq \sum_{n=2}^{+\infty} \frac{1}{n^x} \leq \int_1^{+\infty} \frac{dt}{t^x}.$$

D'où :

$$\frac{1}{(x-1)2^{x-1}} \leq \sum_{n=2}^{+\infty} \frac{1}{n^x} \leq \frac{1}{(x-1)}.$$

Quand x tend vers 1, les deux extrêmes sont équivalents à $\frac{1}{(x-1)}$, donc la somme aussi.

V. Autres méthodes

Il n'est pas rare que les méthodes précitées ne fonctionnent pas directement, voire pas du tout. C'est alors du cas par cas. Néanmoins, on peut aborder méthodiquement l'exercice en se posant un certain nombre de questions.

On suppose ici qu'on a affaire à une somme du style : $S_n = \sum_{k=1}^{n} u_k$

METHODE 11 : Quelle est la monotonie de la suite u ?

Certaines sommes ont des comportements tellement singuliers que des encadrements grossiers peuvent suffire.

Si la suite u est monotone, on peut toujours encadrer sa somme partielle entre n fois le plus petit terme et n fois le plus grand : c'est très vague, mais ça peut marcher.

Exemple : déterminer $\lim_{n\infty} \sum_{k=1}^{n} \frac{1}{\sqrt{n^2+k}}$.

Cela ressemble à une somme de Riemann, mais cela n'en est pas une.

Cependant la suite $k \longrightarrow \frac{1}{\sqrt{n^2+k}}$ est décroisante, et on peut encadrer :

$$\frac{n}{\sqrt{n^2+1}} \leq S_n \leq \frac{n}{\sqrt{n^2+n}}.$$

Comme les extrêmes tendent vers 1, il en est de même de la somme.

La raison pour laquelle cela fonctionne est que la suite varie très lentement. De façon plus générale, on peut essayer d'évaluer la vitesse d'évolution de u :

METHODE 12 : Quelle est la vitesse de variation de u ?

Lorsque les termes de la suite sont tous strictement positifs, on peut former : $\dfrac{u_{n+1}}{u_n}$.

➪ Si $\dfrac{u_{n+1}}{u_n}$ tend vers $+\infty$: le dernier terme l'emporte sur les autres ; on peut essayer de prouver que $S_n \approx u_n$.

➪ Si $\dfrac{u_{n+1}}{u_n}$ tend vers $L>1$: on peut essayer de regarder si $\dfrac{S_n}{u_n}$ a une limite.

➪ Si $\dfrac{u_{n+1}}{u_n}$ tend vers 1 : tous les termes ont en gros la même importance ; on peut essayer de regarder si $\dfrac{S_n}{nu_n}$ a une limite.

Encore une fois, on n'a jamais dit que ces choses-là fonctionneraient. On ne vous en voudra évidemment pas (au contraire) d'expliquer pourquoi vous avez cherché dans cette direction.

VI. Equivalents classiques à connaître

(i)	Suite Harmonique :	$1+\dfrac{1}{2}+\ldots+\dfrac{1}{n} \approx \ln(n)$.	
(ii)	Reste d'une série de Riemann :	$\displaystyle\sum_{k=n}^{+\infty} \frac{1}{k^\alpha} \approx \frac{1}{(\alpha-1)n^{\alpha-1}}$	$(\alpha > 1)$.
(iii)	Somme des puissances αièmes :	$\displaystyle\sum_{k=1}^{n} k^\alpha \approx \frac{n^{\alpha+1}}{\alpha+1}$	$(\alpha \neq -1)$.

REMARQUES :

❑ *Les deux premiers résultats s'obtiennent par comparaison aux intégrales.*

❑ *Il existe une forme plus précise du premier résultat :*

$$1+\frac{1}{2}+\ldots+\frac{1}{n} = \ln(n)+\gamma+o(1)$$

où γ est la fameuse constante d'Euler.

❑ *Il existe une façon expéditive de prouver le (iii) : en effet il est clair que :*

$$\frac{1}{n}\sum_{k=1}^{n}\left(\frac{k}{n}\right)^\alpha \longrightarrow \int_0^1 t^\alpha dt = \frac{1}{\alpha+1}$$

d'après la méthode 1.

Exercices

1. Déterminer la limite de : $u_n = \frac{1}{2n+1} + \frac{1}{2n+3} + \ldots + \frac{1}{4n-1}$.

2. Donner la limite de : $u_n = \sum_{k=1}^{n} \operatorname{ch} \frac{1}{\sqrt{k+n}} - n$.

3. Soit f une fonction continue décroissante et strictement positive sur $\mathbf{R}^{+*}$ dont l'intégrale sur $\mathbf{R}^{+}$ est convergente (c'est-à-dire aux bornes 0 et $+\infty$). Etablir que :

a) pour tout $h>0$ la quantité $\sum_{n=1}^{+\infty} h.f(nh)$ est bien définie.

b) on a : $\lim_{h \longrightarrow 0} \sum_{n=1}^{+\infty} h.f(nh) = \int_{0}^{+\infty} f(t)dt$.

4. Donner un équivalent pour x tendant vers 1^- de : $\sum_{n=1}^{+\infty} \frac{x^n}{\sqrt{n}}$.

5. Démontrer la généralisation de Césaro exposée à la méthode **7**.

6. Donner un équivalent pour x tendant vers $+\infty$ de : $\sum_{n=1}^{+\infty} \left(1+\frac{1}{n}\right)^{n^2} \frac{x^n}{n!}$.

7. Donner un équivalent de : $\sum_{k=n}^{+\infty} (-1)^k \frac{\ln k}{k}$.

8. Donner un équivalent pour x tendant vers 0 de : $\sum_{n=1}^{+\infty} \frac{1}{n+n^2x} = S(x)$.

9. Donner un équivalent simple de : $1! + 2! + 3! + \ldots + n!$

10. Déterminer un équivalent de $\sum_{k=n}^{2n} \frac{1}{k^k}$.

Corrigés

1. On a une somme de Riemann classique $u_n = \frac{1}{2n}\sum_{1}^{n-1} f\left(\frac{2k+1}{2n}\right)$ où $f(t) = \frac{1}{1+t}$, associée au partage de $[0,1]$ en $\left(\frac{1}{2n}, \frac{3}{2n}, \ldots \frac{2n-1}{2n}\right)$. La limite est donc ln2.

---

2. C'est quasiment le même exercice qu'à la méthode **4**, qu'on applique de la même façon. En utilisant Taylor-Lagrange qui donne ici :

$$\left| \operatorname{ch}\frac{1}{\sqrt{k+n}} - 1 - \frac{1}{2(k+n)} \right| \leq \frac{\operatorname{sh}(1)}{6n\sqrt{n}}$$

on trouve comme limite $\frac{\ln 2}{2}$.

---

3. a) Il s'agit d'une série à termes positifs, dont on peut majorer le TG en utilisant la décroissance de f (cf. méthode **10**) :

$$h.f(nh) \leq \int_{(n-1)h}^{nh} f(t)dt.$$

La série à droite est convergente, puisque sa somme est l'intégrale de f sur $\mathbf{R}^+$.
Donc la série de gauche converge pour tout h>0.

b) Appelons u_n et v_n les deux termes de l'inégalité précédente. On a, par décroissance de f :

$$v_{n+1} \leq u_n \leq v_n.$$

Par sommation sur n et passage à la limite (licite par a)) quand n ∞ il vient :

$$\int_0^{+\infty} f(t)dt - \int_0^h f(t)dt \leq \sum_{n=1}^{+\infty} h.f(nh) \leq \int_0^{+\infty} f(t)dt.$$

On passe alors à la limite pour h tendant vers 0 puisque l'intégrale converge à la borne 0 et on a le résultat.

Remarquez bien que la fonction n'est pas forcément définie en 0 : il suffit que son intégrale converge en 0.

---

4. Vu la forme (somme infinie, présence de x^n qui tend vers 1^-, on est exactement dans le cadre d'application de la méthode **5**. Cette série entière est par ailleurs de rayon 1 d'après le critère de d'Alembert.

Comme indiqué dans la méthode, on transforme le TG en : $\frac{e^{-(-n\ln x)}}{\sqrt{-n.\ln x}}.\sqrt{-\ln x}$

(Pour avoir **h>0** on doit prendre $h = -\ln x$ ici car x<1).

On introduit donc : $f(t) = \frac{e^{-t}}{\sqrt{t}}$ (qui n'est pas définie en 0, cf. remarque de l'exercice précédent), mais dont l'intégrale converge en 0 et +∞, qui est positive et décroissante. De plus par un changement de variable immédiat ($u = \sqrt{t}$) on voit que l'intégrale de f sur $\mathbf{R}^+$ vaut $\sqrt{\pi}$ (si on connaît l'intégrale de Gauss).

On en déduit donc comme plus haut que la somme est équivalente à $\sqrt{\frac{\pi}{1-x}}$.

5. Puisque $a_n \sim b_n$ on peut écrire que : $a_n = b_n(1+\varepsilon_n)$ (avec ε tend vers 0). Soit f et g les sommes des séries entières. On a alors :

$$\left|\frac{f(x)}{g(x)} - 1\right| = \left|\frac{\sum_{n=0}^{+\infty}(a_n - b_n)x^n}{g(x)}\right| = \left|\frac{\sum_{n=0}^{+\infty}\varepsilon_n b_n x^n}{g(x)}\right|.$$

On découpe en deux le numérateur, en introduisant N tel que $|\varepsilon_n| \leq \varepsilon$ pour $n \geq N$. Le numérateur du premier terme est alors majoré une **constante A indépendante de N et de x** et :

$$\left|\frac{f(x)}{g(x)} - 1\right| \leq \frac{A}{g(x)} + \varepsilon$$

en utilisant pour le second terme que **les** b_n **sont >0**. La conclusion suit, puisque par hypothèse g tend vers $+\infty$ pour x tendant vers 1.

---

6. On va essayer d'appliquer la méthode **7**, en cherchant un équivalent du coefficient (>0) du DSE. Il vient facilement :

$$\left(1+\frac{1}{n}\right)^{n^2} = \exp\left[n^2 \ln\left(1+\frac{1}{n}\right)\right] = \exp\left[n^2\left(\frac{1}{n} - \frac{1}{2n^2} + o\left(\frac{1}{n^2}\right)\right)\right] \approx \exp\left(n - \frac{1}{2}\right) = \frac{e^n}{\sqrt{e}}.$$

Donc le coefficient est équivalent à :

$$a_n = \frac{e^n}{\sqrt{e}}\frac{1}{n!}.$$

La série entière correspondante est de rayon infini et de somme égale à :

$$\frac{\exp(ex)}{\sqrt{e}}.$$

Il est évident que la démonstration donnée pour Césaro dans le **5** se laisse modifier pour x tendant vers $+\infty$ (au lieu de x tendant vers 1). L'équivalent est alors la fonction qu'on vient de donner.

---

7. On procède comme indiqué à la méthode **9**. On regroupe les termes consécutifs deux par deux :

$$\frac{\ln(2k)}{2k} - \frac{\ln(2k+1)}{2k+1} \approx \ln(2k)\left[\frac{1}{2k} - \frac{1}{2k+1}\right] \approx \frac{\ln(k)}{4k^2}.$$

Cette série est convergente (Bertrand) de la forme $\sum f(n)$ avec f décroissante, donc on peut trouver un équivalent de son reste en appliquant la méthode **10** :

$$\sum_{i=p}^{+\infty} \frac{\ln k}{k^2} \approx \int_p^{+\infty} \frac{\ln t}{t^2}dt = \frac{\ln(p)+1}{p} \approx \frac{\ln p}{p}.$$

On en déduit donc (en faisant attention aux 2 et aux 4 qui se promènent !) :

$$S_{2p} = \sum_{i=2p}^{+\infty} (-1)^i \frac{\ln(i)}{i} = \sum_{k=p}^{+\infty}\left[\frac{\ln(2k)}{2k} - \frac{\ln(2k+1)}{2k+1}\right] \approx \frac{1}{4}\sum_{k=p}^{+\infty} \frac{\ln(k)}{k^2} \approx \frac{\ln p}{4p}.$$

Or :

$$S_{2p+1} = S_{2p} - \frac{\ln(2p)}{2p} \approx -\frac{\ln(2p)}{2p}.$$

Donc on peut tout regrouper en une seule formule :

$$S_n \approx \frac{(-1)^n \ln(n)}{2n}.$$

---

8. La série est évidemment convergente (par équivalent). Pour x fixé, le TG est une fonction décroissante de n, donc on peut faire la comparaison série-intégrale de la méthode **10**. Par sommation des inégalités il vient :

$$S(x) - \frac{1}{1+x} \le F(x) \le S(x) \quad \Rightarrow \quad F(x) + \frac{1}{1+x} \le S(x) \le F(x) \qquad (*)$$

où l'intégrale $F(x)$ introduite s'évalue en décomposant en éléments simples :

$$F(x) = \int_1^{+\infty} \frac{dt}{t+t^2x} = \int_1^{+\infty} \left[\frac{1}{t} - \frac{1}{t+x}\right] dt = \ln(1+x) - \ln(x) \underset{0}{\approx} -\ln(x)$$

Lorsqu'on fait tendre x vers 0, on s'aperçoit que les termes extérieurs de l'inégalité (*) sont tous deux équivalents à $-\ln(x)$. Donc $S(x)$ est aussi équivalent à cette quantité.

---

9. Vous avez dû remarquer qu'on ne peut appliquer aucune des méthodes usuelles. On suit donc les conseils de la méthode **12** : le rapport de deux termes consécutifs vaut n+1, et tend vers +∞. On essaye donc de montrer que la somme est équivalente à son dernier terme.
On a clairement :

$$n! \le S_n \le n! + (n-1).(n-1)!$$

Mais cette dernière majoration est imprécise car en divisant par n! on obtient :

$$1 \le \frac{S_n}{n!} \le 1 + \frac{n-1}{n}$$

qui ne permet pas de conclure (sauf que le rapport est borné).
On ne s'arrête pas en si bon chemin, on affine un peu en disant que :

$$n! \le S_n \le n! + (n-1)! + (n-2)(n-2)!$$

qui donne par division :

$$1 \le \frac{S_n}{n!} \le 1 + \frac{1}{n} + \frac{n-2}{n(n-1)}$$

Les deux extrêmes ont pour limite 1, ce qui permet de conclure que le terme central tend aussi vers 1, CQFD.

Allez jeter un œil du côté de l'exercice 1, chapitre 8...

---

10. Là pour le coup rien ne marche. Le rapport de 2 termes consécutifs tend vers zéro, on peut se dire que la somme est équivalente à son premier terme.
Elle est évidemment minorée par lui (puisque tous les termes sont positifs).

Pour la majoration on remarque que tous les termes sont inférieurs à n^{-k}, ce qui permet de majorer par la somme de n termes d'une suite géométrique convergente de raison n^{-1}. On obtient en définitive :

$$\frac{1}{n^n} \le S_n \le \sum_{k=n}^{2n} \left(\frac{1}{n}\right)^k = \frac{1}{n^n} \cdot \frac{1-n^{-(n+1)}}{1-n^{-1}} \le \frac{1}{n^n} \cdot \frac{1}{1-n^{-1}}$$

Les deux extrêmes sont équivalents,, donc $S_n \sim \frac{1}{n^n}$.

Quatrième partie

CALCUL DIFFERENTIEL

Chapitre 16
METHODES DE CALCUL DIFFERENTIEL

« De toute façon, le calcul différentiel, ça ne tombera pas... »
Extrait d'un discours de taupins voyants.

L'impopularité du calcul différentiel n'a d'égale que la sévérité dont font preuve les examinateurs vicieux à l'égard des détracteurs de celui-ci.

Raison de plus pour ne pas faire l'impasse sur ce chapitre...

REMARQUE PLUS IMPORTANTE QU'IL N'Y PARAÎT :

On peut affirmer, pour rassurer ceux qui en aurait besoin, que les raisonnements dans $\mathbf{R}^p$ ne sont généralement pas différents de ceux qu'on tient dans **R** *pour peu que* ces derniers ne fassent **pas intervenir la notion d'ordre** (qui n'existe pas dans $\mathbf{R}^p$).

Vous pouvez donc vous laissez guider par l'intuition de l'analyse réelle...

On s'intéresse ici à des applications f d'une partie de E dans F, où E et F sont deux espaces vectoriels normés sur **R** ou **C** quelconques.

a désigne un élément quelconque du domaine de définition de f.

I. Comment prouver la continuité de f en a

METHODE 1 (cas général) : Revenir à la définition

Il s'agit donc d'employer les epsilon, en essayant de démontrer :

$$\forall \varepsilon > 0 \ \exists \alpha > 0 \ / \ \| x - a \|_E \leq \alpha \ \Rightarrow \ \| f(x) - f(a) \|_F \leq \varepsilon .$$

❑ Prenez bien garde au fait que **les normes ne sont pas les mêmes** a priori dans les espaces E et F (c'est la raison pour laquelle on les a indexées, chose qu'on ne fait que rarement dans la pratique pour des raisons de commodité).

❑ Par ailleurs **toutes les normes sont équivalentes sur un espace vectoriel normé de dimension finie**.
Si E est de dimension finie (typiquement $E = \mathbf{R}^p$) il faut évidemment choisir une norme bien adaptée à l'exercice posé, ce qui peut être délicat et crucial.

Exemple : montrer que pour $\delta > 1$ $f(x,y) = \dfrac{|xy|^\delta}{x^2+y^2}$ *et* $f(0,0) = 0$ *est continue en* $(0,0)$.

L'application est définie sur $\mathbf{R}^2$, où toutes les normes sont équivalentes.

Vu la forme du dénominateur, il semble judicieux de choisir $\| (x,y) \| = \sqrt{x^2+y^2}$.

Comme on a alors : $|x| \leq \|(x,y)\|$ et $|y| \leq \|(x,y)\|$, on en déduit :

$$\|f(x,y)-f(0,0)\| = |f(x,y)| \leq \|(x,y)\|^{2(\delta-1)}.$$

A partir de là, la continuité en 0 est claire.

METHODE 2 (cas où F=$\mathbf{R}^q$) : Etudier les composantes de f

La continuité d'une fonction vectorielle est bien évidemment équivalente à la continuité de **chacune de ses applications composantes** sur une base fixée.

ATTENTION :

Beaucoup d'élèves sont persuadés (a tort) qu'un résultat semblable existe pour une application définie sur $E = \mathbf{R}^p$, qui serait (MAIS **CECI EST COMPLETEMENT FAUX)** :

f est continue si chacune de ses p applications partielles en $a=(a_1, a_2, \ldots a_p)$

$$f_i : x \longrightarrow f(a_1, a_2, \ldots a_{i-1}, \mathbf{x}, a_{i+1}, \ldots a_p)$$

est continue (en tant que fonction d'une variable réelle).

Répétons-le, ceci est **faux et archifaux**.

Exemple : étudier la continuité en $(0,0)$ *de* $f(x,y) = \dfrac{x}{y}$ si $y \neq 0$ et $f(x,0) = 0$.

Les applications partielles de f en $(0,0)$ sont : $f_1(t) = f(t,0) = 0$ et $f_2(t) = f(0,t) = 0$.
Elles sont manifestement continues en tant que fonctions d'une variable réelle.
Par contre f ne peut pas être continue en 0 puisque $f(0,0) = 0$ alors que $f(x,x) = 1$ pour x non nul, qui ne tend pas vers 0 pour x tendant vers 0 (cf. méthode **4**).

METHODE 3 (cas où E=$\mathbf{R}^p$) : Utiliser les théorèmes classiques

Il est de notoriété publique qu'une fonction polynômiale de plusieurs variables, une fonction rationnelle de plusieurs variables dont le dénominateur ne s'annule pas est continue...

De même, lorsque cela a un sens, le produit, le quotient... de fonctions continues est continu.

On n'a donc souvent pas besoin de redémontrer ces choses-là : il suffit de les invoquer en guise de démonstration.

Exemple : montrer que pour $\delta > 0$ $f(x,y) = \dfrac{|xy|^\delta}{x^2+y^2}$ *est continue hors de* $(0,0)$.

Il s'agit du quotient de deux fonctions continues, et le dénominateur n'est jamais nul donc la fonction est continue hors de 0.

II. Comment prouver la *non* continuité de f en a

METHODE 4 ($E=\mathbb{R}^p$) : Tendre vers a selon une direction particulière

Supposons que p=2 (pour simplifier, mais les cas p quelconque sont possibles) et que l'on veuille montrer une discontinuité en $(0,0)$.

Il est clair que si f est continue en $(0,0)$ et si φ tend vers 0 en 0, $f(x,\varphi(x))$ tend vers $f(0,0)$ lorsque x tend vers 0.
Le principe est de **contraposer** ce résultat pour montrer que f n'est pas continue en $(0,0)$, et de **trouver φ tendant vers 0 en 0 telle que** $f(x,\varphi(x))$ **ne tende pas vers f**$(0,0)$ **quand x tend vers 0.**

Exemple 1 : étudier la continuité en $(0,0)$ *de* $f(x,y)=\dfrac{|xy|^\delta}{x^2+y^2}$ *et* $f(0,0)=0$ *pour* $\delta\le 1$.

On peut trouver plusieurs fonctions φ convenables, par exemple ici $\varphi(x)=x$.

Alors $f(x,\varphi(x))=x^{2(\delta-1)}/2$ qui ne tend pas vers 0 en zéro.

Exemple 2 : étudier la continuité en $(0,0)$ *de* $f(x,y)=\dfrac{x^2}{y}$ pour $y\neq 0$ $f(x,0)=0$.

On peut par exemple prendre $\varphi(x)=x^2$ et constater que $f(x,\varphi(x))=1$.

III. Comment prouver la différentiabilité de f en a

Il est inutile de chercher à prouver qu'une fonction est différentiable en un point où on sait déjà que f n'est pas continue (puisque **la différentiabilité entraîne la continuité**, cette dernière est une condition nécessaire).
Il faut donc commencer par étudier la continuité d'une fonction avant de s'intéresser à sa différentiabilité.

METHODE 5 : Revenir à la définition

Curieusement, la définition même de la différentiabilité n'est pas facile à obtenir de beaucoup de candidats selon leurs examinateurs. Assurez vous que vous ne faites pas partie de ceux-là en relisant ladite définition :

Une application est dite différentiable en a s'il existe :

- (i) une **application linéaire continue par rapport à h notée** $df(a)$, dite application différentielle de f en a définie sur $B(0,\rho)$ à valeurs dans F,

- (ii) une application $\varepsilon : B(0,\rho)\longrightarrow F$ telle que :
telles que l'on ait :

$$\forall h\in B(0,\rho)\quad f(a+h)=f(a)+df(a)\bullet h+\|h\|.\varepsilon(h)$$

REMARQUES :

❑ *La norme désigne évidemment une norme de E.*

❑ *La notation* $df(a) \bullet h$ *signifie qu'on applique l'application linéaire différentielle df(a), à* l'élément h de E. Il est fondamental d'avoir bien compris le sens de cette écriture.

❑ *Il est facile de démontrer que* ***si la différentielle existe, elle est unique****, ce qui fonde la démarche suivante.*

COMMENT L'UTILISER EN PRATIQUE ?

❑ Evaluer $f(a+h)-f(a)$.

❑ Dans cette expression, déterminer le terme linéaire en h et regarder si le reste forme bien un « petit o » de h.

❑ Démontrer que l'application linéaire trouvée est bien continue, en trouvant une constante M telle que l'on ait une inégalité du style :

$$\| df(a) \bullet h \|_F \leq M \,.\, \| h \|_F$$

Exemple 1 : trouver la différentielle d'un élément f de $\mathcal{L}(\mathbf{R}^p)$ *en a quelconque.*

Rappelons à ceux qui l'auraient oublié que $\mathcal{L}(\mathbf{R}^p)$ désigne l'espace vectoriel des endomorphismes de $\mathbf{R}^p$, et que tous ses éléments sont continus (car $\mathbf{R}^p$ est de dimension finie) (cf. chapitre 3).

❑ On évalue : $f(a+h)-f(a)=f(h)$ par linéarité de f.

❑ On voit qu'il est légitime de penser que : $df(a)=f$ en tout point a.
Le reste est nul, et constitue donc bien un « petit o » de h.

❑ f est linéaire et continue.
Par unicité de la différentielle, on a : **la différentielle d'une application linéaire est constante (et égale à l'application linéaire elle-même)**.

REMARQUE :

Ce résultat est évidemment à mettre en rapport avec le fait que la dérivée de la fonction réelle de variable réelle a.x est la constante a.

Exemple 2 : si E est euclidien, différencier $f(x)=\| x \|_E^{\,2}$.
Notons $\langle x,y \rangle$ le produit scalaire sur E.

❑ On évalue : $f(a+h)-f(a)=\|a+h\|^2-\|a\|^2=\langle a+h,a+h\rangle-\langle a,a\rangle=2\langle a,h\rangle+\|h\|^2$.

❑ On conjecture que la différentielle de f en a va être définie sur E par :

$$df(a) \bullet h = 2\langle a,h \rangle.$$

❑ L'application $h \longrightarrow 2\langle a,h\rangle$ est linéaire et par Cauchy-Schwarz : $|2\langle a,h\rangle| \leq 2.\|a\|.\|h\|$.
Ce qui prouve la continuité de df(a) en h.
Le reste étant visiblement un « petit o » de h, on a encore gagné !

REMARQUE : Ces deux exemples peuvent être considérés ***comme du cours****...*

METHODE 6 : Utiliser le théorème de composition d'applications

Si les applications f et g sont telles que : $E \xrightarrow{f} F \xrightarrow{g} G$ alors on a la relation :

$$d(g \circ f)(a) = dg(f(a)) \circ df(a)$$

METHODE 6bis : Utiliser le théorème de « produit » d'applications

Si les applications f sont telles que : $E \xrightarrow{f} F$ et $E \xrightarrow{g} G$ et si on se donne une forme bilinéaire continue de $F \times G$ vers H notée $*$, on a alors :

$$d(f*g)(a)\bullet h = [df(a)\bullet h]*g(a) + f(a)*[dg(a)\bullet h]$$

Exemples : on peut prendre :
- si F = G = **R** pour $*$ le produit usuel,
- si F = G = $\mathbf{R}^p$ pour $*$ le produit scalaire usuel.

Exemple : retrouver la différentielle de $f(x) = \|x\|_E^2$ *(E euclidien).*
Il suffit d'écrire : $f(x) = \langle x,x\rangle$, de prendre f = g = Id dont la différentielle est Id, et pour $*$ le produit scalaire sur E.
La formule donne :

$$d(f*g)(a)\bullet h = [Id\bullet h]*Id(a) + g(a)*[Id(a)\bullet h] = \langle h,a\rangle + \langle a,h\rangle = 2\langle a,h\rangle.$$

C'est bien ce qu'on avait trouvé plus haut.

METHODE 7 (cas àu F = $\mathbf{R}^q$) : Etudier les composantes de f

Il est clair que f est différentiable en a si et seulement si chacune de ses composantes l'est.

METHODE 8 (cas où E = $\mathbf{R}^p$) : Utiliser les dérivées partielles

Attention à l'énoncé du théorème, qu'on maltraite trop souvent :

f est de classe C^1 sur un ouvert de $\mathbf{R}^p$ si et seulement si ses p dérivées partielles $\frac{\partial f}{\partial x_i}$ **existent** ET sont **continues**.

Exemple : trouver le plus grand ouvert sur lequel $f(x,y)=\dfrac{xy^2}{x^2+y^2}$ et $f(0,0)=0$ *est* C^1.

On trouve pour $(x,y)\neq(0,0)$: $\dfrac{\partial f}{\partial x}(x,y)=\dfrac{y^2\left(y^2-x^2\right)}{\left(x^2+y^2\right)^2}$ et $\dfrac{\partial f}{\partial y}(x,y)=\dfrac{2x^3y}{\left(x^2+y^2\right)^2}$.

Ces fonctions sont continues sur $\mathbf{R}^2-\{(0,0)\}=\Omega$.

Un calcul direct (limite du taux d'accroissement) montre que : $\dfrac{\partial f}{\partial x}(0,0)=\dfrac{\partial f}{\partial y}(0,0)=0$.

Pour montrer la non continuité en 0 on utilise la méthode **4** avec $\varphi(x)=x$:

$\dfrac{\partial f}{\partial y}(x,\varphi(x))=\dfrac{1}{2}$ qui ne tend pas vers 0 quand x tend vers 0.

Le plus grand ouvert recherché est donc Ω.

REMARQUE :

❑ *Il est évident que la connaissance de l'ensemble des dérivées partielles en un point donne accès à l'expression de l'application différentielle en ce point :*

$$df(a)\bullet h=\sum_{i=1}^{p}\frac{\partial f}{\partial x_i}(a).h_i$$

METHODE 9 : Utiliser le théorème de différenciation terme à terme

Cette méthode est évidemment réservée aux fonctions qui sont limites d'une suite de fonctions, et est à rapprocher du théorème de dérivation terme à terme.

A ce titre, il est victime des mêmes mauvais traitements de la part des candidats, en voici donc l'énoncé :

Soit (f_n) une suite de fonctions définie sur un **ouvert convexe** Ω de E telle que :

(i) il existe un élément a de E tel que $(f_n(a))$ converge simplement,

(ii) les fonctions f_n sont différentiables (resp. C^1) sur Ω,

(iii) la **suite des différentielles** (df_n) converge **uniformément** sur Ω vers une fonction g.

Alors :

(i) la suite (f_n) converge simplement vers une fonction f sur Ω,

(ii) f est différentiable sur Ω et : df = g en tout point.

REMARQUE :

Toutes les notions d'uniformité, de convergence... sont à établir avec les normes des espaces correspondants...

Il existe bien entendu l'énoncé analogue correspondant à la dérivation d'une série de fonctions dont la série des différentielles est convergente.
On verra plusieurs exemples en exercice.

METHODE 10 : Utiliser le théorème des fonctions implicites

Ce théorème est dans doute l'un des monuments du programme de taupe, le genre de piège où on attend tous les candidats qui se disent que « ça ne tombera pas. »

Il fait donc partie de la liste rouge des théorèmes méconnus.

De plus, lorsqu'il est connu (on trouve quand même quelques candidats capables d'en formuler convenablement les hypothèses et les conclusions), il n'est que très rarement employé, en particulier pour montrer qu'une fonction est différentiable.

Soit E un e.v.n de dimension p, F et G deux e.v.n de même dimension q.
Soit f définie sur un ouvert de $E \times F$ à valeurs dans G.

On suppose que :

(i) f est de classe C^k,

(ii) il existe $(a,b) \in E \times F$ tel que $f(a,b) = 0$,

(iii) $\frac{\partial f}{\partial y}(a,b)$ réalise un isomorphisme de F sur G.

Alors :
(i) il existe un voisinage ouvert V de a, un voisinage ouvert W de b tels que :

$$\forall x \in V \quad \exists ! \, y_x \in W \ / \ f(x, y_x) = 0,$$

(ii) la fonction $\varphi : x \longrightarrow y_x$ définie sur V est de classe C^k.

L'interprétation géométrique en dimension 2 de ce théorème permet de bien le comprendre et de mieux le retenir : lorsqu'une portion de courbe plane n'a pas de tangente verticale, elle est localement le support du graphe d'une application y=f(x).

Un bel exemple d'application est proposé en exercice. Mais les cas d'application sont évidemment plus rares que ceux des méthodes précitées.

IV. Deux idées utiles à propos du calcul différentiel

IDEE 1 : Utiliser l'inégalité des accroissements finis

L'utilité de ce résultat est comparable à celle d'une formule de Taylor, qui relie les accroissements d'une fonction à ceux de la variable.
Noter cependant qu'il s'agit d'une **INégalité**, et certainement pas d'une égalité.

On rappelle le résultat, dont les hypothèses sont semblables au cas réel :

Si f est définie sur Ω ouvert de E contenant le segment $[a,b]$ avec :

(i) f continue sur $[a,b]$,

(ii) f différentiable sur $]a,b[$,

(iii) $\exists K > 0 \ / \ \forall x \in [a,b] \quad \| df(x) \| \le k$.

Alors : $\| f(b) - f(a) \| \le k . \| b - a \|$.

REMARQUE :

❑ *On rappelle que le segment* $[a,b]$ *a une définition précise qui n'est évidemment pas* $\{t \in \Omega / \ a \leq t \leq b\}$*, ce qui n'a aucun sens dans un espace vectoriel normé, mais que cela désigne tout le temps :* $\{t \in \Omega / \exists u \in [0,1] \text{ tel que : } t = a + u(b-a)\}$.

UTILITE :

Cette inégalité sert très fréquemment lors d'étude de suites récurrentes, comme dans le cas réel.

IDEE 2 : Utiliser le lemme de Schwarz (cas où E=R^p)

Le lemme de Schwarz est constamment utilisé de façon implicite en physique, où il est bien connu que « tout est continu » (sauf ce qui ne l'est pas).

Cela amène beaucoup de candidats à oublier qu'il n'est vrai que sous certaines hypothèses, et à l'affirmer vrai tout le temps, ce qui est fort gênant.

On donne l'énoncé dans le cas particulier p=2, qui est celui que l'on rencontre usuellement :

Soit f est définie sur Ω ouvert de $E = R^2$; (a,b) un point de Ω. On suppose que :

(i) Les fonctions $\dfrac{\partial f}{\partial x}$, $\dfrac{\partial f}{\partial y}$ et $\dfrac{\partial^2 f}{\partial x \partial y}$ sont définies sur Ω **tout entier,**

(ii) la fonction $\dfrac{\partial^2 f}{\partial x \partial y}$ est continue **en (a,b).**

Alors la dérivée seconde $\dfrac{\partial^2 f}{\partial y \partial x}(a,b)$ **existe** et **est égale** à $\dfrac{\partial^2 f}{\partial x \partial y}(a,b)$.

REMARQUE :

❑ *Bien noter que ce lemme affirme l'existence de la dérivée « croisée à l'envers » de f, qui n'est pas automatique dans le cas général.*

UTILISATION :

❑ Intérêt **pratique** : ce lemme sert évidemment au cours de calculs sur des fonctions de classe C^∞, par exemple lors de résolutions d'équations aux dérivées partielles, où il autorise le regroupement des termes croisés.

❑ Intérêt **théorique** : il peut permettre, en raisonnant par l'absurde, de montrer que certaines dérivées partielles ne sont pas continues.

Exemple : soit f de R^2 *dans* **R** *définie par :* si $x \neq -y$: $f(x,y) = \dfrac{xy^2}{x+y}$ *et* $f(x,-x) = 0$.

Calculer $\dfrac{\partial^2 f}{\partial x \partial y}(0,0)$ et $\dfrac{\partial^2 f}{\partial y \partial x}(0,0)$. Que peut-on en conclure ?

Le calcul des dérivées premières ne pose aucun problème par la méthode **6** ; en particulier on a : $\frac{\partial f}{\partial x}(0,y)=y$ et $\frac{\partial f}{\partial y}(x,0)=0$ pour tous x et y, donc les dérivées partielles premières sont continues à l'origine.

A partir de là, on évalue grâce à la définition les deux dérivées partielles secondes (dont on prouve l'existence en les calculant comme limites de taux d'accroissement) : on trouve $\frac{\partial^2 f}{\partial x \partial y}(0,0)=0$ et $\frac{\partial^2 f}{\partial y \partial x}(0,0)=1$.

Le lemme de Schwarz nous montre qu'*au moins une* des fonctions $\frac{\partial^2 f}{\partial x \partial y}$ ou $\frac{\partial^2 f}{\partial y \partial x}$ n'est pas continue à l'origine.

V. Comment déterminer des extrémas ?

On s'intéresse ici à des fonctions définies sur E **à valeurs dans R**.

La preuve de l'existence d'un objet mathématique peut être de deux types bien distincts et d'utilités différentes (cf. chapitre 1) :

❑ Preuve inductive : tel théorème affirme que l'objet existe, mais ne vous dit rien sur la façon d'y accéder en général. (méthode **13**)

❑ Preuve constructive : l'objet que vous recherchez peut être obtenu comme solution d'un système plus ou moins complexe. (méthodes **11** et **12**).

Les deux types de preuve existent pour la recherche d'extrema, et c'est bien souvent une **combinaison astucieuse des deux procédés** qui permet de définir avec exactitude l'ensemble des points où les extréma sont atteints.

METHODE 11 : Condition nécessaire (si f est différentiable)

Lorsque la fonction est **définie sur un ouvert** et différentiable, l'ensemble des points où f admet un extrémum local est inclus dans l'ensemble des zéros de sa différentielle c'est-à-dire :

$$\text{f admet un extremum local en a} \quad \Rightarrow \mathrm{d}f(a)=0.$$

En particulier, lorsque $E=\mathbf{R}^p$, a doit être recherché parmi les zéros communs aux p dérivées partielles.

REMARQUES :

❑ *Ce n'est évidemment pas une condition suffisante (ce n'est déjà pas le cas dans* **R**, *il y a assez peu de chances que ce soit vrai dans un espace plus grand).*

❑ *On peut dans certains cas très particuliers étudier la forme quadratique associée à la différentielle seconde, spécialement son caractère positif, négatif ou défini positif ou défini négatif. C'est très lourd, et suffisamment rare pour qu'on le réserve à ces cas particuliers (polynômes, ...) sans en faire une méthode.*

METHODE 12 : Condition suffisante : théorème des extréma liés

Les cas d'utilisation de ce théorème rappelé ci-dessous sont très faciles à repérer : il s'agit de la recherche d'extréma de f sur l'ensemble des zéros d'une autre fonction.

Lorsque l'on est dans cette situation-là, il marche dans 90% des cas.

> Soit f et g deux fonctions de classe C^1 définies sur un ouvert Ω et $S = \{x \in \Omega / g(x) = 0\}$.
> Si $a \in S$ est un extrémum de f sur S, alors les formes linéaires df(a) et dg(a) sont proportionnelles.

En particulier si $E = \mathbf{R}^p$ cela fournit des conditions très maniables.

METHODE 13 : Et dans le cas général ????

Toutes les fonctions ne sont hélas pas différentiables (ce serait trop beau). Mais supposons au moins que votre fonction est **continue** (sinon on ne pourra pas faire grand chose pour vous).

Supposons aussi que le domaine de définition soit un **compact K** (sinon, on prend un compact plus petit contenu dans ce domaine).

Des arguments standards de topologie générale vous assurent que f admet sur K un maximum **et** un minimum (preuve inductive) (cf. chapitres 3, 5).

A partir de là vous pouvez par exemple procéder comme suit :

⇨ Etudier directement l'existence d'extrema sur la frontière (par des majorations...)

⇨ Vous placer sur l'intérieur de K qui est ouvert ; là vous pouvez appliquer la méthode **11** et si vous trouvez un zéro pour la différentielle, et que vous avez vu que les extrema ne sont pas sur la frontière, alors là vous avez soit le minimum soit le maximum !

Exemple : déterminer tous les extrémas de $f(x,y) = x^2(x+1) + y^3$.

Vu qu'on a affaire à une fonction polynôme qui est (au moins !) C^∞, on n'hésite pas à appliquer la méthode **11** ; on trouve facilement que les deux seuls points où les deux dérivées partielles s'annulent sont $(0,0)$ et $(-2/3\ ,\ 0)$.

Pour l'origine, $f(0,0) = 0$. Or $f(0,y) = y^3$ qui n'est pas de signe constant autour de 0 donc il y a des points d'image plus grande, d'autres d'image plus petite dans tout voisinage de l'origine. Donc elle n'est pas un extrémum local (ni donc global).

On vous laisse procéder de la même façon pour l'autre point : vous aboutirez à la même conclusion.

Bref, grande déception : il n'y a pas d'extremum pour cette fonction.

VI. Comment résoudre une équation aux dérivées partielles (EDP) sur R^2 ?

METHODE 14 : Faire un changement de variable

Le principe est on ne peut plus simple : faire un changement de variable (qu'on vous indique la plupart du temps, tellement il est tordu) pour se ramener à une des équations aux dérivées partielles qu'on sait intégrer.

Attention à la seule difficulté de ce genre d'exercice (hors les calculs, qui sont souvent... passionnants) : vérifier que le changement de variable qu'on vous suggère est bijectif et au moins continûment dérivable (C^1 difféomorphisme).

Lu dans les rapports de l'X

❑ « Si le théorème d'inversion locale est mieux connu, il n'en va pas de même du théorème des fonctions IMPLICITES. » (X 91)

❑ « Le théorème d'inversion locale fait l'objet d'assertions douteuses : on veut l'appliquer pour f de $\mathbf{R}^p$ dans $\mathbf{R}^q$ avec $p \neq q$, ou pour une différentielle qui s'annule... » (X 89)

❑ « On ne voit plus de multiplications de vecteurs ! » (X 90) *(Heureusement !)*

❑ « Le théorème de dérivation des fonctions composées à plusieurs variables ne semble guère assimilé. » (X 89)

❑ « Le passage des coordonnées cartésiennes aux coordonnées polaires semble semer la terreur... » (X 89)

❑ « Les liens entre différentiabilité en un point, dérivée selon un vecteur et gradient paraissent méconnus. » (X 89)

❑ « La détermination d'extrema de fonctions de plusieurs variables donne lieu à un manque de bon sens et une mauvaise utilisation des formules de Taylor. » (X 89)

❑ « Beaucoup souffrent lorsqu'il s'agit d'écrire les dérivées partielles de g o f, où g et f sont fonctions de deux variables. » (X 86)

❑ « La difficulté éprouvée par certains pour différentier des fonctions simples (norme euclidienne par exemple) laisse à penser que beaucoup ne font pas assez de calcul différentiel. » (X 86)

NDLR : traduction : les examinateurs vont s'amuser à donner plus de calcul diff. !

❑ « Le gradient... mais c'est de la physique ! s'est-on entendu dire... » (X 87)

❑ « Mieux vaut éviter d'écrire la transposée de la matrice jacobienne en lieu et place de cette dernière. » (X 84)

❑ « La différenciation de l'application matricielle M^p aura donné lieu à une grande diversité de résultats ; la formule du binôme ne s'applique en effet que dans les anneaux commutatifs. » (X 88)

Astuces

❑ Il peut être bon (et intellectuellement satisfaisant par ailleurs) de savoir qu'il existe des applications linéaires discontinues ; par exemple, sur l'espace des polynômes, la dérivation est **discontinue pour la norme** du sup des coefficients.

Erreurs

❑ Le raisonnement qui consiste à dire (pour F partié de E) :

la restriction de f à F est continue **donc** f est continue sur F

est faux dans le cas général. Il est vrai pour F ouvert de E.

Exercices

1. Soit p entier et f l'application de $\mathcal{M}_n(\mathbf{C})$ dans lui même qui à M associe M^p.
Etudier la continuité, puis la différentiabilité de f en $A \in \mathcal{M}_n(\mathbf{C})$.

2. Soit $\Sigma a_n x^n$ une série entière de rayon $r > 0$.

On pose, pour $M \in \mathcal{M}_n(\mathbf{C})$: $f(M) = \sum_{n=0}^{+\infty} a_n . M^n$.

a) Montrer que f est définie sur un voisinage de la matrice nulle 0.
b) Etudier la continuité et la différentiabilité de f sur ce voisinage.

3. Etudier la continuité et la différentiabilité de l'application déterminant (det(M)) définie sur $\mathcal{M}_n(\mathbf{C})$ et préciser sa différentielle en A.

4. Soit $\mathcal{S}_n$ l'ensemble des matrices réelles de taille n symétriques définies et positives. On rappelle (cf. tome II) que $\mathcal{S}_n$ est ouvert et que :

$$\forall M \in \mathcal{S}_n \quad \exists !\, N \in \mathcal{S}_n \quad / \quad N^2 = M.$$

Démontrer que l'application « racine carrée » est différentiable en tout point de $\mathcal{S}_n$.

5. Etudier la continuité puis la différentiabilité de l'application $f : \mathbf{R}^2 \longrightarrow \mathbf{R}$:

$$\forall (x,y) \neq (0,0) \qquad f(x,y) = \left(x^2+y^2\right)^a \sin\frac{1}{\sqrt{x^2+y^2}} \quad \text{et} \quad f(0,0)=0.$$

6. Etudier la continuité puis la différentiabilité de l'application $f : \mathbf{R}^2 \longrightarrow \mathbf{R}$:

$$f(x,y) = \sum_{n=0}^{+\infty} \frac{e^{-n\left(x^2+y^2\right)}}{n^2}.$$

7. Etudier la différentiabilité des applications f et g définies sur $\mathbf{R}^n - \{0\}$ à valeurs dans $\mathbf{R}$ telles que : $f(x) = \| x \|$

et $g(x) = \dfrac{x}{\| x \|}$.

8. Soit $f : \mathbf{R}^2 \longrightarrow \mathbf{R}$ définie par : $f(x,y) = x^4 + y^4 - 2(x-y)^2$. On norme $\mathbf{R}^2$ par :

$$\| (x,y) \| = \sup\{|x|;|y|\}.$$

a) Montrer que f sort de tout compact pour $\| (x,y) \| \longrightarrow \infty$.
b) Etudier les extrema absolus de f.

9. Soit $O = \left\{ (x_1, x_2, \ldots x_n) \in R^n \, / \sum_{i=1}^{n} x_i = 1 \text{ et } \forall i,\ x_i \geq 0 \right\}$ et $f(x_1, x_2, \ldots x_n) = \sum_{i=1}^{n} x_i^2$.
Etudier les extrema absolus de f sur O.

10. Résoudre l'équation aux dérivées partielles : $x^2 \dfrac{\partial^2 f}{\partial x^2} + 2xy \dfrac{\partial^2 f}{\partial x \partial y} + y^2 \dfrac{\partial^2 f}{\partial y^2} = 0$.

On pourra par exemple utiliser le changement de variables $(x,y) \longrightarrow (x,xy)$.

Corrigés

1. *Continuité :*

On vous laisse rédiger l'affaire avec une petite récurrence si vous voulez ; l'argument essentiel est que les coefficients d'un produit de matrices sont des polynômes en les coefficients de cette matrice et que donc « cela est parfaitement continu. »

Différentiabilité :

Le même argument ne permet pas de calculer df(A).
En l'absence d'idée, il peut être légitime de regarder ce qui se passe pour des petites valeurs de p. Le cas p=1 étant trivial (on différencie l'identité, qui est une application linéaire, donc égale à sa différentielle).

p=2 : on revient à la méthode **5** et on calcule : $(A+H)^2-A^2=(AH+HA)+H^2$.
Le premier terme ressemble au $df(A)\bullet H$, et le second au petit o ; vérifiez-le !

Bref, ce qui pose problème c'est la non commutativité (sinon c'était simple !)
Vous pouvez essayer de faire le cas p=3 pour avoir une idée et vous verrez qu'on peut raisonnablement espérer montrer par récurrence que :

$$df_p(A)\bullet H=\sum_{k=0}^{n-1} A^k.H.A^{(n-1-k)}.$$

C'est vrai pour p=1 et 2 et en appliquant la méthode **6bis** on passe facilement de p à p+1.

REMARQUE : Vous pourrez essayer de passer à la différentielle seconde...

---

2. a) Pour montrer la convergence d'une série dans un espace normé complet (ce qui est le cas de l'espace des matrices), on étudie sa convergence absolue (= en norme). On choisit ici une **norme subordonnée** (telle que : $\|AB\|\le\|A\|.\|B\|$).
On a donc :

$$\left\| a_nM^n \right\|\le| a_n |\,.\, \| M \|^n.$$

Pour $\| M \|<r$ la série majorante est convergente par définition du rayon de convergence d'une série entière ; ceci prouve ce qu'on voulait.

b) On va directement prouver la différentiabilité, ce qui prouvera la continuité.
On n'a pas vraiment le choix : on est forcé d'opter pour la méthode **9**.
Il suffit en fait de s'assurer de la convergence uniforme de la série des différentielles.
Si on pose $u_n(M)=a_n.M^n$, on peut appliquer le résultat de l'exercice précédent : chacun des termes de la série et continûment différentiable et :

$$\| du_n(M)\bullet H \|\le|a_n|.\sum_{k=1}^{n-1} \left\|M^k\right\|.\|H\|.\left\|M^{n-1-k}\right\|\le|a_n|.\sum_{k=1}^{n-1} \|M\|^{n-1}.\|H\|=n|a_n|.\|M\|^{n-1}.\|H\| .$$

On en déduit que sur toute boule centrée en 0 ($\in \mathcal{M}_n(\mathbf{C})$) de rayon r on a :

$$\|du_n(M)\|\le n.|a_n|.r^{n-1}$$

(la norme choisie est une norme d'algèbre, par exemple une norme subordonnée) (cf. chapitre 3 pour mieux comprendre !)

Le majorant est le terme général d'une série convergente (car la dérivée d'une série entière est *absolument* convergente à l'intérieur de son disque de convergence, cf. chapitre 13).

Ceci prouve la convergence normale de la série des différentielles sur toute boule de centre 0, et donc par application convenable du théorème de différenciation terme à terme, la difféntiabilité de la somme de la série envisagée.

---

3. La méthode la plus simple est sans doute la méthode **8** : on va considérer qu'on est dans $\mathbf{R}^{n^2}$ et montrer que chacune des dérivées partielles du déterminant existe et est continue.

Or en développant par rapport à la i-ème ligne le déterminant de M on obtient :

$$\det(M) = \sum_{j=1}^{n} a_{ij}.\Delta_{ij}$$

où Δ_{ij} (le cofacteur de a_{ij}) ne dépend pas de a_{ij} et est polynômial en les autres coefficients, donc de classe C^∞ par rapport à l'ensemble des coefficients.
(Rappelons que c'est le déterminant au signe près de la matrice M privée de sa i-ème ligne et de sa j-ème colonne).

Donc :

$$\frac{\partial(\det M)}{\partial a_{ij}} = \Delta_{ij}.$$

Ce qui prouve la différentiabilité car les différentielles partielles sont continues.
Notons C la **transposée de la matrice des cofacteurs**. Par définition des dérivées partielles on a :

$$d(\det(M))\bullet H = \sum_{i,j} \Delta_{ij}.h_{ij} = \sum_{i,j} c_{ji}.h_{ij} = \sum_{i}\left(\sum_{j} c_{ji}.h_{ij}\right) = \mathrm{Tr}(C.H)$$

(Tr désignant la trace, pour ceux qui sont complètement perdus...)

---

4. Vous vous doutez bien qu'on ne va pas essayer d'expliciter la racine carrée d'une matrice (bon courage pour ceux qui essayent encore...) Donc la racine est définie **implicitement**.
Conclusion : et si on appliquait le théorème des fonctions implicites ? (méthode **10**).

Soit la fonction définie sur $\mathcal{S}_n \times \mathcal{S}_n$: $f(A,B) = A^2 - B$; on a par définition : $f(A,A^2) = 0$.

Il faut alors voir si la différentielle partielle par rapport à la première variable est inversible (ie est un élément de GL_n).

Or d'après l'exercice **1** on a :

$$\frac{\partial f}{\partial A}(A,A^2)\bullet H = AH + HA.$$

Montrons que cette application linéaire est injective : si $AH + HA = 0$, si x est un vecteur propre de A associé à la valeur propre λ, on obtient :

$$AH(x) = -HA(x) = -\lambda H(x).$$

Si H(x) était non nul, $(-\lambda)$ serait valeur propre de A ; or toutes les valeurs propres de A sont strictement positives. Donc H(x) = 0.

Comme A est **symétrique**, on peut trouver une base de diagonalisation de A, et H est nul sur tous les vecteurs de cette base, donc H est identiquement nul. Ceci prouve l'inversibilité de la différentielle partielle par rapport à A.

Le théorème des fonctions implicites assure que localement autour de $\left(A, A^2\right)$, l'application racine est de classe C^1.

REMARQUE : On peut facilement montrer qu'elle est en fait C^∞.

---

5. Les méthodes **3**, **6** et **8** assurent en trente secondes chrono que f est de classe C^∞ ailleurs qu'à l'origine, qui est le « seul » problème.
L'introduction des coordonnées polaires semble au moins alléger les notations, sinon faciliter la résolution : $f(\rho, \theta) = \rho^{2a} \sin \frac{1}{\rho}$ avec ρ tendant vers 0.

Continuité :
Si a>0 la majoration la plus simple $|f(\rho, \theta)| \leq \rho^{2a}$ montre que $\forall \theta \ \lim\limits_{\rho \longrightarrow 0} f(\rho, \theta) = 0$.

Si a≤0 on peut par exemple poser $\rho_k = \frac{2}{k\pi}$ et constater que $f(\rho_k, \theta)$ ne tend par vers 0 quand k tend vers +∞ ce qui montre que f n'est pas continue à l'origine.

Différentiabilité pour a>0 :
On utilise évidemment les dérivées partielles et vu que la fonction est symétrique en x et y, on peut n'en regarder qu'une, ce qui est somme toute fort agréable.

Pour tout a>0 on a :

$$\frac{f(x, 0) - f(0, 0)}{x} = x^{2a-1} . \sin \frac{1}{|x|}.$$

On montre exactement comme précédemment que cette quantité n'a de limite quand x tend vers 0 que si et seulement si a > 1/2.
Donc si la différentielle en zéro de f existe ce ne peut être que 0.

En revenant à la définition (méthode **5**) on voit que $f(\rho, \theta) = o(\rho)$ si a>1/2. Donc pour a>1/2, f est différentiable.

Remarque : on montre facilement que f est de classe C^1 si a>1.

---

6. La forme même de l'exercice vous suggère fortement de recourir à la méthode **9**. On vous laisse montrer la continuité, nous, on n'a peur de rien : on montre directement la différentiabilité (ce qui prouve au passage la continuité !)

Introduisons $f_n(x, y) = \frac{e^{-n\left(x^2+y^2\right)}}{n^2}$. En appliquant la méthode **8**, on « montre » que chacune de ces fonctions est de classe C^1 et que par exemple :

$$\frac{\partial f_n}{\partial x}(x, y) = -\frac{2x . e^{-n\left(x^2+y^2\right)}}{n}.$$

Reste à prouver la convergence normale sur $\mathbf{R}^2$. On a tout d'abord :

$$\left|\frac{\partial f_n}{\partial x}(x, y)\right| \leq \frac{2x . e^{-nx^2}}{n}.$$

Une étude rapide de la fonction majorante permet d'arriver à :

$$\left|\frac{\partial f_n}{\partial x}(x,y)\right| \leq \frac{1}{n\sqrt{n}}\cdot\sqrt{\frac{2}{e}}.$$

Ce qui montre que la convergence de la série des dérivées partielles est normale donc uniforme sur $\mathbf{R}^2$. Comme chaque fonction $\frac{\partial f_n}{\partial x}(x,y)$ est continue, on en déduit que la dérivée partielle $\frac{\partial f}{\partial x}$ existe et est continue sur $\mathbf{R}^2$.

On procède de même pour $\frac{\partial f}{\partial y}$.

On applique ensuite la méthode **8** pour conclure que f est de classe C^1 sur $\mathbf{R}^2$.

---

7. On a vu dans les rappels de méthode comment l'application « norme au carré » se différentiait. On se sert évidemment du résultat (considéré comme du cours) et on applique de façon automatique les théorèmes de composition et de produits (méthode **6**) : il n'y a rien à faire qu'à écrire, sans se tromper ; on vous donne les résultats, car c'est vraiment trop simple :

$$df(x)\bullet h = \frac{\langle x,h\rangle}{\|x\|} \qquad \text{et} \qquad dg(x)\bullet h = \frac{h}{\|x\|} - g(x).\frac{\langle x,h\rangle}{\|h\|^2}.$$

REMARQUE : On voit sur cet exemple que dg(x) n'est ***pas linéaire en x****, comme beaucoup le croient souvent.*

---

8. a) Ceci résulte de $(x-y)^2 \leq x^2+y^2+2|xy| \leq 4\|(x,y)\|^2$ qui implique :

$$f(x,y) \geq \|(x,y)\|^4 - 4\|(x,y)\|^2.$$

b) f n'est donc pas majorée. Soit r>0 tel que : $\|(x,y)\| > r \;\Rightarrow\; f(x,y) \geq 1$ (un tel r existe d'après a)). Il est facile de constater que si f atteint son inf, c'est sur la boule fermée de rayon r. Or elle est compacte, donc l'inf est atteint.

Par ailleurs f est polynômiale donc différentiable ; la méthode **11** montre que les candidats sont : (0,0), $\left(\sqrt{2},-\sqrt{2}\right)$ et $\left(-\sqrt{2},\sqrt{2}\right)$

Comme

$$f(x,0) \underset{0}{\approx} -2x^2$$

0 n'est pas un minimum absolu (cf. argument développé dans les méthodes).
Comme les deux autres points ont même image - 8, c'est en ces points que le minimum est atteint.

---

9. Vu la forme de l'exercice, on est fortement invité à appliquer la méthode **12**.

Il faut tout de même prendre garde au fait que **O n'est pas un ouvert** ; O est clairement fermé, et borné (par exemple pour la norme du sup des coordonnées, donc pour n'importe quelle norme) et est donc compact (dimension finie).

La fonction f étant polynômiale, elle est continue en l'ensemble de ces variables donc atteint son sup et son inf sur le compact (argument de la méthode **13**).

On va montrer que le minimum est atteint en un point A hors des axes de coordonnées, par l'absurde ; sinon supposons que seules les coordonnées $(x_1, x_2, \dots x_k)$ de A soient strictement positives (les autres nulles)et k<n.

Considérons :

$$\Omega = \left\{(x_1, x_2, \dots x_k) \in R^k \ / \ \forall i,\ x_i > 0\right\}$$

ouvert de $\mathbf{R}^k$; le théorème des extrémas liés s'applique avec $g(x) = \sum_i x_i$ et f de l'énoncé :

$$\exists a \ / \ (x_1, x_2, \dots x_k) = a(1, 1, \dots 1)$$

Toutes les coordonnées de A sont égales, et donc égales à 1/k puisque de somme 1. Alors le minimum vaudrait 1/k ; mais ce ne peut être un minimum, puisque :

$$f\left(\frac{1}{n}, \frac{1}{n}, \dots \frac{1}{n}\right) = \frac{1}{n} < \frac{1}{k}.$$

Donc k=n et aucune des coordonnées de A n'est nulle ; on reprend le raisonnement précédent sur $\Omega' = \left\{(x_1, x_2, \dots x_n) \in R^n \ / \ \forall i,\ x_i > 0\right\}$ pour conclure que le minimum vaut effectivement 1/n et qu'il est atteint en un seul point.

On peut procéder semblablement avec le maximum, ou remarquer que :

$$f(x_1, x_2, \dots x_n) \leq \sum_{i=1}^{n} x_i = 1 \text{ pour x dans O}.$$

Avec égalité si et seulement si tous les x_i sauf 1 sont nuls, donc le maximum est atteint en n points situés sur les axes de coordonnées.

---

10. Dans ce type d'exercice fort peu intéressant à nos yeux (mais il faut bien se forcer !), deux difficultés sont à signaler :

❑ Vérifier que le changement de variable induit bien un C^1 difféomorphisme d'un ouvert sur un autre (ici il transforme le quart de plan x>0, y>0 en lui même, et on peut expliciter la bijection réciproque).

❑ Transformer l'équation aux dérivées partielles par ce changement de variables, ce qui est l'occasion d'innombrables erreurs de calcul (on les a d'ailleurs refaits pour être certain du résultat ; il faut en outre que celui-ci soit assez simple, sinon le changement de variable n'a que peu d'intérêt).

On n'a plus ni la place, ni le courage de recopier ces calculs un peu fastidieux et sans aucun intérêt (on ne peut pas les faire à votre place, donc il faut que vous sachiez les faire).
Voici le résultat : si f(x,y)=g(u,v) où u=x et v=xy, l'équation transformée est :

$$\frac{\partial^2 g}{\partial u^2} = 0.$$

On sait alors que les solutions sont de la forme : $g(u, v) = A(u)v + B(u)$ où A et B sont des fonctions continues quelconques. Passionnant...

Chapitre 17
METHODES DE RESOLUTION PRATIQUE DES EQUATIONS DIFFERENTIELLES

On se propose ici de répertorier les principaux types d'équations différentielles qu'on sait résoudre plus ou moins explicitement selon les cas, en présentant à chaque fois la méthode de résolution correspondante.

Il est essentiel, avant de commencer à résoudre une équation différentielle, d'en déterminer le type, par exemple dire qu'il s'agit d'une *équation différentielle linéaire homogène du second ordre à coefficients constants.* Tous les mots ont leur importance dans une telle dénomination et d'une certaine façon, reconnaître le type d'équation est une étape essentielle dans sa résolution.

Dans tout le chapitre, la fonction inconnue est notée y et la variable est x.

Le sigle cabalistique E.D est le raccourci commode pour équation différentielle ; H signifie qu'elle est homogène (sans second membre).

I. Types répertoriés d'équations différentielles

TYPE 1 : E.D.H linéaire à coefficients constants réels

Soit donc : $\boxed{y^{(n)} + a_{n-1}y^{(n-1)} + \ldots + a_1 y = 0}$ (où les a_i sont des réels fixés).

On associe à cette EDH l'équation dite **caractéristique** : $r^n + a_{n-1}r^{n-1} + \ldots + a_1 r = 0$.

La résolution de l'ED se ramène alors à la résolution de l'équation **algébrique** précédente, (recherche des solutions réelles *et* complexes), ce qui en théorie ne pose pas de problème (tout polynôme est scindé sur le corps des complexes), mais qui pratiquement est beaucoup plus douteux, sauf pour le degré 1 et 2 (voir ci-dessous).

En admettant que cette équation ait été résolue, on note :

$r_1, r_2, \ldots r_s$ ses racines réelles de multiplicités respectives $\alpha_1, \alpha_2, \ldots \alpha_s$

$\left(r_{s+1}, \overline{r_{s+1}}\right), \ldots \left(r_t, \overline{r_t}\right)$ ses racines complexes (2 à 2 conjuguées) de multiplicités $\alpha_{s+1} \ldots \alpha_t$.

Alors les solutions de l'équation sont **exactement** de la forme :

$$y = \sum_{k=1}^{s} e^{r_k x}.P_k(x) + \sum_{k=s+1}^{t} e^{\Re e\, r_k . x}\left[\cos(\Im m\, r_k . x).Q_k(x) + \sin(\Im m\, r_k . x).R_k(x)\right]$$

où P_k, Q_k et R_k sont des polynômes rées arbitraires de degré $\leq$ à $(\alpha_k - 1)$.

Cette formule d'apparence barbare est relativement simple à manier, surtout dans les cas où n est petit :

n=1 : $y' + ay = 0$

L'équation $r + a = 0$ admet comme unique solution avec multiplicité 1: $r = -a$.
Le polynôme associé P est forcément de degré 0, donc c'est une constante arbitraire.

Autrement dit :

> Les solutions de $y' + ay = 0$ sont exactement : $y = A.e^{-ax}$ (avec $A = y(0)$)

n=2 : $y'' + ay' + by = 0$

Trois cas se présentent pour l'équation caractéristique associée $r^2 + ar + b = 0$:

> - deux racines réelles simples r_1 et r_2 : $y = A.e^{r_1 x} + B.e^{r_2 x}$,
>
> - une racine réelle double r : $y = (Ax + B).e^{rx}$,
>
> - deux racines complexes conjuguées $\alpha \pm i\beta$: $y = e^{\alpha x}(A.\cos\beta x + B.\sin\beta x)$.

Remarque :

Pour le dernier cas, on peut représenter de façon équivalente l'ensemble des solutions sous la forme $A.e^{\alpha x}.\cos(\beta x + \varphi)$ où A et φ désignent respectivement l'amplitude et la phase du signal associé (c'est de la physique, pour ceux qui aiment).

D'un point de vue théorique le problème est donc toujours résolu ; ce n'est hélas pas le cas en pratique.

TYPE 2 : E.D.H linéaire du premier ordre à coefficient variable

Soit $\boxed{y' - a(x)y = 0}$, où a est supposée continue.

❑ Commençons par faire ce qu'il ne faut pas faire : résoudre à la physicienne (décidément c'est leur jour à ceux-là !) :

$$y' - a(x)y = 0 \Leftrightarrow \frac{dy}{y} = a(x)dx \Leftrightarrow \ln\left(\frac{y}{y(0)}\right) = \int_0^x a(t)dt \Leftrightarrow y = A.e^{\int_0^x a(t)dt}.$$

Cette suite de prétendues équivalences manque pour le moins de justifications (en particulier la division par y dont on ne sait rien de **l'annulation** éventuelle).

On ne laissera pas passer une telle solution le jour du concours (cf. les rapports de concours plus loin).

Le théorème de Cauchy-Lipschitz s'applique ici (vérifiez-le) et permet de montrer (idem) que :

- ⇨ Ou bien une solution est identiquement nulle.
- ⇨ Ou bien une solution n'est jamais nulle (donc de signe constant).

On peut donc employer la méthode à la physicienne en précisant au préalable que l'on cherche les solutions non identiquement nulles, donc **jamais nulles**, ce qui légitime la division par y.

Les solutions sont alors de la forme : $\boxed{y = A.e^{\int_0^x a(t)dt}}$ (même la solution nulle : A=0).

ATTENTION :

Ne pas oublier que $\frac{dy}{y}$ s'intègre en ln | y | et non en ln(y).

❑ On peut s'y prendre autrement pour n'avoir pas à invoquer le théorème de Cauchy-Lipschitz (qui fait peur à quelques-uns, non sans raison).

Soit y une solution ; posons $f(x) = y(x).e^{-\int_0^x a(t)dt}$. Un calcul simple montre que : f' = 0.

Donc f est constante, égale à A et comme l'exponentielle ne s'annule pas on retrouve finalement l'expression précédente de y par division.

REMARQUE :

On vérifie qu'on obtient bien un espace vectoriel de solutions de dimension un.

TYPE 3 : E.D.H linéaire du premier ordre à coefficients variables (bis)

Soit dans le cas général l'équation : $\boxed{b(x)y' - a(x)y = 0}$

❑ Le principe de résolution est assez simple : on cherche à se ramener au cas précédent en se plaçant sur des intervalles où b ne s'annule pas ; alors : $y' - \frac{a(x)}{b(x)} = 0$.

❑ Si l'on cherche des solutions sur **R** tout entier, il faut ensuite recoller les bouts de solutions pour chercher à obtenir une fonction de classe C^1 (ce qui n'est pas toujours possible, même pour des fonctions b assez simples).

TYPE 4 : E.D.H linéaire du second ordre à coefficients variables

On s'intéresse à : $\boxed{y'' + a(x)y' + b(x)y = 0}$

Nous sommes face à un drame terrible : il n'y a pas de méthode générale...
...Sauf dans le cas particulier où l'on connaît (par d'autres moyens) **une solution particulière y^* ne s'annulant pas.**
On fait alors un changement de fonction inconnue en posant : $z = \frac{y}{y^*}$

On s'aperçoit après remplacement dans l'ED initiale que la nouvelle ED se ramène à un calcul de primitive, chose qu'on n'est même pas certain de savoir faire complètement !!!

TYPE 5 : E.D.H linéaire du second ordre à coefficients variables (bis)

Dans le cas le plus général où l'on a $\boxed{c(x)y''+a(x)y'+b(x)y=0}$, on essaye de se ramener au cas précédent en se plaçant sur des intervalles où c ne s'annule pas comme à la méthode **3**.

TYPE 6 : ED à variables séparables

Il s'agit des équations du type : $\boxed{a(y)-b(x)y'=0}$

❑ On commence par repérer les annulations de a en les points y_i éventuels. Alors les fonctions (constantes) $x \longrightarrow y_i$ sont des solutions.

❑ On se place sur des intervalles I (s'il en existe) tels que : $\forall x \in I \quad y(x) \notin \{y_i\}$ et $b(x) \neq 0$
Sur ces intervalles, l'équation est équivalente à :

$$\boxed{\frac{dy}{a(y)}=\frac{dx}{b(x)}}$$

On est alors ramené à deux calculs de **primitives** qui donneront au bout du compte une relation entre y et x. Il arrive parfois qu'on puisse expliciter x en fonction de y, mais difficilement le contraire.

TYPE 7 : ED homogènes du premier ordre

Ce sont les équations de la forme : $\boxed{y'=\frac{dy}{dx}=F\left(\frac{y}{x}\right)}$

On pose pour x non nul $t(x)=\frac{y(x)}{x}$; alors : dy = x dt + t dx (dérivation d'un produit).
L'équation s'écrit alors après arrangements :

$$\big(F(t)-t\big)dx = x.dt.$$

On est donc ramené à une équation à variables séparables, sous réserve que $\big(F(t)-t\big)$ ne s'annule pas (cf. type **7**).

Une fois résolue, elle conduit à un **paramétrage** des courbes intégrales : $\begin{cases} x = x(t) \\ y = tx(t) \end{cases}$

On n'arrive pas, en général, à exprimer y comme fonction de x. On peut néanmoins tracer les courbes intégrales obtenues, sur ordinateur ou calculatrice suffisament douée.

TYPE 8 : ED simplifiables par passage aux coordonnées polaires

Ces équations sont reconnaissables à vue : elles comportent des groupements de termes tels que :

$$x^2 + y^2$$
$$\frac{y}{x}$$
$$xdx + ydy$$
$$xdy - ydx$$

En effet, on sait que si l'on pose $x = \rho\cos\theta$ et $y = \rho\sin\theta$ alors on obtient entre autres :

$$\rho^2 = x^2 + y^2$$
$$\tan\theta = \frac{y}{x}$$
$$\rho d\rho = xdx + ydy$$
$$\rho^2 d\theta = xdy - ydx$$

On tombe généralement sur une équation à variables séparées après passage en polaires. On est ramené à la méthode **6**.

TYPE 9 : ED de Newton

Il s'agit des équations de la forme : $y'' = f(y)$ (*)

L'astuce suprême qu'il faut connaître parce qu'elle ressert dans certains problèmes d'écrit d'étude théorique d'ED consiste à multiplier les deux membres par y' .

L'équation obtenue n'est **équivalente** à la précédente que **dans le cas où y' ne s'annule pas**, ce qui n'est pas forcément vrai dans un cas quelconque et demande en tout cas quelques vérifications (sinon on ne raisonne plus par équivalences, ce qui est toujours dangereux).

On obtient alors : $y'\,y'' = f(y)y'$ qui s'intègre en : $(y')^2(x) = 2F(y(x)) + Cste$ (**)
(F désigne une primitive de f).

Comme on a dû supposer y' de signe constant, on peut prendre la racine des deux membres (faire attention aux signes) et on se retrouve avec une équation à variables séparables ; dans le meilleur des cas, on sait intégrer cette dernière.

Dans le cas de l'équation du pendule y"+siny = 0 on obtient x en fonction de y mais pas le contraire (cf. remarque faite plus haut) ce qui complique l'étude des solutions.

REMARQUE :

On fera le rapprochement entre la relation fondamentale de la dynamique et le théorème de l'énergie cinétique, qui sont respectivement de la forme (*) et (**).

TYPE 10 : Equations de Bernoulli

On a ainsi baptisé les ED du type : $\boxed{y' = a(x)y + b(x)y^p}$ (p entier).

Les cas p=0 ou p=1 ont déjà été traités (type **2**). Supposons $p \geq 2$.
Le théorème de Cauchy-Lipschitz s'applique et assure que toute solution prenant une fois la valeur zéro est identiquement nulle.
Intéressons-nous aux solutions non identiquement nulles (donc jamais nulles, donc de signe constant par continuité).

La méthode consiste à diviser l'ED par y^p (c'est licite d'après notre laïus), d'où :

$$\frac{y'}{y^p} = a(x).\frac{1}{y^{p-1}} + b(x).$$

Si l'on fait alors le changement de fonction inconnue $\boxed{z = \frac{1}{y^{p-1}}}$, on obtient l'ED :

$$\frac{-1}{p+1} z' = a(x)z + b(x).$$

On tombe alors sur une équation de type **2**.

REMARQUE :

❑ *Lorsque vous reconnaissez une ED de Bernoulli, il ne faut pas vous contenter d'identifier la valeur de p et d'appliquer la formule (vous n'allez quand même pas apprendre par cœur le résultat !!)*
Il faut évidemment refaire le raisonnement ci-dessus pour retrouver cette dernière ED.

❑ *Lorsque p est impair, il est facile de voir que : y solution ssi $(-y)$ l'est. Ce qui permet* par exemple de supposer y>0.

Nous avons donné un aperçu quasi complet des types d'équations différentielles. On a vu que, dans certains cas, il fallait connaître une solution particulière de l'équation pour achever la résolution : on va donner les méthodes essentielles pour (essayer de) trouver de telles solutions particulières.

II. Méthodes pour trouver des solutions particulières

Il ne faut pas se leurrer : résoudre complètement une équation différentielle relève souvent de l'exploit. Aussi devez-vous être conscient du fait que les exercices qu'on vous donne ont été construits à l'envers (en partant de la fonction et en cherchant une ED dont elle est solution). On peut quand même donner trois méthodes :

METHODE 1 : Utiliser l'énoncé

Citons plusieurs exemples de telles situations :

❑ L'ED constitue la seconde partie d'un problème, alors que la première consistait en l'étude complète d'une fonction tordue (définie par une intégrale, par exemple) : vous pouvez être sûr que cette fonction est solution de l'ED !

❑ L'énoncé de l'exercice vous invite à chercher une solution particulière *telle que...* : c'est tout bon pour vous, il n'y a qu'à faire de gros calculs bien pédestres...

Si vous vous trouvez dans la situation favorable où le théorème d'unicité de Cauchy - Lipschitz s'applique, vous avez fini : si vous connaissez une solution (et des conditions initiales), c'est la bonne.

METHODE 2 : Utiliser les séries entières

Lorsque l'équation différentielle que l'on vous soumet est à coefficients polynômiaux (ou fractions rationnelles dans certains cas), vous ne perdrez rien à chercher des solutions particulières qui soient DSE au voisinage de zéro.

Il faut évidemment être très clair dans la *rédaction* de la solution que vous proposez.

Exemple : proposer des solutions particulières pour : $y''+\left(1-\frac{2}{x^2}\right)y=0$.

On cherche (par exemple !) des solutions DSE au voisinage de 0. Noter toutefois que de telles solutions ne seront pas définies en zéro, de part la forme de l'ED.

❑ Soit une série entière $\sum a_n x^n$ de rayon R>**0**. La somme y de cette série entière est solution de l'ED sur $]-R,R[$ si et seulement si :

$$x^2y''+\left(x^2-2\right)y \;=\; -2a_0+a_1x+\sum_{n=2}^{+\infty}\left[(n-2)(n+1)a_n+a_{n-2}\right]x^n \;=\; 0.$$

❑ D'après l'**unicité du développement en série entière**, cette équation équivaut à :

$$\begin{cases} a_0=a_1 = 0 \\ (n-2)(n+1)a_n+a_{n-2}=0 \quad \text{pour } n>1 \end{cases}$$

❑ On vérifie facilement (sinon, voir le chapitre sur les séries entières) qu'alors l**e rayon de convergence de la série entière est infini** (en vertu du critère de d'Alembert, par exemple) et que a_2 est arbitraire.

❑ Ceci donne **donc** diverses solutions ; en particulier, on vérifiera aisément que celle correspondant à $a_2=-1/3$ est tout simplement :

$$y_0(x)=\cos x-\frac{\sin x}{x}.$$

Même si cette solution est prolongeable en zéro, les solutions ne sont à retenir que sur des intervalles ne contenant pas zéro, comme on l'a déjà dit plus haut.

Dans le cas général, on a seulement : $a_{2p}=\frac{(-1)^p.2p}{(2p+1)!}.a_2$.

REMARQUE :

Noter les étapes de la rédaction (on se reportera avec profit au chapitre sur les séries entières).

METHODE 3 : Utiliser la méthode de la variation des constantes

On ne s'étendra pas ici sur la méthode que tout le monde (ou presque) connaît, sauf pour rappeler cette lapalissade : l'idée est de considérer que les constantes d'intégration qui apparaissent dans la résolution de l'équation sans second membre sont des fonctions de x, dans le cas où il y a un second membre.

Les calculs sont assez agréables si l'on s'y prend bien, et se ramènent généralement à une détermination de primitive.

Attention : elle n'est valable que pour des équations **linéaires**.

Lu dans les rapports de l'X

❑ « La dimension un de l'espace des solutions est parfois justifiée par la phrase : l'équation est du premier ordre... » (X 89)

❑ « Si un candidat dit : « cette fonction peut s'annuler donc on ne peut pas diviser par cette fonction », on s'arrête là... Il est plus judicieux de dire « supposons que cette fonction ne s'annule pas », et de continuer... » (X 89)

❑ « Pour les équations d'ordre 2 dont on connaît une solution particulière, le changement de fonction inconnue $y = y^{*}z$ est plus expéditive que la variation des constantes... » (X 87)

❑ « On tente souvent de résoudre une équation différentielle non linéaire en utilisant la variation des constantes... » (X 91)

❑ « Les sottises et les enflures concernant les équations différentielles sont remarquablement vivaces. Certains savent parfois le théorème de Cauchy, mais n'en déduisent pas la dimension de l'espace des solutions... » (X 91)

❑ « Beaucoup de candidats donnent la dimension de l'espace des solutions sans s'être préoccupés de l'intervalle d'étude. » (X 90)

❑ « Les élèves ignorent souvent les hypothèses du théorème de Cauchy. » (X 83)

❑ « Certains évoquent le théorème de Cauchy pour des équations $y' = ay+b$. » (X 89)

(Ce ne peut pas être faux, mais c'est ce qu'on appelle employer un marteau pilon pour écraser une mouche...)

❑ « Beaucoup ignorent que les solutions des équations $y' = ay$ sont ou jamais, ou toujours nulles. » (X 89)

Exercices

Pour chacun des exercices suivants, on demande de résoudre aussi complètement que possible l'équation différentielle proposée.

1. $\sqrt{1+x^2}\,.\,y' - y = x+\sqrt{1+x^2}$.

2. $x^2 y'' - 2y = 0$; existe-t-il des solutions sur **R** tout entier ?

(on pourra utiliser le changement de variable $t = \ln(x)$*)*

3. $x^2 + xy + y^2 - x^2 y' = 0$.

4. $xy' - y + \left(\frac{y}{x}\right)^3 = 0$.

5. $\left(1-x^2\right)y - 2xy = x^2$.

6. $xy' - y + \sqrt{x^2+y^2} = 0$.

7. $xy' - y + y^2 - x^2 = 0$.

8. $4xy''+2y' - y = 0$: Trouver toutes les solutions sur $\mathbf{R}^+$.

(on pourra chercher une solution particulière u telle que $1/u$ *soit aussi solution)*

9. Soit $\lambda > 0$ et l'équation différentielle : $xy' + \lambda y = \frac{1}{1+x}$.

a) Déterminer **la** solution définie pour x>0 ayant une limite finie en zéro.

b) Déterminer les solutions DSE au voisinage de zéro. Comparer avec le a).

Corrigés

1. Considérons l'équation sans second membre associée : il s'agit d'une ED linéaire du premier ordre à coefficients variables (type **3**).

On peut se ramener au type **2** sans problème puisque $\sqrt{1+x^2}$ ne s'annule pas.

Soit donc : $y' = \dfrac{1}{\sqrt{1+x^2}} y$.

La solution générale est : $y = \lambda.\exp\left(\displaystyle\int_0^x \frac{dt}{\sqrt{1+t^2}}\right) = \lambda.\exp(\text{Argsh}x) = \lambda.\left(x+\sqrt{1+x^2}\right)$.

La méthode **3** est tout indiquée pour trouver la solution de l'équation avec second membre : on trouve immédiatement : $\lambda'(x) = 1$.

Finalement la solution générale est : $y = (x+\lambda).\left(x+\sqrt{1+x^2}\right)$.

---

2. Il s'agit d'une équation de type **5**. Il faudra donc se placer sur $\mathbf{R}^+$ et $\mathbf{R}^-$.

Posons pour x>0 $t = \ln(x)$, et $y(x) = z(\ln x) = z(t)$. Par dérivation on a :

$$y'(x) = \frac{z(\ln x)}{x}$$

$$\text{et } y''(x) = \frac{z''(\ln x) - z'(\ln x)}{x^2}.$$

En substituant on obtient :

$$z'' - z' - 2 = 0 \quad (*)$$

qui est de type **1**.

L'équation caractéristique a pour racines (-1) et 2 ; la solution générale de (*) est :

$$z(t) = Ae^{-t} + Be^{2t}.$$

Donc pour l'équation initiale :

$$y = \frac{A}{x} + Bx^2 \quad \text{sur } \mathbf{R}^+.$$

En posant $t = \ln(-x)$ pour x<0 on arrive aux mêmes solutions sur $\mathbf{R}^-$.

En définitive la solution générale de l'ED initiale est :

$$\begin{cases} y = \dfrac{A}{x} + Bx^2 & \text{pour } x > 0 \\ y = \dfrac{C}{x} + Dx^2 & \text{pour } x < 0 \end{cases}$$

Une solution sur **R** est de classe C^2 sur **R**.

⇨ La continuité en 0 donne : A=C=0.

⇨ La dérivée seconde étant égale soit à 2B (x>0), soit à 2D (x<0),on obtient B=D.

Finalement les solutions sur **R** de cette ED sont les fonctions : $y = \lambda x^2$

Il faut faire attention à prendre des coefficients ***différents*** *pour x<0 et x>0, sinon on n'obtient pas toutes les solutions.*

---

3. Après avoir éliminé les types **1** à **6**, vous avez dû remarquer qu'il s'agissait effectivement d'une ED homogène (type **7**).

Avec les mêmes notations que dans les méthodes, on pose : $t=\frac{y}{x}$.

L'ED s'écrit alors :

$$1+t+t^2=y'=\frac{dy}{dx}=\frac{d(tx)}{dx}=\frac{tdx+xdt}{dx}.$$

Ce qui donne après regroupements :

$$\frac{dx}{x}=\frac{dt}{1+t^2}.$$

On obtient donc le paramétrage suivant pour les courbes intégrales :

$$\begin{cases} x(t)=\lambda.e^{\mathrm{Arctan}(t)} \\ y(t)=\lambda.te^{\mathrm{Arctan}(t)} \end{cases}$$

---

4. Sur $\mathbf{R}^*$ on a affaire à une équation de Bernoulli avec p = 3.

D'après Cauchy-Lipschitz (cf. baratin type **10**) (.........) on peut alors diviser par y^3.

On pose conformément à la méthode exposée au type **10** : $z=\frac{1}{y^2}$.

z vérifie alors l'ED : $z'+2\frac{z}{x}=\frac{2}{x^4}$.

On résout d'abord l'équation homogène : on obtient $z=\frac{\lambda}{x^2}$.

On fait ensuite varier la constante (méthode **3**) : on a $\lambda'(x)=-\frac{2}{x^2}$ d'où $\lambda(x)=\frac{\lambda-2}{x}$.

Finalement : $\exists\lambda \ / \ \forall x\neq 0 \quad z(x)=\frac{\lambda x-2}{x^3}$.

Reste à prendre la racine ; on peut utiliser la remarque faite dans les méthodes :
y solution ssi $(-y)$ l'est.

Les solutions sont donc : $y=\sqrt{\frac{x^3}{\lambda x-2}}$ ou $y=-\sqrt{\frac{x^3}{\lambda x-2}}$

(Intervalles de définition : $]-\infty,0[\ (\lambda<0)$; $]-\infty,0[\cup\left]\frac{2}{\lambda},+\infty\right[\ (\lambda=0)$; $\left]0,\frac{2}{\lambda}\right[\ (\lambda>0)$).

---

5. On est devant une équation du troisième type (ouaf ouaf ! !).
Le coefficient de y' s'annulant on se place successivement sur l'un des trois intervalles $I=]-\infty,-1[$; $J=]-1,1[$; $K=]1,+\infty[$ sur lesquels le facteur est de signe constant.

L'équation homogène $\frac{y'}{y}=\frac{1}{1-x}-\frac{1}{1+x}$ admet sur I (resp. J, K) pour solutions : $y=\frac{\lambda}{1-x^2}$
(La constante n'étant pas la même sur chacun des trois intervalles).

La méthode de la variation des constantes conduit facilement à : $\lambda'(x)=x^2$.

Ce qui donne les solutions de l'équation initiale : $y(x)=\left(\frac{x^3}{3}+\lambda_i\right)\left(\frac{1}{1-x^2}\right)$ $(i\in\{1;2;3\})$.

---

6. La présence des groupements $xy' - y = \frac{(xdy - ydx)}{dx}$ et $\sqrt{x^2+y^2} = \rho$ invite fortement à passer en polaires. Soyons fous et faisons-le !

Conformément aux rappels du type **8**, l'équation se transforme en :

$$\rho^2 d\theta + \rho dx = 0.$$

Supposons que ρ ne s'annule jamais (vide infra) ; il vient en explicitant x :

$$\frac{d\rho}{\rho} = \frac{\sin\theta - 1}{\cos\theta} d\theta = -\frac{\cos\theta}{\sin\theta + 1} d\theta.$$

C'est une équation du type **6** à variables séparées, qu'on intègre en :

$$\rho = \frac{\rho_0}{1 + \sin\theta}.$$

---

7. On peut hésiter entre une équation homogène et une équation polaire ; en fait il s'agit bien d'une équation homogène (type **7**).

On pose donc y=tx qui transforme l'ED en : $t + 1 + \frac{1}{t} = y' = \frac{dy}{dx} = \frac{xdt + tdx}{dx}$.

On regroupe les termes en dx et en dt pour obtenir l'équation à variables séparées :

$$\frac{tdt}{1+t} = \frac{dx}{x}.$$

Finalement les solutions sont données par les courbes paramétrées :

$$\begin{cases} x(t) = \lambda \dfrac{e^t}{t+1} \\ y(t) = \lambda \dfrac{te^t}{t+1} \end{cases}$$

A vos crayons pour les dessiner (ne riez pas, on pourrait très bien vous le demander à l'oral si vous n'êtes pas sage).

---

8. Soit u la solution particulière dont il est question et v son inverse. On a :

$$v' = -\frac{u'}{u^2} \qquad \text{et} \qquad v'' = -\frac{u^2u'' - 2uu'^2}{u^4}.$$

En reportant ces horreurs dans l'ED, compte tenu du fait que u est solution, il vient :

$$-2u^3 + 8xuu'^2 = 0.$$

Par ailleurs **u ne s'annule pas** (puisqu'on parle de son inverse) donc ceci équivaut à :

$$u'^2 = \left(\frac{u}{2\sqrt{x}}\right)^2 \quad (*)$$

Or u ne s'annule pas et est continue : elle est donc de signe constant (par application du théorème des valeurs intermédiaires). De même u' ne peut pas s'annuler (sinon u s'annulerait en même temps d'après l'ED) donc u' est de signe constant aussi.

Donc l'équation (*) est équivalente à :

$$\frac{u'}{u}=\varepsilon\frac{1}{2\sqrt{x}} \qquad \text{où} \qquad \varepsilon\in\{-1;1\}.$$

Ceci donne comme solutions $y=\lambda e^{\varepsilon\sqrt{x}}$; les solutions particulières inverses l'une de l'autre sont :

$$u=e^{\sqrt{x}} \qquad \text{et} \qquad v=e^{-\sqrt{x}}.$$

Revenons à la résolution de l'ED pour x>0, qui est de type **5**, mais qui pour x>0 est de type **4**, et la théorie générale s'applique : on sait alors que l'ensemble des solutions constitue un espace vectoriel de dimension 2 ; or on en connaît deux fonctions indépendantes, donc une base.

Finalement les solutions pour x>0 sont de la forme :

$$y=A.e^{\sqrt{x}}+B.e^{-\sqrt{x}}.$$

---

9. a) Comme on se place sur $\mathbf{R}^+$, le coefficient devant y' ne s'annule pas et on sait faire : équation homogène et variation des constantes. Allons-y gaiement :

EDH associée : $\frac{y'}{y}=-\frac{\lambda}{x}$ dont la solution générale est : $y=\frac{A}{x^\lambda}$.

La variation de la constante donne : $A'(x)=\frac{x^{\lambda-1}}{1+x}$ donc : $A(x)=A+\int_0^x\frac{t^{\lambda-1}}{1+t}dt$

(Cette dernière intégrale étant convergente à la borne zéro, puisque $\lambda>0$).

Finalement la solution générale est : $y=\frac{A}{x^\lambda}+\frac{1}{x^\lambda}\int_0^x\frac{t^{\lambda-1}}{1+t}dt.$

Le second terme a une limite en zéro, en vertu de l'intégration des relations de comparaison de fonctions **positives** (cf. chapitres sur l'intégration) :

$$\frac{t^{\lambda-1}}{1+t}\underset{0}{\approx}t^{\lambda-1} \quad \text{donc} \quad \int_0^x\frac{t^{\lambda-1}}{1+t}dt\underset{0}{\approx}\int_0^x t^{\lambda-1}dt=\frac{x^\lambda}{\lambda}.$$

Le second terme tend vers $\frac{1}{\lambda}$, et le premier a une limite finie ssi A=0.

La fonction recherchée est donc : $y=\frac{1}{x^\lambda}.\int_0^x\frac{t^{\lambda-1}}{1+t}dt$

b) Soit $\sum a_nx^n$ une série entière de rayon R>**0** dont la somme est solution de l'ED sur $]-R,R[$. La dérivabilité terme à terme et l'unicité du DSE conduisent à :

$$a_n=\frac{(-1)^n}{n+\lambda}.$$

Cette série entière a pour rayon 1 d'après le critère de d'Alembert, et sa somme est évidemment solution de notre ED.
Le lien est facile à faire avec la question précédente puisqu'en intégrant terme à terme le DSE de $\frac{t^{\lambda-1}}{1+t}=\sum_n(-1)^n t^{n+\lambda-1}$ (ce qui est licite si $|x|<1$) on retrouve la fonction précédemment déterminée.

Chapitre 18
METHODES D'ETUDE THEORIQUE DE SOLUTIONS D'EQUATIONS DIFFERENTIELLES

Dans tout ce chapitre, on utilisera les abréviations :

ED pour équation différentielle,
CL pour le théorème de Cauchy-Lipschitz.

Les exercices ou problèmes théoriques sur les équations différentielles sont souvent assez difficiles, car outre les résultats sur les ED, ils font intervenir l'essentiel des méthodes liées :

- aux fonctions numériques (continuité...),
- à la dérivation,
- à l'intégration et la convergence des intégrales impropres,
- aux séries entières.

On commence par rappeler tout ce qui tourne autour du théorème de Cauchy-Lipschitz (rien que le nom fait trembler certains candidats), puis on dresse la liste quasi exhaustive des questions et des méthodes qu'on pose dans les problèmes sur les ED.

I. Théorème de Cauchy-Lipschitz et applications

Rappelons tout d'abord deux définitions indispensables à la bonne compréhension du théorème, qu'on a souvent du mal à entendre convenablement énoncées :

❑ **Fonction localement lipschitzienne :**

Une fonction f de $\mathbf{R} \times \mathbf{R}^n$ à valeurs dans $\mathbf{R}$ est dite localement lipschitzienne **par rapport à sa seconde variable** (x) si et seulement si :

$\forall (t_0, x_0) \in \mathbf{R} \times \mathbf{R}^n \qquad \exists V$ voisinage de (t_0, x_0) dans $\mathbf{R} \times \mathbf{R}^n$ et $k > 0$ tels que :

$$\forall\ (t,x)\ ,\ (t,y) \in V^2 \text{ on a : } \| f(t,x) - f(t,y) \| \leq k \| x - y \|.$$

Cas particulier : une fonction de classe C^1 sur une partie de $\mathbf{R} \times \mathbf{R}^n$ est loc. lipsch.

❑ **Solution maximale :**

On note D_f le domaine de définition de la solution f d'une ED fixée.
On munit l'ensemble des solutions d'une ED fixée de la relation d'ordre partiel $\angle$:

$$f \angle g \text{ si et seulement si } D_f \subset D_g \text{ et f et g coïncident sur } D_f.$$

La solution maximale ϕ **existe** alors et est **définie** comme l'élément maximal de l'ensemble des solutions partiellement ordonné, c'est-à-dire est telle que :

$$\forall f \text{ solution } \ \phi \angle f \ \Rightarrow \ \phi = f\ .$$

C'est donc une solution qui **n'admet pas de prolongement strict**.

❑ Enoncé du théorème de Cauchy-Lipschitz (cas vectoriel) :

Soit un couple quelconque (t_0, x_0) d'éléments de $\mathbf{R} \times \mathbf{R}^n$.

Soit $f : \mathbf{R} \times \mathbf{R}^n \longrightarrow \mathbf{R}^n$ telle que : (i) f est continue par rapport **au couple** (t, x),
(ii) f est localement lipschitzienne **en** x.

Alors il existe une **unique** solution **maximale** φ de l'ED : $\frac{dx}{dt} = f(t, x)$ définie sur un voisinage de $t_0 \in \mathbf{R}$ à valeurs dans $\mathbf{R}^n$ **telle que** : $\varphi(t_0) = x_0$.

REMARQUES :

❑ Un cas particulier très fréquent est f de classe C^1 par rapport à (t, x) : on a (i) ***et*** *(ii).*

❑ Ce théorème assure l'existence ***et*** *l'unicité ; beaucoup oublient qu'il prouve l'existence, et font des pages de raisonnements pour (tenter de) la montrer.*

❑ On ne peut avoir l'unicité que sous les ***4*** *conditions suivantes : (i), (ii), φ maximale, et φ vérifie les conditions initiales.*

❑ Enoncé du théorème de Cauchy-Lipschitz (cas scalaire) :

Soit n+2 réels quelconques $t_0, x_0, \ldots, x_n$.

Soit $f : \mathbf{R} \times \mathbf{R}^n \longrightarrow \mathbf{R}^n$ telle que : (i) f est continue par rapport **au couple** (t, x),
(ii) f est localement lipschitzienne **en** x.

Alors il existe une **unique** solution **maximale** ϕ de l'ED : $\phi^{(n)} = f\left(t, \phi, \phi', \ldots \phi^{(n-1)}\right)$ définie sur un voisinage de $t_0 \in \mathbf{R}$ à valeurs dans **R telle que :**

$$\phi(t_0) = x_0 \ , \ \phi'(t_0) = x_1 \ , \ \ldots \ , \ \phi^{(n-1)}(t_0) = x_n.$$

REMARQUES :

❑ Un cas particulier très fréquent est f de classe C^1 par rapport à (t, x) : on a (i) ***et*** *(ii).*

❑ Pour une ED d'ordre n, on doit avoir ***n*** *conditions initiales pour garantir l'unicité.*

❑ A toute équation scalaire, on peut associer une équation vectorielle et vice-versa, en prenant la fonction vectorielle dont les composantes sont les dérivées d'ordre zéro à n-1 de la fonction recherchée.

Soit à partir de maintenant E une ED à laquelle CL s'applique, et les solutions considérées seront toutes maximales.

APPLICATION 1 : Conditions initiales de solutions distinctes

Si deux solutions maximales d'une ED sont distinctes, elles diffèrent forcément par leurs conditions initiales.
Donc dans $\mathbf{R}^n$, les courbes intégrales de deux solutions distinctes ne se coupent pas.

Dans **R**, deux solutions maximales distinctes passant par un même point, ont (au moins) l'une de leurs n premières dérivées qui prennent en ce point deux valeurs distinctes.

Exemple : étudier les annulations des solutions de $y'(t) = f(t)y(t)$ *(f est continue).*

La fonction identiquement nulle est solution. Par ailleurs CL s'applique (le vérifier).

Soit y une solution maximale quelconque. Supposons qu'elle s'annule en un point a.
y vérifie alors la même condition initiale en a que la solution nulle, et est solution de la même ED qu'elle : ces deux solutions sont donc égales, par unicité de CL.

Moralité : une solution maximale est soit **jamais** nulle, soit **toujours** nulle.

(cf. utilisation de ce résultat au chapitre précédent, type ***2****)*

APPLICATION 2 : Nature des domaines de définition

On montre par CL (et c'est un résultat essentiel) que les solutions maximales d'ED auxquelles CL s'applique sont définies sur des **ouverts** de **R**.

Le principe de la démonstration est simple : si les bornes de l'intervalle n'étaient pas exclues, par exemple, il serait facile de prolonger la solution, ce qui contredirait sa maximalité.

APPLICATION 3 : Théorème de sortie des compacts

Considérons $f : \mathbf{R} \times \mathbf{R}^n \longrightarrow \mathbf{R}^n$ et l'ED : $\frac{dx}{dt} = f(t,x)$ (telle que CL s'applique).
On montre qu'une solution maximale, définie d'après **2** sur un intervalle ouvert $]\omega_-, \omega_+[$ sort, lorsque t tend vers $\omega_\pm$, de tout compact fixé de $\mathbf{R} \times \mathbf{R}^n$.

On en déduit alors facilement que :

- ou bien la solution maximale est définie sur **R** tout entier,
- ou bien elle est définie sur un intervalle borné, alors : $\lim\limits_{t \longrightarrow \omega_\pm} \| \varphi(t) \| = +\infty$.

REMARQUE IMPORTANTE :

L'application ***2*** *figure explicitement au programme ; ce n'est pas le cas de l'application* ***3****, qui est facile à démontrer en raisonnant par l'absurde : s'il existe un compact contenant la solution définie sur un ouvert borné, on montre qu'alors elle est prolongeable à droite de* ω_+ *par application de CL en des points t voisins, ce qui contredit sa maximalité.*

II. Questions usuelles et méthodes correspondantes

Dans cette section, on emploiera abusivement le mot solution pour désigner une solution maximale.

On ne donne pas d'exemple d'illustration de ces méthodes : elles sont suffisamment explicites et simples ; de plus, les exercices ci-après utilisent l'ensemble de ces méthodes et on a détaillé leur solution.

METHODE 1 : Comment montrer que f est paire, périodique, vérifie une relation...

Supposons qu'on veuille montrer que f est paire. Soit D son ouvert de définition.
On introduit alors la fonction $g(x) = f(-x)$ définie sur l'ouvert $-D$. Puis :

❑ On s'assure que g est solution de la même ED que f.

❑ On vérifie que g satisfait aux mêmes conditions initiales que f.

❑ On applique alors CL : par unicité g = f et D = –D donc f est paire.

Lorsque on veut montrer que f est T-périodique, on définit alors g(x)=f(x+T), qui a un sens sur l'intervalle D translaté de T vers la gauche noté $D-T$. On reprend les trois étapes précédentes avec cette nouvelle fonction g.

METHODE 2 : Comment trouver le sens de variation, la convexité, les annulations de f

Le principe est de calculer les dérivées de f dont on a besoin en simplifiant leur expression par utilisation de l'équation différentielle vérifiée par f.

On utilisera alors l'ensemble des méthodes et des idées rappelées au chapitre sur les fonctions numériques, que nous vous conseillons de relire pour l'occasion (chapitre 5).

REMARQUE :

Les tableaux de variation valent mieux que des pages de baratin, et ils sont très appréciés des correcteurs.

*Cependant, pour en tirer le maximum de profit, il faut y consigner l'ensemble des résultats sur les signes, variation, valeurs, de la fonction **et de ses dérivées**.*

METHODE 3 : Comment montrer qu'une solution est bornée

On peut citer essentiellement deux façons de faire :

❑ Etudier directement les variations de f (dérivation...)

❑ Poser $M_x = \sup_{t\in[0,x]} \| f(t) \|$ et montrer, en écrivant l'équation sous forme intégrale et en majorant ces intégrales, que ce sup est borné indépendamment de x.

METHODE 4 : Comment montrer qu'une solution n'est pas bornée

❑ On suppose ici que la solution est maximale et **monotone**.

Le plus simple est de raisonner par l'absurde : si elle était bornée, elle aurait une limite d'après le théorème de la limite monotone. La contradiction vient généralement de ce qu'on peut alors prolonger la solution, ce qui est absurde puisque la solution est maximale.

❑ Si la solution n'est pas monotone :

Il se peut que l'hypothèse f bornée permette, à travers l'ED, d'obtenir une majoration de la dérivée qui permette, par intégration, de montrer que le critère de Cauchy d'existence de limite pour les fonctions est satisfait.
On aurait alors une limite, et on conclut comme précédemment.

METHODE 5 : Comment montrer qu'une solution a une limite

On dispose de plusieurs procédés :

❑ Etudier directement les variations de la fonction.

❑ Utiliser le critère de Cauchy pour les fonctions.

❑ Ecrire la solution comme l'intégrale de sa dérivée, et transformer cette intégrale à l'aide de l'équation différentielle ; on est alors ramené à un problème de convergence d'intégrale impropre (cf. chapitre correspondant).

METHODE 6 : Comment montrer qu'une solution n'a pas de limite

En raisonnant par l'absurde : si elle en avait une, alors on pourrait la prolonger ; ce ne serait donc pas une solution maximale.

METHODE 7 : Comment montrer qu'une ED admet des solutions DSE

Cette question est traitée au chapitre précédent (cf. II, méthode **3** de détermination des solutions particulières).

METHODE 8 : Comment montrer que toutes les solutions d'une ED sont DSE

Généralement, on montre que toute fonction est somme de sa série de Taylor, en évaluant les dérivées successives de f à l'aide de l'ED qu'elle vérifie (cf. chapitre sur les séries entières).

ATTENTION : Cette question est radicalement différente de la précédente ! !

Exercices

1. Soit f une fonction continue définie sur un intervalle I de **R**. On lui associe :

- $\mathcal{E}_f$ l'équation différentielle : $y''+f.y=0$,
- $\mathcal{S}_f$ l'espace vectoriel des fonctions solutions de $\mathcal{E}_f$.

A. Soit y un élément non nul de $\mathcal{S}_f$.

1) Montrer que les zéros de y sont isolés.

2) Montrer que le nombre de zéros de y est fini lorsque I est compact.

B. On suppose de plus que : $\forall x \in I \quad f(x)<0$. Soit y un élément de $\mathcal{S}_f$.

1) Montrer que s'il existe deux zéros distincts de y, alors y est nulle.

2) On suppose que I est non majoré et soit a un élément de I.
Montrer que si $y(a)=0$ et $\lim\limits_{+\infty} y=0$, alors y est identiquement nulle.

3) On suppose que I=**R**.

a) Montrer que si y>0 sur **R**, alors y n'est pas majorée sur $\mathbf{R}^+$.

b) Montrer que si $\exists a \,/\, y(a)=0$ et $\forall x>a \quad y(x)>0$, y n'est pas majorée sur $\mathbf{R}^+$.

c) En déduire que la seule solution bornée sur **R** est identiquement nulle.

2. Soit E l'équation différentielle $yy''+x^{m+1}=0$, où m est un entier fixé.

a) Montrer que $\exists\,!$ u, solution maximale u telle que $u(0)=1$ et $u'(0)=0$.
On note $]a,b[$ son intervalle de définition.

b) On suppose que **b = +∞**. Montrer qu'on ne peut pas avoir : $\forall x>0 \quad u(x)>0$.
En déduire que ce cas est impossible.

c) On a donc $0<b<+\infty$.
Montrer que u a une limite en b, et que cette limite est nécessairement nulle.

3. On considère l'équation différentielle : $y''=y^k$ où $k\in\,]-1,+\infty[$.

On se propose d'étudier dans le demi-plan ouvert y>0 l'ensemble S_k de ses solutions maximales y vérifiant en outre $y'(0)=0$. On pose alors $y(0)=m>0$.

A. Cas où k = -1

a) Montrer qu'il existe une unique solution $u_0 \in S_{-1}$ telle que : $u_0(0)=1$.

b) Montrer que les autres éléments u de S_{-1} sont donnés par : $u(x)=m.u_0\left(\dfrac{x}{m}\right)$.

B. Cas où k $\geq$ -1

On pose $\alpha = \frac{k+1}{2}$; f désigne un élément quelconque de S_k.

a) Si m>0 est fixé, déterminer le nombre d'éléments de S_k tels que $y(0) = m$.

b) Démontrer que l'intervalle de définition de f est symétrique par rapport à 0.

c) Etudier la concavité de f et son sens de variation.

d) Exprimer x>0 sous forme d'une intégrale sur y.

e) En déduire dans quel cas l'intervalle de définition de f est borné.

C. Cas où k $\geq$ 0

Soit f et g deux éléments de S_k, avec $f(0) < g(0)$. On note I et J leurs intervalles de définition.

Démontrer que $\forall x \in I \cap J \quad f(x) < g(x)$.

(On raisonnera par l'absurde en introduisant alors $\xi = \inf\{x > 0 \,/\, f(x) \geq g(x)\}$*).*

Corrigés

1. A.1) Soit a un zéro de y. D'après l'application **1** de CL, on a forcément $y'(a) \neq 0$ (sinon y serait identiquement nulle, or on a supposé le contraire). Par ailleurs il est clair que si y est élément de $\mathcal{S}_f$, $(-y)$ aussi. On peut donc supposer que $y'(a) > 0$.

Comme y est de classe C^2(au moins), y' est continue donc elle est localement strictement positive au voisinage de a (cf. chapitre sur les fonctions continues, idée**1**). Donc y est strictement croissante au voisinage de a, et donc localement ne s'annule pas autour de a : a est donc un zéro isolé.

REMARQUE :

Il est fondamental que les inégalités soient ***strictes*** *pour que le raisonnement tienne.*

A.2) Si le nombre de zéros de y sur I était **infini**, on pourrait construire une suite de zéros de y, qui aurait une valeur d'adhérence a puisque I est compact.
Par continuité de y en a, a serait aussi un zéro de y, mais il ne serait pas isolé en tant que limite d'une suite de zéros distincts de lui, ce qui contredit 1).

B.1) Supposons que y ne soit pas identiquement nulle. On peut toujours supposer que a et b sont deux zéros consécutifs de y (car entre a et b il y a un nombre fini de zéros d'après A.2)).
Comme y ne s'annule pas entre a et b (car il n'y a pas de zéro entre a et b), elle est de signe constant. On peut (quitte à changer y en son opposé) supposer que $y'(a) > 0$.
Alors y est positive entre a et b et :

x	a		b
u		+	
y"=-fy		+	
y'	+	↗	
y	0	↗	0

(On a utilisé le fait que f était négative pour déterminer le signe de y").

La dernière ligne de ce tableau est manifestement contradictoire, puisque y doit croître strictement de 0 à 0 !
Donc notre hypothèse de départ était absurde : y est identiquement nulle.

B.2) Ou bien il existe un zéro b>a pour y : on est ramené au cas précédent.
Sinon, y est de signe constant, par exemple positive pour x>a si $y'(a) > 0$. On obtient alors un tableau analogue au précédent :

x	a		$+\infty$
u		+	
y"=-fy		+	
y'	+	↗	
y	0	↗	0

La contradiction est évidemment la même.

B.3)a) Si y>0 alors y"<0 donc y' est strictement croissante sur **R**. Soit a un point tel que $y'(a) \neq 0$ (il en existe sinon y est constante).

Si $y'(a) > 0$, y est convexe sur $[a, +\infty[$, donc au-dessus de sa tangente en a (cf. chapitre sur les fonctions continues, idées sur les fonctions convexes) ; donc $\lim\limits_{+\infty} y = +\infty$.

Si $y'(a) < 0$, y est convexe sur $]-\infty, a]$, donc au-dessus de sa tangente en a, donc $\lim\limits_{-\infty} y = +\infty$.

Dans tous les cas y n'est pas bornée.

B.3)b) Les conditions imposées entraînent que $y'(a) > 0$ et cela ramène au cas précédent.

B.3)c) Si y n'est pas nulle, elle s'annule au plus une fois d'après B.1)

Ou elle ne s'annule pas, elle est donc de signe constant par exemple positif (sinon on prend son opposé, qui est aussi solution) ; d'après B.3)a) elle n'est pas majorée.

Ou elle s'annule une fois, et on se retrouve dans le cas B.3)b), d'où contradiction.

REMARQUE :

On ne vous l'a pas dit, mais cet exercice illustrait la méthode ***2****.*

---

2. a) Vu qu'il faut montrer l'existence et l'unicité d'une solution maximale, il y a des grandes chances qu'il faille utiliser CL, donc avoir une ED de la forme y" = ...

Il faut donc s'intéresser aux annulations éventuelles des solutions. Il est clair que :
$\forall u$ solution, $u(x) = 0 \Rightarrow x^{m+1} = 0 \Rightarrow x = 0$: le seul point d'annulation possible est 0.

Or on cherche une solution telle que $u(0) = 1$; donc **u ne s'annule pas**, donc est de signe constant car u est continue ; or $u(0) = 1 > 0$ donc **u est strictement positive**.

Donc pour le u qu'on cherche :

$$uu'' + x^{m+1} = 0 \Leftrightarrow u'' = -\frac{x^{m+1}}{u}.$$

Il est clair que la fonction $F(x,u) = -\frac{x^{m+1}}{u}$ est de classe C^1(et même C^∞)sur $\mathbf{R}^+ \times \mathbf{R}^{+*}$.

CL (version scalaire) s'applique donc sans problème et assure de l'existence et unicité de u satisfaisant aux conditions imposées.

Par ailleurs l'application **2** de CL nous dit que u est définie sur un ouvert, que l'énoncé note $]a, b[$. On a nécessairement : $a < 0 < b$ puisque 0 est dans ce domaine.

b) Supposons que $b = +\infty$. On a vu au a) que nécessairement u était strictement positive sur son intervalle de définition. Donc ici : $\forall x > 0 \ u(x) > 0$.

On en déduit le tableau de variation suivant (en utilisant que : $u''=-\frac{x^{m+1}}{u}$) :

x	0		+∞
u		+	
u"		–	
u'	0	↘	

Donc u' est décroissante, et donc a une limite $L\in]-\infty,0]\cup\{-\infty\}$ (car $L\le u'(0)=0$).

⇨ **Ou bien L=-∞ :** alors par définition $\exists A\,/\,\forall x\ge A$ t.q. $u'(x)\le -1$ ce qui donne par intégration : $\forall x\ge A\quad u(x)\le u(A)-(x-A)$, d'où u tend vers -∞ ; or u>0... Absurde.

⇨ Ou bien L est un réel strictement négatif : alors $u' \underset{\infty}{\approx} L$ donc par intégration $u(x)\underset{\infty}{\approx} Lx$; encore une fois u tend vers -∞.

Donc b est fini.

c) On peut reprendre et compléter le tableau de variation de u :

x	0		b
u		+	
u"		–	
u'	0	↘ –	
u	1	↘	

Donc u est décroissante ; or elle est strictement positive donc minorée par 0.
D'après le théorème de la limite monotone **u a une limite L ≥ 0** en b.

Il faut montrer que cette limite est nulle. On va raisonner par l'absurde.

Le plus délicat est peut-être de savoir ce qui va être contradictoire ; mais on a le théorème de sortie des compacts pour nous guider : comme b est fini, et que u a une limite finie en 0, il faut nécessairement que u' diverge en b. On va montrer que si L=0, alors u' a une limite finie.

D'après la méthode **3**, on peut utiliser la limite monotone (qui ne nous apprend rien de plus) ou exprimer u' comme intégrale de u".

$$u'(x)=\int_0^x u''(t)dt=-\int_0^x \frac{t^{m+1}}{u(t)}dt.$$

Etudions l'intégrant : puisque u a une limite L non nulle en b, il tend vers $\frac{b^{m+1}}{L}$ en b ; donc l'intégrale est convergente, ce qui veut dire que u' a une limite en b : absurde.

---

3. **Aa)** L'originalité n'est pas de mise dans ce type de question : on va essayer d'appliquer CL. Or la fonction $F(x,y)=\frac{1}{y}$ est de classe C^1 sur **R** x $\mathbf{R}^{+*}$. D'après CL il existe une unique solution telle que $u_0(0)=1$ et $u_0'(0)=0$.

Ab) Comme CL s'applique, il suffit de vérifier que la fonction $v(x) = mu_0\left(\frac{x}{m}\right)$ est solution de l'ED et vérifie les mêmes conditions initiales que u.

On a clairement : $v'(x) = u_0'\left(\frac{x}{m}\right)$ et $v''(x) = \frac{1}{m}u_0''\left(\frac{x}{m}\right)$.

Donc : $v(0) = mu_0(0) = m$ et $v'(0) = u_0'(0) = 0$; de plus $v(x)v''(x) = u_0\left(\frac{x}{m}\right).u_0''\left(\frac{x}{m}\right) = 1$.

Par unicité les deux solutions sont donc égales.

B.a) CL s'applique exactement comme précédemment : c'est encore C^1.

B.b) C'est typiquement la méthode **2** qui s'applique puisqu'on demande en fait d'établir la parité de f, en appliquant CL. Soit D l'ouvert de définition de f.

On pose donc $g(x) = f(-x)$, qui est définie sur (–D) (notation illicite, mais parlante !)

On a évidemment : $g''(x) = f''(-x)$, $g(0) = f(-0) = m$ et $g'(0) = -f'(-0) = 0$.

g et f sont alors solutions maximales de la même équation différentielle et vérifient les mêmes conditions initiales : par CL elles sont égales donc :

- d'une part (–D)=D ce qui signifie exactement que D est symétrique par rapport à 0.
- d'autre part f est paire ce qui permet de restreindre son étude aux x>0.

B.c) D'après l'énoncé les solutions sont à valeur dans le demi plan y>0, donc f>0. Comme $f'' = f^k$, on en déduit que f '' > 0 donc que f est convexe.

De plus f ' est alors strictement croissante, et nulle en zéro, donc f est croissante (resp. décroissante) pour x>0 (resp. x<0).

B.d) C'est le moment de remarquer que l'ED qu'on étudie est de Newton (type **10** du chapitre sur la résolution pratique des ED). On sait qu'il faut multiplier par y' pour obtenir des résultats intéressants.

Pour x>0, y'>0 donc il n'y a aucun problème et par intégration on trouve :

$$\frac{1}{2}(y')^2 = \frac{1}{k+1}\left(y^{k+1} - m^{k+1}\right).$$

De plus x>0 donc y(x) > m par croissance de y et $k+1>0$ par hypothèse donc :

$$y' = \sqrt{\frac{1}{\alpha}\left(y^{2\alpha} - m^{2\alpha}\right)}.$$

Cette équation à variables séparées s'intègre et donne (malheureusement) x en fonction de y :

$$x = \frac{1}{\sqrt{\alpha}}.\int_m^y \frac{dt}{\sqrt{\left(t^{2\alpha} - m^{2\alpha}\right)}}.$$

REMARQUE :

La difficulté de cette question tient moins aux calculs, qu'à leurs justifications (annulations, signes, racine...)

B.e) On voit sur l'expression de y' en fonction de y que :

- y a une limite finie ssi y' a une limite finie,
- y a une limite infinie ssi y' a une limite infinie.

D'après le théorème de sortie des compacts (application **3**), lorsque x tend vers (sup D), y ***ou*** y' doit tendre vers l'infini. On en déduit donc que y ***et*** y' tendent vers $+\infty$ quand x tend vers (sup D).

Dire que le domaine de définition est borné revient donc à dire que l'intégrale écrite au d) est convergente à la borne $+\infty$, ce qui arrive ssi $\alpha > 1$ (intégrales de Riemann).

C. Supposons que $\exists x \in I \cap J$ tel que : $f(x) \geq g(x)$ et soit $E = \{x > 0 \,/\, f(x) \geq g(x)\}$. Cet ensemble est alors non vide, et minoré par 0 donc admet une borne inf, ξ.

Notons que comme $f(0) < g(0)$, on a par continuité $f(x) < g(x)$ sur un voisinage à droite de 0 (car l'inégalité est stricte ; cf. chapitre sur les fonctions, idée **1**). Ce qui nous indique donc que $\xi > 0$.

Comme ξ est borne inf, par définition les $x \leq \xi$ ne sont pas dans E (ξ minore E) donc :

$$\forall x \in [0, \xi[\quad f(x) < g(x)$$

Or $k \geq 0$ donc :

$$\forall x \in [0, \xi[\quad f''(x) < g''(x)$$

Posons h = g - f : comme f et g sont solutions de l'ED on a $h'(0) = h(0) = 0$ d'où :

x	0		ξ
h''		+	
h'	0	↗ +	
h	0	↗ +	

On en déduit que: $f(\xi) > g(\xi)$. Comme l'inégalité est stricte, elle est encore vraie par continuité à droite de ξ, ce qui contredit la définition de ξ.

Donc notre hypothèse de départ était absurde.

Cinquième partie

CALCUL INTEGRAL

Chapitre 19
METHODES DE CALCUL D'INTEGRALES

Ce chapitre fait sans aucun doute partie de ceux où les élèves écorchent le moins de théorèmes (pour une raison assez simple : il n'y en a pas), et font le plus grand nombre d'erreurs de calcul. Ceci amuse assez les examinateurs, qui n'ont alors de cesse de se lamenter du manque de bon sens caractérisé dont font preuve les candidats pour mener à bout leurs petits calculs.

Pourtant, un peu de bon sens (dont on dit que ce serait la chose la mieux partagée au monde), et surtout quelques points de méthode, devraient pouvoir vous tirer d'affaire...

On a séparé ce chapitre en deux cas ; selon qu'on connaît ou non une primitive de la fonction à intégrer. En effet, **il ne faut pas confondre calcul de primitives et calcul intégral**, comme vous pourrez le constater dans les pages suivantes.

REMARQUE PRELIMINAIRE : Ce chapitre concerne le calcul aussi bien des intégrales propres que celui des intégrales impropres, dont les règles de convergence sont supposées connues (elles sont rappelées au chapitre 21). On laisse au lecteur le soin de vérifier la convergence, le cas échéant.

I. On connaît une primitive de la fonction a intégrer

Nous ferons ici le tour des méthodes de calcul de primitives.

A) Primitives usuelles

No comment. Le tableau récapitulatif se trouve au chapitre 25. Il doit évidemment être su par cœur, et nous ne doutons pas que c'est déjà le cas pour le plus grand nombre d'entre vous.

B) Cas des intégrales faisant intervenir des fractions rationnelles

« On demande aux candidats de savoir calculer les intégrales de la forme :

$\int R(x)$, $\int R(\cos(x), \sin(x))$, $\int R(\operatorname{ch}(x), \operatorname{sh}(x))$, $\int R\left(e^x\right)$ d'une part, et d'autre part de la forme : $\int R\left(x, \sqrt[n]{\dfrac{ax+b}{cx+d}}\right)$ et $\int R\left(x, \sqrt{ax^2+bx+c}\right)$, R étant une fraction rationnelle. »

(extrait du rapport des correcteurs du concours de l'Ecole Polytechnique, 1987).

Adoptons donc cette classification très complète pour nos méthodes.

METHODE 1 : Intégrales de la forme $\int R(x)$

❑ Là, vous ne couperez pas à la décomposition en éléments simples de ladite fraction rationnelle, et vous aurez tout intérêt à **ne pas oublier sa partie entière**.

❑ Une fois votre décomposition acquise (ce qui, espérons-le, n'aura pas pris la totalité du temps de votre oral), les calculs à mener seront de différents selon les quatre types d'éléments simples que vous rencontrerez :

1er type : la partie entière. C'est un brave polynôme, alors pas d'états d'âme...

2ème type : $\frac{1}{t+\alpha}$, s'intègre en $\ln|t+\alpha|$.

3ème type : $\left(\frac{1}{t+\alpha}\right)^n$, s'intègre en : $\frac{1}{1-n}.\left(\frac{1}{t+\alpha}\right)^{n-1}$ $(n>1)$.

4ème type : $\frac{ax+b}{\left(x^2+px+q\right)^n}$ (où le dénominateur n'a pas de racine réelle).

➪ On fait apparaître la dérivée de x^2+px+q au numérateur :

$$\frac{ax+b}{\left(x^2+px+q\right)^n}=\frac{a}{2}.\frac{2x+p}{\left(x^2+px+q\right)^n}+\frac{b-\frac{pa}{2}}{\left(x^2+px+q\right)^n}.$$

Le premier morceau est de la forme $\frac{u'}{u^n}$ donc s'intègre en $\frac{1}{(1-n)u^{n-1}}$.

Reste donc le calcul des intégrales de la forme :

$$I_n=\int\frac{dx}{\left(x^2+px+q\right)^n}.$$

➪ On commence par écrire la factorisation canonique de x^2+px+q :

$$I_n=\int\frac{dx}{\left[\left(x+\frac{p}{2}\right)^2+r^2\right]^n}=\frac{1}{r^{2n}}\int\frac{dx}{\left[\left(\frac{x+p/2}{r}\right)^2+1\right]^n}$$

(on a posé : $r^2=q-\frac{p^2}{4}$).

➪ Un changement de variable affine ramène à :

$$I_n=r^{1-2n}\int\frac{dt}{\left(t^2+1\right)^n}=r^{1-2n}J_n.$$

⇨ Ces intégrales se calculent par récurrence en intégrant par parties (intégrer 1) :

$$J_n = \frac{x}{\left(x^2+1\right)^n} + 2n\int \frac{x^2}{\left(1+x^2\right)^{n+1}}dx$$

qu'on écrit finalement :

$$J_n = \frac{x}{\left(x^2+1\right)^n} + 2n\left(J_{n+1} - J_n\right)$$

sachant que $J_0 = x$.

METHODE 2 : Intégrales de la forme $\int R(\cos(x), \sin(x))$

❑ Le **changement de variable** qui fonctionne dans tous les cas est :

$$t = \tan\left(\frac{x}{2}\right).$$

Evidemment, son application nécessite l'utilisation de formules de trigonométrie un peu pénibles (cf. chapitre 25).
Mais en théorie, on est sûr d'arriver au résultat (on ne sait pas très bien au bout de combien de pages...)

❑ Cette technique n'est pas à employer en priorité, par la lourdeur des calculs qu'elle génère. On peut chercher à effectuer d'autres changements de variables, plus simples, en appliquant les **règles de Bioche** :

Si le terme $R(\cos(x), \sin(x))dx$ est invariant quand on change :

- ⇨ x en $(-x)$: on peut alors poser $u = \cos(x)$.
- ⇨ x en $(\pi - x)$: on peut alors poser $u = \sin(x)$.
- ⇨ x en $(\pi + x)$: on peut alors poser $u = \tan(x)$.

❑ Signalons aussi que la **linéarisation** des produits $\sin^p(x)\cos^q(x)$ conduit à des expressions plus simples à intégrer. Pour ces produits, il faut aussi remarquer par exemple que si p (ou q) est impair, on a :

$$\sin^{2k+1}(x)\cos^q(x)dx = \sin^{2k}(x).\cos^q(x).\sin(x)dx = -\left(1-u^2\right)^k u^q du$$

en posant u=cos(x), ce qui ramène à des polynômes.

METHODE 3 : Intégrales de la forme $\int R(\mathrm{ch}(x), \mathrm{sh}(x))$ (et $\int R(e^x)$)

❑ On dispose de deux **changements de variable** dans le cas général :

$$u = \mathrm{th}\left(\frac{x}{2}\right)$$

$$v = e^x$$

❑ On peut aussi appliquer les **règles de Bioche** (cf. méthode **2**). Pour déterminer le changement de variable adapté, on procède en deux temps :

➯ On remplace par la pensée : ch par cos, et sin par sh.
➯ Pour la nouvelle expression, on détermine par **2** le bon changement.
➯ Le changement à effectuer pour l'expression originale est le changement hyperbolique correspondant c'est-à-dire :

Si pour l'expression transformée il fallait poser $u = \cos(x)$, il faudra poser $u = \mathrm{ch}(x)$ etc.

Exemple : calculer $\int \frac{dx}{\mathrm{sh}x}$.

L'expression trigonométrique correspondante serait : $\int \frac{dx}{\sin x}$, invariante par $x \to -x$.

On devrait poser $u = \cos(x)$, donc on pose : $u = \mathrm{ch}(x)$, qui ramène à : $\int \frac{du}{u^2 - 1}$.

METHODE 4 : Intégrale de la forme $\int R\left(x, \sqrt[n]{\frac{ax+b}{cx+d}}\right)$

La méthode standard consiste à faire le changement de variable :

$$t^n = \frac{ax+b}{cx+d} \quad \Leftrightarrow \quad x = \frac{b - dt^n}{ct^n - a}$$

qui ramène à l'intégration de fractions rationnelles (méthode **1**).
Il peut être judicieux d'effectuer (si c'est possible) un changement de variable préalable pour simplifier au maximum l'expression, car les calculs de fractions rationnelles sur lesquels on débouche sont souvent immondes.

Exemple : primitive de $\frac{1}{2-x}\sqrt{\frac{8-3x}{2-x}}$.

En posant comme suggéré $u = \sqrt{\frac{8-3x}{2-x}}$: $dx = \frac{4udu}{\left(u^2-3\right)^2}$ on est conduit à la fraction :

$\frac{2u^2}{u^2-3} = 2\left[1 + \frac{3}{u^2-3}\right]$ qui s'intègre immédiatement sous cette forme.

METHODE 5 : Intégrale de la forme $\int R\left(x, \sqrt{ax^2 + bx + c}\right)$

❑ Il existe une méthode standard en trois étapes :

➯ On commence par mettre le radicande sous forme canonique.
➯ Par un changement de variable affine, on tombe alors sur l'une des 3 ci-dessous, auxquelles on applique le changement de variable indiqué :

⇨ Pour :

$$\sqrt{1+t^2} \longrightarrow \text{on pose } t=\text{sh}(u)$$

$$\sqrt{1-t^2} \longrightarrow \text{on pose } t=\sin(u)$$

$$\sqrt{t^2-1} \longrightarrow \text{on pose } t=\text{ch}(u)$$

Citons en outre deux solutions de rechange particulièrement efficaces :

❑ Dans le cas où le trinôme du second degré s'annule en α et β : on écrit :

$$\sqrt{a(x-\alpha)(x-\beta)} = |\, x-\alpha \,|.\sqrt{a\frac{x-\alpha}{x-\beta}}$$

On applique alors la méthode **4** au groupement avec racine.

❑ Dans le cas d'une intégrale de la forme : $\int R\left(x, \sqrt{(x-\alpha)(\beta-x)}\right)$ on peut poser :

$$x = \alpha\cos^2(t) + \beta\sin^2(t) \qquad t \in \left[0, \frac{\pi}{2}\right].$$

C) Trois méthodes pour débloquer les situations

Ces méthodes sont souvent des préliminaires à tous les calculs que vous serez amenés à conduire : ils possèdent l'avantage de simplifier grandement ceux ci.

METHODE 6 : L'intégration par parties (I.P.P.)

a) Pour diminuer les degrés des dénominateurs des fractions rationnelles

Exemple : primitive de f(x) = $\dfrac{x^2}{\left(x^2+1\right)^3}$.

A priori, la décomposition est de la forme :

$$f(x) = \frac{ax+b}{x^2+1} + \frac{cx+d}{\left(x^2+1\right)^2} + \frac{ex+f}{\left(x^2+1\right)^3}.$$

Ce qui fait 6 coefficients à calculer avant d'arriver à l'intégrale...
Il est souhaitable de savoir que 2=1+1, ce qui permet d'écrire :

$$f(x) = x.\frac{x}{\left(x^2+1\right)^3}.$$

Le second terme étant une dérivée, on obtient par IPP :

$$F(x) = -\frac{x}{4\left(x^2+1\right)^2} + \frac{1}{4}\int \frac{dt}{\left(1+t^2\right)^2}.$$

Le dernier terme est simple à intégrer (cf. méthode 1), donc on n'a eu aucun calcul à faire pour trouver le résultat...

b) Pour faire disparaître les termes en logarithme népérien (ln)

Lorsque dans une intégrale, se mêlent à la fois une partie rationnelle et un logarithme népérien, ou une partie « eulérienne » et un logarithme, on peut être certain (à 90%) que l'on va devoir faire disparaître le ln par une IPP, en dérivant le ln...

Exemple : primitive de $f(x)=\dfrac{x.\ln(x)}{\sqrt{x^2+1}}$.

On obtient par une IPP évidente : $F(x)=\sqrt{x^2+1}.\ln(x)+\displaystyle\int\frac{\sqrt{t^2+1}}{t}dt$.

La nouvelle intégrale étant eulérienne, on est dans le cadre de la méthode **1**.

Notez cependant que dans les 10% de cas restants, il peut être judicieux de garder les termes en logarithme, par exemple en faisant un changement de variable x=1/t, qui transforme le ln en son opposé, et peut donner des résultats intéressants...

METHODE 7 : Le changement de variables

a) Pour rétrécir l'intervalle d'intégration

Il est toujours préférable d'intégrer sur l'intervalle le plus simple possible. Il est possible de réduire cet intervalle en utilisant la parité et la périodicité d'une fonction.
Cette démarche préliminaire est indispensable, sinon vous affirmerez un peu trop vite la nullité de certaines intégrales ; l'erreur viendra de ce que le « changement de variable » n'est pas bijectif sur l'intervalle initial.

b) Pour réduire le degré de certaines expressions rationnelles

Cette astuce s'applique à toute intégrale se présentant sous la forme : $\displaystyle\int t^{n-1}f\left(t^n\right)dt$.

Le changement de variable évident est : $x=t^n$, qui transforme l'expression précédente en : $\dfrac{1}{n}\displaystyle\int f(u)du$.

Ce qui est un tout petit peu moins évident, c'est de voir qu'une expression se met sous la forme indiquée.

Exemple 1 : primitive de $f(t)=\dfrac{1}{t\left(1+t^2\right)^2}$.

Encore une fois, la décomposition s'écrit a priori : $f(t)=\dfrac{a}{t}+\dfrac{bt+c}{1+t^2}+\dfrac{dt+e}{\left(1+t^2\right)^2}$.

Mais on n'a que moyennement envie de calculer ces coefficients...

Or la fonction est de la forme voulue avec n=2, on pose donc y = t^2.

Donc : $F(x)=\displaystyle\int\frac{t.dt}{t^2\left(1+t^2\right)^2}=\frac{1}{2}\int\frac{dy}{y(y+1)^2}$.

La décomposition en éléments simples est « immédiate » $\dfrac{1}{y(y+1)^2}=\dfrac{1}{y}-\dfrac{1}{y+1}-\dfrac{1}{(y+1)^2}$

Il ne reste qu'à intégrer à vue (en n'oubliant pas de remplacer y par t^2 à la fin)...

Exemple 2 : primitive de $f(t)=\dfrac{1}{t^{16}\left(1+t^{30}\right)}$

On n'envisage même pas de décomposer cette fraction rationnelle en éléments simples : il faudrait déjà factoriser le dénominateur, ce qu'on vous autorise à faire si vraiment vous n'avez rien de mieux à faire...

Alors que si l'on multiplie haut et bas par t^{14}, la situation est beaucoup plus claire :

$$F(x)=\int \frac{t^{14}}{t^{30}\left(1+t^{30}\right)}dt=\frac{1}{15}\int \frac{du}{u^2\left(1+u^2\right)}.$$

La fin ne pose alors plus aucun problème...

METHODE 8 : Astuce relative aux intégrales $\int_a^b t.f(t)dt$

Si f est continue et que **de plus** $f(a+b-t)=f(t)$, alors on a :

$$\int_a^b t.f(t)dt \quad = \quad \frac{a+b}{2}\int_a^b f(t)dt$$

Cette formule est facile à établir en remarquant par exemple que :

$$\int_a^b tf(t)dt+\int_a^b (a+b-t)f(t)dt=\int_a^b (a+b)f(t)dt$$

et

$$\int_a^b tf(t)dt+\int_a^b (a+b-t)f(t)dt=\int_a^b tf(t)dt+\int_a^b (u)f(a+b-u)dt=2\int_a^b tf(t)dt$$

Elle est très agréable car elle permet de se sortir des intégrales qui **mélangent à la fois une fonction trigonométrique barbare et un terme en « x »,** qu'elle évacue.

Exemple : calculer $\displaystyle\int_0^\pi \frac{x.\sin(x)}{1+\cos^2(x)}dx.$

On a les propriétés requises, donc :

$$\int_0^\pi \frac{x.\sin(x)}{1+\cos^2(x)}dx=\frac{\pi}{2}\int_0^\pi \frac{\sin(x)}{1+\cos^2(x)}dx=\frac{\pi}{2}.[-\mathrm{Arc}\tan(\cos x)]_0^\pi=\frac{\pi^2}{4}.$$

II. On ne connaît pas de primitive de la fonction a intégrer

C'est de loin le cas le plus fréquent. Disons que c'est aussi plus embêtant, car c'est forcément du cas par cas. N'empêche qu'il existe quelques règles...

METHODE 9 : Utilisation d'une formule de récurrence

Les formules de récurrence s'obtiennent dans 99,99999% des cas en effectuant une **intégration par parties.**
On va donner un exemple classique : celui des intégrales de Wallis. On en profite ici pour rappeler quelques résultats hyper classiques qui leur sont relatifs, que l'on vous suggère d'apprendre par cœur...

INTEGRALES DE WALLIS :

On pose pour n positif : $I_n = \int_0^{\pi/2} (\cos(t))^n dt = \int_0^{\pi/2} (\sin(t))^n dt$.

1) Etablir que : $I_{2p} = \frac{2^{2p}(p!)^2}{(2p+1)!}$ et $I_{2p+1} = \frac{\pi}{2}\frac{(2p)!}{2^{2p}(p!)^2}$.

2) Démontrer que la suite I_n est décroissante et convergente.

3) Démontrer que le produit $(n+1)I_n.I_{n+1}$ est constant et égal à $\frac{\pi}{2}$.

4) Démontrer que $\frac{I_{n+1}}{I_n}$ tend vers 1 et en déduire que : $I_n \approx \sqrt{\frac{\pi}{2n}}$.

5) En *admettant* que la suite $\frac{n!}{\sqrt{n}}\left(\frac{e}{n}\right)^n$ converge, retrouver la **formule de Stirling :**

$$n! \approx \left(\frac{n}{e}\right)^n \sqrt{2\pi n}.$$

1)

$$I_{n+1} = \int_0^{\pi/2} \cos^{n-1} t \,.\, \cos^2 t \;dt = \int_0^{\pi/2} \cos^{n-1} t \,.\, \left(1-\sin^2 t\right) dt = I_{n-1} - \int_0^{\pi/2} \left(\cos^{n-1} t.\sin t\right).\sin t \;dt$$

d'où en réintégrant encore par parties (la partie tout intégrée est nulle) :

$$I_{n+1} = I_{n-1} - \frac{1}{n} I_{n+1}$$

qui donne :

$$I_{n+1} = \frac{n}{n+1} I_{n-1}.$$

En calculant par ailleurs $I_0 = 1$ et $I_1 = \frac{\pi}{2}$, on trouve, en multipliant en cascade et en distinguant les cas pairs et impairs, les formules proposées.

2) $I_{n+1} - I_n = \int_0^{\pi/2} (\cos(t))^n (\cos t - 1) dt \leq 0$, et I est visiblement minorée par 0, donc CV.

3) Il suffit de multiplier la relation de récurrence par I_n pour le voir, puis de calculer la valeur pour n=1.

4) La relation de récurrence montre à l'évidence que $\frac{I_{n-1}}{I_{n+1}}$ tend vers 1.

La monotonie de I donne : $I_{n+1} \leq I_n \leq I_{n-1} \quad \Leftrightarrow \quad 1 \leq \frac{I_n}{I_{n+1}} \leq \frac{I_{n-1}}{I_{n+1}}$.

Le théorème des gendarmes donne le résultat.

En utilisant ce résultat et 3) : $\frac{\pi}{2} = (n+1)I_n I_{n+1} \approx n I_n^2$ on trouve l'équivalent.

5) L'équivalent trouvé au 4) donne : $I_{2p} = \dfrac{2^{2p}(p!)^2}{(2p+1)!} \approx \sqrt{\dfrac{\pi}{4p}}$.

En *supposant* que la suite proposée tend vers L on en déduit que : $n! \approx \left(\dfrac{n}{e}\right)^n \sqrt{n}.L$.

Il suffit de réinjecter cet équivalent dans le précédent pour extraire la valeur de L.

Pour montrer le résultat admis, cf. exercice 12 chapitre 8.

METHODE 10 : Expression de l'intégrale sous forme de série

L'idée sous jacente est grosso modo d'utiliser une « intégration terme à terme » de l'intégrale, en exprimant la quantité à intégrer sous forme d'une somme.
On est très souvent amené à utiliser des formules du genre :

$$\frac{1}{1+t} = 1 - t + t^2 + \ldots + (-1)^n t^n + \frac{(-1)^{n+1} t^{n+1}}{1+t}$$
$$\frac{1}{1-t} = 1 + t + t^2 + \ldots + t^n + \frac{t^{n+1}}{1+t}$$

qui sont valables pour tout réel différent de -1 (resp. 1).

Exemple : calculer $\displaystyle\int_0^1 \frac{\ln(t)}{1-t} dt$.

On a donc :

$$\int_0^1 \frac{\ln(t)}{1-t} dt = \sum_{k=0}^{n} I_k + \int_0^1 \frac{t.\ln(t)}{1-t} t^n \, dt \quad \text{où } I_k = \int_0^1 t^k.\ln(t) dt = -\frac{1}{(k+1)^2}.$$

Le calcul de I_k étant immédiat en intégrant deux fois par parties (suivant les conseils de la méthode **6** b)).

La fonction $t \longrightarrow \dfrac{t.\ln(t)}{1-t}$ étant prolongeable (en zéro) en une fonction continue sur $[0,1]$ est donc bornée par M sur ce même intervalle et on obtient :

$$\left| \int_0^1 \frac{\ln(t)}{1-t} dt - \sum_{k=0}^{n} I_k \right| \leq M \int_0^1 t^n dt = \frac{M}{n+1}.$$

La série $\sum I_k$ étant réputée convergente on en déduit finalement :

$$\int_0^1 \frac{\ln(t)}{1-t} dt = \sum_{k=0}^{+\infty} \frac{-1}{(k+1)^2} = -\frac{\pi^2}{6}.$$

REMARQUE :

Il arrive assez fréquemment qu'on arrive à exprimer une intégrale sous forme de série, mais qu'on ne connaisse pas la somme de cette dernière. Les mauvais esprits diront qu'on n'est guère avancés, ce qui n'est pas faux, mais on a quand même fait un exercice, ce qui n'est pas si mal...

METHODE 11 : Utiliser des changements de variables à répétition

Le but de cette technique est d'obtenir la valeur de l'intégrale recherchée sans jamais la calculer réellement (???), en utilisant judicieusement les symétries du domaine d'intégration.

L'exemple le plus connu (et à bien connaître) est le suivant.

Exemple : calculer $I = \int_0^{\pi/2} \ln(\sin x)dx$.

Ouvrez tout grand vos yeux ; essayez de comprendre comment ça marche et refaites-le vous-même pour vous amuser :

$$\begin{aligned}
I &= 2\int_0^{\pi/4} \ln(\sin 2t)dt && (x = 2t) \\
&= 2\left[\int_0^{\pi/4} \ln 2.dt + \int_0^{\pi/4} \ln(\sin t)dt + \int_0^{\pi/4} \ln(\cos t)dt\right] && (\sin 2t = 2.\sin t.\cos t) \\
&= 2\left[\frac{\pi}{4}\ln(2) + \int_0^{\pi/4} \ln(\sin t)dt - \int_{\pi/2}^{\pi/4} \ln(\sin u)du\right] && (t = \pi/2 - u) \\
&= 2\left[\frac{\pi}{4}\ln(2) + \int_0^{\pi/2} \ln(\sin t)dt\right] && (\text{regrouper}) \\
&= \frac{\pi}{2}\ln(2) + 2.I
\end{aligned}$$

Finalement on en déduit que : $I = -\frac{\pi}{2}\ln(2)$.

(Vous voyez bien qu'on n'a jamais effectivement calculé I...)

METHODE 12 : Revenir à la définition

a) Si l'intégrale est **propre** : n'oubliez jamais que dans la théorie d'intégration de Riemann (au contraire de l'intégrale de Lebesgue, qui n'est pas à votre programme), est définie, à la base, pour des fonctions en escalier, comme une « somme de Riemann ». Pour une fonction réglée, en particulier continue, c'est la limite des sommes de Riemann lorsque le pas de la subdivision tend vers 0.

Il est parfois intéressant (dans des cas néanmoins très rares) de calculer l'intégrale en utilisant un partage judicieux de l'intervalle d'intégration par une subdivision dont le pas tend vers 0.

b) Si l'intégrale est **impropre** : il peut être bon de repasser à des bornes finies, et d'écrire par exemple que l'on a :

$$\int_{-\infty}^{+\infty} f(t)dt = \lim_{\substack{X \longrightarrow +\infty \\ Y \longrightarrow -\infty}} \int_Y^X f(t)dt.$$

Cette méthode sert essentiellement dans des exercices théoriques.

METHODE 13 : Utiliser la théorie des intégrales à paramètre

L'ensemble des méthodes relatives à cette théorie est exposé au chapitre 23.

L'essentiel à retenir pour ce qui nous intéresse ici est que l'on cherche toujours à déterminer une équation différentielle simple d'ordre 1 ou 2 vérifiée par la fonction, en dérivant « sous le signe somme ».

Exemple 1 : Calculer $I = \int_0^1 \frac{t-1}{\ln(t)}dt$*, en montrant que :* $\forall x \in [0,1[\quad \int_0^x \frac{t-1}{\ln(t)}dt = \int_x^{x^2} \frac{dt}{\ln(t)}$.

Appelons f et g les deux fonctions à comparer.

D'une part, f(0) = g(0) = 0.

D'autre part : $f'(x) = \frac{x-1}{\ln(x)}$

et : $g'(x) = \frac{2x}{\ln(x^2)} - \frac{1}{\ln(x)} = f'(x)$ (voir justifications au chapitre 23).

Des deux constatations précédentes il ressort que : f = g partout sur $[0,1[$.

En passant à la limite en 1 on trouve : $I = \lim\limits_{x \longrightarrow 1} \int_x^{x^2} \frac{dt}{\ln(t)}$.

Le calcul de cette limite est classique et est présenté au chapitre 24, méthode **3**.

On en déduit donc que : $I = \ln 2$.

Exemple 2 : après avoir étudié $f(x) = \int_0^{+\infty} \frac{\operatorname{Arctan}(xt)}{1+t^2}$*, calculer* $\int_0^1 \frac{\ln(x)}{1-x^2}dx$.

Les théories générales exposées au chapitre 23 permettent aisément de calculer la dérivée de f :

$$f'(x) = \int_0^{+\infty} \frac{\partial}{\partial x}\left(\frac{\operatorname{Arctan}(xt)}{1+t^2}\right)dt = \int_0^{+\infty} \frac{t}{(1+t^2)(1+x^2t^2)}dt.$$

La décomposition en éléments simples donne :

$$f'(x) = \left[\frac{1}{2(1-x^2)}\ln\left(\frac{1+t^2}{1+x^2t^2}\right)\right]_0^{+\infty} = \frac{\ln(x)}{1-x^2}.$$

Comme f(0)=0, on peut écrire :

$$f(x) = \int_0^1 \frac{\ln(t)}{1-t^2}dt.$$

On nous demande donc d'évaluer f(1), ce qu'on peut faire sur l'autre expression :

$$f(1) = \int_0^{+\infty} \frac{\operatorname{Arctan}(t)}{1+t^2}dt = \frac{1}{2}\left[\operatorname{Arctan}^2(t)\right]_0^{+\infty} = \frac{\pi^2}{8}.$$

Lu dans les rapports de l'X

❑ « Les candidats ont des lacunes surprenantes : ignorance du calcul des primitives de base, par exemple. On s'attend aussi à ce qu'ils ne calculent pas des expressions :

$$\int f.f'$$

en intégrant par parties...» (X 90)

❑ « Le calcul d'une intégrale n'aboutit qu'une fois sur deux... » (X 88)

❑ « Le calcul de $\displaystyle\int \frac{dt}{\sqrt{1-t^2}+\sqrt{1+t^2}}$ a fait souffrir beaucoup de candidats. » (X 88)

❑ « Le nombre de candidats capables de mener à bien un calcul n'est que très légèrement supérieur au nombre de places offertes. » (X 84)

❑ « Il faudrait savoir reconnaître à vue des groupements tels :

$$\int \frac{dt}{\sqrt{1-t^2}},\ \int \frac{dt}{\sqrt{1+t^2}} \quad \text{et} \quad \ldots \quad \int \frac{dx}{x} \quad \text{!!! » (X 86)}$$

❑ « Si l'on décide d'utiliser le théorème des résidus, il faut savoir le démontrer. » (X 82)

REMARQUE :

Ce commentaire n'est pas propre au seul théorème des résidus, il reflète assez bien la position générale des examinateurs d'oral : ils ne sont pas a priori opposés à **l'utilisation de résultats hors programme**, sous réserve que deux conditions soient remplies :

1) que le théorème ou le résultat utilisé soit d'un niveau de complexité comparable à l'exercice posé (ne pas employer un marteau pilon pour écraser une mouche),

2) que le candidat énonce clairement et complètement ce résultat, et, que, sur simple demande de l'examinateur, il soit capable d'en donner une preuve complète. Ce qui pouvait apparaître comme un astucieux raccourci peut donc se révéler un pénible fardeau au point de vue du temps...

Quant à l'écrit, je pense qu'il vaut mieux éviter les résultats hors programme, même si on les démontre : l'examinateur aurait vraiment l'impression que vous voulez absolument caser votre science, et que vous ne maîtrisez pas le problème posé.

LISTE DE QUELQUES RESULTATS HORS PROGRAMME BIEN AIMES DES CANDIDATS :

le théorème de Dini, la deuxième formule de la moyenne, la formule des résidus, le théorème de Césaro pour les séries entières, le théorème de Riesz, la formule de Laplace (chapitre 24), tous les résultats d'algèbre sur la dimension infinie...

CALCUL DE PRIMITIVES :

METHODE 1 : $\int R(x)$

METHODE 2 : $\int R(\cos(x), \sin(x))$

METHODE 3 : $\int R\left(e^{x}\right)$

METHODE 4 : $\int R\left(x, \sqrt[n]{\dfrac{ax+b}{cx+d}}\right)$

METHODE 5 : $\int R\left(x, \sqrt{ax^2+bx+c}\right)$

Astuces :

METHODE 6 : Intégration par parties

METHODE 7 : Changement de variable

METHODE 8 : $\int_a^b t.f(t)dt$ avec : $f(a+b-t) = f(t)$

CALCUL D'INTEGRALES :

METHODE 9 : Formule de récurrence

METHODE 10 : Expression sous forme de série

METHODE 11 : Changements de variable successifs

METHODE 12 : Revenir à la définition

METHODE 13 : Théorie des intégrales à paramètre

INTEGRALES CLASSIQUES :

WALLIS : $\int_0^{\pi/2} \cos^n t \, dt \approx \sqrt{\dfrac{\pi}{2n}}$

GAUSS : $\int_0^{+\infty} e^{-t^2} dt = \dfrac{\sqrt{\pi}}{2}$

DIRICHLET : $\int_0^{+\infty} \dfrac{\sin t}{t} dt = \dfrac{\pi}{2}$

$$\int_0^{\pi/2} \ln(\sin t)dt = -\frac{\pi}{2}\ln(2)$$

$$\int_0^1 \frac{\ln(t)}{t-1} dt = \frac{\pi^2}{6} \qquad \text{et} \qquad \int_0^1 \frac{t-1}{\ln(t)} dt = \ln(2)$$

Exercices

Dans les exercices 1 à 16, on demande de calculer l'intégrale proposée le plus simplement possible.

1. $\displaystyle\int_0^{+\infty} \frac{t^3}{\left(1+t^3\right)^2} dt.$

2. $\displaystyle\int_0^{+\infty} \frac{dt}{(1+t)(2+t)\ldots(n+t)} \quad (n>1).$

3. $\displaystyle\int_{-1}^{+1} \frac{dt}{\sqrt{1-t^2}+\sqrt{1+t^2}}.$

4. $\displaystyle\int_0^{x} \frac{\sqrt{t^3+1}}{t^4} dt.$

5. $\displaystyle\int_a^b \frac{dt}{\sqrt{(t-a)(b-t)}}$ et $\displaystyle\int_a^b \frac{t^2 dt}{\sqrt{(t-a)(t-b)}}$ **avec $0<a<b$.**

6. $\displaystyle\int_0^{+\infty} \frac{t\ln(t)}{\left(1+t^2\right)^2} dt.$

7. $\displaystyle\int_{-\pi}^{\pi} \frac{dt}{1+\cos\theta.\cos t}$ où $\theta \in \left]0, \frac{\pi}{2}\right[.$

8. $\displaystyle\int_0^{\pi} \frac{dt}{1+a^2\sin^2 t}$ a quelconque.

9. $\displaystyle\int_0^{2\pi} \frac{dt}{\cos^4 t+\sin^4 t}.$

10. $\displaystyle\int_0^1 \operatorname{Arcsin}\left(\frac{2t}{1+t^2}\right) dt.$

11. $\displaystyle\int_0^{\pi/2} \frac{\sin t}{1+\sin t+\cos t} dt.$

12. $\displaystyle\int_0^{\pi} \frac{t}{1+\sin t}\,dt.$

13. $\displaystyle\int_0^{+\infty} \frac{1}{\sqrt{1+e^{2t}}}\,dt.$

14. $\displaystyle\int_0^{\pi/4} \ln(1+\tan t)\,dt.$

15. $\displaystyle\int_0^{+\infty} \frac{\sin(at)}{e^t-1}\,dt.$

16. $\displaystyle\int_0^{\pi} \ln\left(1-2r\cos t+r^2\right)dt$ où $r \notin \{-1,1\}$.

(indication : on montrera : $\forall x,\ x^{2n}-1=\left(x^2-1\right).\displaystyle\prod_{k=1}^{n-1}\left(x^2-2x.\cos\frac{k\pi}{n}+1\right)$*)*

17. On pose $f(x)=\displaystyle\int_0^{x} e^{-t^2}dt$ et $g(x)=\displaystyle\int_0^{\pi/4} \exp\left(-\frac{x^2}{\cos^2 t}\right)dt.$

Démontrer que (f^2+g) est constante. En déduire la valeur de $\displaystyle\int_0^{+\infty} e^{-t^2}dt.$

Corrigés

On ne propose, pour chaque exercice, qu'un corrigé succinct ne donnant pas le détail des calculs, qui est laissé au lecteur.

1. La décomposition en éléments simples donne 6 coefficients à calculer. Il vaut mieux utiliser la méthode **6**, en remarquant que :

$$\left(\frac{1}{x^3+1}\right)' = -\frac{3x^2}{\left(x^3+1\right)^2}.$$

Donc après l'IPP :

$$F(x) = \frac{1}{3}\left[\frac{x}{1+x^3} + \int \frac{dt}{1+t^3}\right].$$

Là, on est obligé de faire une décomposition qui s'écrit :

$$\frac{1}{t^3+1} = \frac{1}{3}\left[\frac{1}{t+1} - \frac{t-2}{t^2-t+1}\right] = \frac{1}{3(t+1)} - \frac{1}{6}\left(\frac{2t-1}{t^2-t+1}\right) + \frac{1}{2}\left(\frac{1}{(t-1/2)^2+3/4}\right)$$

où l'on a appliqué la méthode **1**, type 4.

Une primitive est donc : $F(x)=\frac{1}{3}\left[\frac{-x}{x^3+1} + \frac{1}{3}\ln\left|\frac{x+1}{\sqrt{x^2-x+1}}\right| + \frac{1}{\sqrt{3}}\operatorname{Arc\,tan}\left(\frac{2x-1}{\sqrt{3}}\right)\right].$

Ce qui fournit : $I = \frac{\pi}{9\sqrt{3}}$.

---

2. On cherche la décomposition en éléments simples de f :

$$f(t) = \sum_{k=1}^{n} \frac{a_k}{t+k} = \sum_{k=1}^{n} \frac{(-1)^k}{(k-1)!(n-k)!}.\frac{1}{t+k}.$$

On a par ailleurs pour tout X>0 :

$$\int_0^X \frac{dt}{t+k} = \ln(X+k) - \ln(k).$$

Chacune de ces intégrales prises séparément est divergente, donc il s'agit de les regrouper :

$$F(X) = \sum_{k=1}^{n} a_k\left[\ln(X+k) - \ln(k)\right] = \ln X.\sum_{k=1}^{n} a_k + \sum_{k=1}^{n} a_k \ln\left(1+\frac{k}{X}\right) - \sum_{k=1}^{n} a_k \ln k.$$

Le second terme tend vers 0 quand X tend vers +∞, il faut donc espérer que Σa_k est nul, ce qui est le cas puisque, d'après la décomposition en éléments simples :

$$\sum_{k=1}^{n} a_k = \lim_{t\infty} \sum_{k=1}^{n} \frac{t a_k}{t+k} = \lim_{t\infty} \; t f(t) = 0 \quad \text{car } n \geq 2.$$

En définitive : $I = -\sum_{k=1}^{n} a_k.\ln(k)$.

---

3. En utilisant la parité et en conjuguant on obtient :

$$I=4\int_0^{+1}\frac{dt}{\sqrt{1-t^2}+\sqrt{1+t^2}}=2\int_0^{+1}\frac{\sqrt{1+t^2}-\sqrt{1-t^2}}{t^2}dt.$$

On se dit que les groupements $\sqrt{1\pm t^2}$ seraient plus sympathiques du dénominateur, en tant que dérivées d'Argsh ou Arcsin, ce qui invite à faire une intégration par parties :

$$I=2\left[-\frac{1}{t}\left(\sqrt{1+t^2}-\sqrt{1-t^2}\right)\right]_0^1+2\int_0^{+1}\left(\frac{1}{\sqrt{1+t^2}}+\frac{1}{\sqrt{1-t^2}}\right)dt.$$

En tenant compte de ce que $\operatorname{Argsh}(x)=\ln\left(x+\sqrt{1+x^2}\right)$, on trouve finalement :

$$I=\pi-2\sqrt{2}+2\ln\left(1+\sqrt{2}\right).$$

REMARQUE :

Les plus pointilleux d'entre vous n'auront pas manqué de remarquer (à raison), que la fonction $\frac{1}{t}\left(\sqrt{1+t^2}-\sqrt{1-t^2}\right)$ *n'est pas définie en zéro. On peut néanmoins la prolonger par continuité...*

---

4. La première idée serait (méthode **4** ou **5**) de poser : $y=\sqrt{t^3+1}$. On se rend vite compte que les calculs vont être laborieux, et on préférerait poser : $y=\sqrt{t+1}$.

Ce qui revient à se dire qu'il faudrait poser $u=t^3$. C'est possible, en remarquant que si l'on multiplie haut et bas par t^2, et en utilisant la méthode **7** $\left(t^{n-1}.f\left(t^n\right)\right)$:

$$F(x)=\int\frac{\sqrt{t^3+1}.3t^2}{3t^6}dt=\frac{1}{3}\int\frac{\sqrt{u+1}}{u^2}du.$$

On fait maintenant le changement $y=\sqrt{t+1}$: $F(x)=\int\frac{2y^2}{\left(1-y^2\right)^2}dy.$

On pourrait faire la décomposition à ce stade, mais le carré au dénominateur incite (méthode **6**) à faire une intégration par parties préliminaire :

$$F(x)=-\frac{y}{y^2-1}+\int\frac{1}{y^2-1}dy.$$

On a la chance de tomber sur une primitive connue, et on obtient, en réinjectant les divers changements de variable :

$$F(x)=\frac{-1}{3}\frac{\sqrt{x^3+1}}{x^3}+\frac{1}{6}\frac{\ln\sqrt{x^3+1}-1}{\ln\sqrt{x^3+1}+1}.$$

Evidemment, à une constante près...

---

5. ❑ Si vous avez consenti à lire les méthodes (ce qui ne vous fera aucun mal), vous êtes évidemment au courant qu'il existe UN changement de variable adapté à cet exercice (cf. méthode **5**), à savoir :

$$t = a.\cos^2 u + b.\sin^2 u \quad \text{avec : } t \in [a,b] \quad \Leftrightarrow \quad x \in [0, \pi/2].$$

On obtient alors respectivement :

$$dt = (b-a).\sin 2u \qquad t - a = (b-a)\sin^2 u \qquad \text{et} \qquad b - t = (b-a)\cos^2 u$$

qui réduisent l'intégrale à : $\displaystyle\int_0^{\pi/2} 2du = \pi$.

Comme quoi il est des méthodes qui marchent...

❑ Evidemment, si par malheur vous continuiez sur votre lancée pour calculer cette intégrale, vous vous exposeriez aux sarcasmes de l'examinateur pervers...
En effet, la quantité sous le radical étant visiblement négative sur l'intervalle d'intégration, il y a comme qui dirait un problème.

---

6. Il y a deux façons de traiter l'exercice, l'une étant franchement plus expéditive que l'autre. Les voici :

❑ Le plus naturel est de se dire qu'une telle fonction est sûrement primitivable. Il faut évidemment se débarrasser du ln, en intégrant par parties (cf. méthode **6)**.

$$2.F(x) = -\frac{\ln(x)}{1+x^2} + \int \frac{dt}{t\left(1+t^2\right)}.$$

La décomposition en éléments simples donne ensuite :

$$\frac{1}{t\left(1+t^2\right)} = \frac{1}{t} - \frac{t}{1+t^2}$$

et finalement :

$$2.F(x) = -\frac{\ln(x)}{1+x^2} + \ln\left(\frac{x}{\sqrt{1+x^2}}\right) = \ln(x)\frac{x^2}{x^2+1} - \frac{1}{2}\ln\left(1+x^2\right).$$

Cette fonction admet une limite nulle en 0 et en $+\infty$ (on le voit respectivement sur la seconde et sur la première expression de F), donc I = 0.

❑ L'autre est un brin astucieuse, donc moins naturelle. Elle consiste à effectuer le changement de variable u=1/t :

$$\mathrm{I} = \int_0^{+\infty} \frac{t\ln(t)}{\left(1+t^2\right)^2}dt = \int_{+\infty}^{0} \frac{\frac{1}{u}(-\ln u)}{\left(1+\frac{1}{u^2}\right)^2}.\frac{-du}{u^2} = -\int_0^{+\infty} \frac{u\ln(u)}{\left(1+u^2\right)^2}dt = -\mathrm{I}.$$

Donc I=0. Et voilà le travail.

---

7. Le plus simple est sans doute d'utiliser le changement de variable passe-partout dans ce genre d'intégrales :

$$u = \tan\left(\frac{t}{2}\right).$$

L'essentiel des calculs est sans difficulté particulière :

$$I = \int_{-\infty}^{+\infty} \frac{2du}{1+u^2} \cdot \frac{1}{1+\cos\theta \dfrac{1-u^2}{1+u^2}} = \frac{2}{1-\cos\theta} \int_{-\infty}^{+\infty} \frac{du}{u^2 + \dfrac{1-\cos\theta}{1+\cos\theta}}$$

qu'on primitive en :

$$I = \frac{2}{1-\cos\theta} \sqrt{\frac{1-\cos\theta}{1+\cos\theta}} \left[\operatorname{Arc}\tan\left(t\sqrt{\frac{1-\cos\theta}{1+\cos\theta}} \right) \right]_{-\infty}^{+\infty} = \frac{2\pi}{\sin\theta}.$$

---

8. ❑ Les règles de Bioche (que vous avez dû essayer) ne vous auront guère aidé quant au choix du changement de variable.

On peut évidemment penser au même changement standard qu'à l'exercice précédent, mais on se rend vite compte que les calculs vont être monstrueux, car il va falloir élever $\dfrac{2u}{1+u^2}$ au carré.

❑ C'est cette dernière observation qui doit vous faire réfléchir aux formules de trigonométrie que vous connaissez. Il y en a une qui fait apparaître $\sin^2 t$:

$$\sin^2(t) = \frac{1}{1+\cot an^2(t)}.$$

On peut alors penser à poser u = tant. Si on le fait « sans réfléchir », il vient :

$$I = \int_0^0 (\ldots)dt = 0.$$

La quantité qu'on intègre étant par ailleurs manifestement positive, il y a un problème quelque part.

L'erreur est que $t \longrightarrow \tan t$ ne réalise pas une bijection bicontinue de $[0,\pi]$ sur on ne sait trop quel ensemble d'arrivée (il y a une discontinuité en $\pi/2$). Que faire ?...

❑ C'est là qu'il faut utiliser la méthode **7** a) où il est écrit en toutes lettres qu'un changement de variable préliminaire est souvent indispensable, *« sinon vous affirmerez un peu trop vite la nullité de certaines intégrales .* » Nous y voilà.

❑ On remarque sans trop de peine que :

$$\int_0^{\pi} \frac{dt}{1+a^2\sin^2 t} = 2\int_0^{\pi/2} \frac{dt}{1+a^2\sin^2 t}.$$

La tangente réalise un C^1 difféomorphisme de $[0,\pi/2[$ sur $[0,+\infty[$, donc notre changement de variable fonctionne :

$$2\int_0^{\pi/2}\frac{dt}{1+a^2\sin^2 t}=2\int_0^{+\infty}\frac{du}{1+\left(1+a^2\right)u^2}=\frac{2}{\sqrt{1+a^2}}\left[\operatorname{Arc}\tan\sqrt{1+a^2}\,t\right]_0^{+\infty}=\frac{\pi}{\sqrt{1+a^2}}.$$

Comme quoi le plus dur n'est pas toujours de mener les calculs, mais de trouver comment il faut les commencer.

---

9. Nous continuons notre périple à travers les intégrales trigonométriques.

Commençons par remarquer que :

$$\cos^4 t+\sin^4 t=\left(\cos^2 t+\sin^2 t\right)^2-2\sin^2 t\cos^2 t=1-\frac{\sin^2 2t}{2}.$$

Pour ceux qui étaient là à l'exercice précédent, la situation est exactement la même. On est conduit à vouloir poser u = tan 2t, ce qui pose un problème à la borne supérieure.

On commence par faire les changements de variable simplificateurs adéquats :

$$\int_0^{2\pi}\frac{dt}{\cos^4 t+\sin^4 t}=2\int_0^{\pi}\frac{dt}{\cos^4 t+\sin^4 t}=4\int_0^{\pi/2}\frac{dt}{\cos^4 t+\sin^4 t}=8\int_0^{\pi/4}\frac{dt}{\cos^4 t+\sin^4 t}.$$

Le changement de variable (licite) u = tan 2t conduit alors à :

$$I=8\int_0^{+\infty}\frac{du}{2+u^2}=2\pi\sqrt{2}.$$

---

10. Honte à vous (!) si le groupement $\frac{2t}{1+t^2}$ n'a pas fait « tilt ». A force de faire des changements de variable, vous devez être au courant que :

$$\sin 2u=\frac{2\tan u}{1+\tan^2 u}.$$

Donc : $\operatorname{Arc}\sin\left(\frac{2t}{1+t^2}\right)=2.\arctan(t)$ (poser u = Arctan(t) ci-dessus).

On est donc ramené à intégrer Arctan(t), dont on sait qu'il faut l'intégrer par parties :

$$\int_0^1 2\operatorname{Arc}\tan(t)dt=\left[2t.\arctan(t)\right]_0^1-\int_0^1\frac{t}{1+t^2}dt=\frac{\pi}{2}-\ln 2.$$

---

11. Les règles de Bioche conduisent à poser t = tan x/2, qui amène une fraction rationnelle. Somme toute, rien de très exceptionnel. Allons-y (gaiement ?) :

$$I=\int_0^1\frac{2t}{(1+t)\left(1+t^2\right)}dt=\int_0^1\frac{1}{2}\left(\frac{2t}{1+t^2}\right)+\frac{1}{1+t^2}-\frac{1}{1+t}\,dt=\left[\ln\left(\frac{\sqrt{1+t^2}}{1+t}\right)+\operatorname{Arc}\tan t\right]_0^1.$$

Ce qui, tous calculs faits, donne :

$$I = \frac{1}{2}\left(\frac{\pi}{2} - \ln 2\right).$$

Cette intégrale vaut donc la moitié de celle calculée à l'exercice précédent. (Cette remarque est totalement dépourvue d'intérêt...)

---

12. Voilà une bonne occasion de mettre à profit la méthode **8** :

$$I = \frac{\pi}{2}\int_0^{\pi} \frac{dt}{1+\sin t}$$

On se retrouve dans une situation sensiblement analogue à celle de l'exercice précédent ; et on voit assez mal pourquoi on changerait de méthode.
C'est donc reparti pour u = tan t/2 (on l'aime bien, celui-là) :

$$I = \frac{\pi}{2}\int_0^{\pi} \frac{dt}{1+\sin t} = \pi \int_0^1 \frac{dt}{(1+t)^2} = \pi\left[-\frac{1}{1+t}\right]_0^1 = \frac{\pi}{2}.$$

---

13. La théorie des intégrales abéliennes exposée à la méthode **5** pourrait, dans un premier temps, vous amener à poser : $e^t = \text{sh}\, u$. Mais les calculs sont très laids.

Mieux vaut ici remarquer que :

$$\frac{1}{\sqrt{1+e^{2t}}} = \frac{e^{-t}}{\sqrt{1+e^{-2t}}}.$$

Ce qui invite fortement à poser $u = e^{-t}$:

$$I = \int_0^{+\infty} \frac{du}{\sqrt{1+u^2}} = \text{Argsh}(1) = \ln\left(1+\sqrt{2}\right).$$

---

14. Voilà une excellente occasion d'appliquer la méthode **11** (ne nous dites pas que vous n'y avez pas pensé, vous n'êtes pas crédible, l'exercice ressemble comme deux gouttes d'eaux à l'exemple de la méthode !) :

$$I = \int_0^{\pi/4} \ln(\sin t + \cos t)dt - \int_0^{\pi/4} \ln(\cos t)dt = \int_0^{\pi/4} \ln\left(\sqrt{2}\cos\left(t - \frac{\pi}{4}\right)\right)dt - \int_0^{\pi/4} \ln(\cos t)dt$$

d'où, avec le changement naturel $u = t - \pi/4$:

$$I = \frac{\pi}{8}\ln(2) - \int_{\pi/4}^{0} \ln(\cos u)du - \int_0^{\pi/4} \ln(\cos t)dt = \frac{\pi}{8}\ln(2).$$

C'est encore plus simple que dans l'exemple...

---

15. C'est la présence du terme $1/\left(e^t - 1\right)$ qui doit vous guider pour le choix de la méthode. On pense alors à l'expression sous forme de série, expliquée dans la méthode **10**.

On est donc amené à calculer des intégrales $I_k = \displaystyle\int_0^{+\infty} \sin(at)e^{kt}dt$, qui ne sont pas convergentes ! Faut-il renoncer à notre méthode ?

Non, si l'on pense à écrire l'intégrale de départ sous la forme équivalente :

$$I=\int_0^{+\infty}\frac{\sin(at)e^{-t}}{1-e^{-t}}dt$$

Les intégrales I_k qui apparaissent alors sont convergentes, et une double intégration par parties (ou un passage aux complexes) fournit :

$$I_k=\int_0^{+\infty}\sin(at)e^{-(k+1)t}dt=\frac{a}{a^2+k^2}.$$

On établit pour conclure la majoration :

$$\left|I-\sum_{k=0}^{n}I_k\right|\le\int_0^{+\infty}\left(\frac{\sin(at)e^{-t}}{1-e^{-t}}\right)e^{-(n+1)t}dt\ \le\ M.\int_0^{+\infty}e^{-(n+1)t}dt=\frac{M}{n+1}$$

où M désigne un majorant de la fonction $t\longrightarrow\dfrac{\sin(at)e^{-t}}{1-e^{-t}}$ (prolongée en 0, qui tend vers 0 en $+\infty$, et qui est continue partout, donc bornée sur **R**).

En conclusion : $I=\sum\limits_{k=0}^{+\infty}\dfrac{a}{a^2+k^2}$ (somme non calculable).

---

16. On a évidemment :

$$x^{2n}-1=\prod_{k=0}^{2n-1}\left(x-e^{i\frac{k\pi}{n}}\right)=\prod_{k=1}^{n-1}\left(x-e^{i\frac{k\pi}{n}}\right)\left(x-e^{-i\frac{k\pi}{n}}\right)(x-1)(x+1)$$

(en regroupant les termes conjugués correspondant à k et n-k).
Cette relation donne facilement celle suggérée par l'énoncé, et conduit à :

$$\prod_{k=1}^{n}\left(x^2-2x.\cos\frac{k\pi}{n}+1\right)=\frac{\left(x^{2n}-1\right)\left(x^2-2x+1\right)}{x^2-1}=\frac{\left(x^{2n}-1\right)(x+1)}{x-1}.$$

Le passage au logarithme népérien invite à employer la méthode **12** a) (sommes de Riemann) et donne :

$$\int_0^{\pi}\ln\left(r^2-2r\cos t+1\right)dt=\lim_{n\infty}\ \frac{\pi}{n}\sum_{k=1}^{n}\ln\left(r^2-2r.\cos\frac{k\pi}{n}+1\right)=\lim_{n\infty}\ \frac{\pi}{n}\ln\frac{\left(r^{2n}-1\right)(r+1)}{r-1}.$$

Il faut alors distinguer selon $|r|$:

- si $|r|>1 : I=2\pi\ln|r|$,
- si $|r|<1 : I=0$.

REMARQUE :

Pour les plus courageux, vous pourrez montrer que I(r) est une fonction paire, et rapprocher I(1) de la valeur de $\int_0^{\pi/2}\ln(\sin t)dt$ *calculée à la méthode* ***11****.*

---

17. Le plus simple pour montrer qu'une fonction est constante est sans doute de considérer sa dérivée.

f est clairement dérivable (intégrale « fonction de sa borne supérieure ») et :

$$\left(f^2\right)'(x) = 2.e^{-x^2}.\int_0^x e^{-t^2}dt.$$

Il faut appliquer la méthode **14** pour g ; la fonction :

$$G : R^+ x[0,\pi/4] \longrightarrow R$$

$$(x,t) \longrightarrow \exp\left(-\frac{x^2}{\cos^2 t}\right)$$

étant C^1 du couple (x,t), on en déduit que g est dérivable et que :

$$g'(x) = \int_0^{\pi/4} \frac{\partial G}{\partial x}(x,t)\,dt = -2x\int_0^{\pi/4} \frac{1}{\cos^2 t}\exp\left(-\frac{x^2}{\cos^2 t}\right)dt = -2x\int_0^1 e^{-x^2\left(1-u^2\right)}du$$

(on a posé u = tan t dans l'avant dernière intégrale).

$$g'(x) = -2xe^{-x^2}\int_0^1 e^{-(xu)^2}du = 2e^{-x^2}\int_0^x e^{-v^2}dv$$

(on a posé v = xu dans la dernière intégrale).

Sous cette forme, il est clair que f^2+g est de dérivée nulle, donc constante et constamment égale à sa valeur en 0, à savoir $\pi/4$.

Le but est de trouver la limite de f en $+\infty$: cela suppose que la limite de g est facile à calculer (on se doute même qu'elle est nulle, puisqu'on connaît la valeur de l'intégrale gaussienne depuis longtemps). Or :

$$|g(x)| \leq \int_0^{\pi/4} \exp\left(-x^2\right)dt = \frac{\pi}{4}e^{-x^2}$$

(en majorant très naturellement le cosinus par 1). Ceci prouve évidemment que g tend vers 0 en $+\infty$.

Donc : $\lim\limits_{\infty} f = \dfrac{\sqrt{\pi}}{2}$.

Chapitre 20
METHODES D'ETUDE DES INTEGRALES PROPRES

Les méthodes exposées dans ce premier chapitre théorique sur l'intégration sont d'une importance considérable : elles constituent les **fondements de l'intégration**. Aussi les verra-t-on revenir en permanence aux chapitres suivants.

REMARQUE :

*Sauf précision supplémentaire, on considérera que la fonction f qu'on intègre est **au moins continue** (ce qui est une hypothèse beaucoup trop forte, vu qu'on peut définir l'intégrale de fonctions réglées, mais celles-ci ne figurent pas au programme officiel).*

METHODE 1 : Utiliser les inégalités classiques avec des intégrales

On l'a déjà dit et répété : l'analyse est fondée sur des encadrements. Il est donc essentiel de savoir comment l'intégrale se comporte par rapport aux inégalités.

Les inégalités qu'on utilise constamment sont les suivantes :

(inégalité de la norme)	$\left\lvert \int_a^b f \right\rvert \leq \left\lvert \int_a^b \lvert f \rvert \right\rvert$
(inégalité de Cauchy-Schwarz)	$\left(\int_a^b fg \right)^2 \leq \left(\int_a^b f^2 \right) . \left(\int_a^b g^2 \right)$

REMARQUES :

❑ *Bien remarquer la valeur absolue autour de l'intégrale de la valeur absolue dans le deuxième membre de la première inégalité, que beaucoup ont tendance à omettre. On ne peut l'enlever que **si $a < b$**.*

❑ *Ne pas se mélanger les pinceaux dans les carrés de Cauchy-Schwarz. Cette inégalité est simple à se rappeler : c'est l'inégalité « du produit scalaire » sur l'espace des fonctions continues. Or on sait que « le produit scalaire est inférieur au produit des normes. » (cf. dans le plan euclidien)*

❑ *Dans l'inégalité de Cauchy-Schwarz, il n'y a égalité que si f et g sont liées.*

❑ *Pour les cas d'égalité de la première, voir l'exemple de la méthode **3**.*

❑ *A propos de Cauchy-Schwarz, voir aussi la méthode **10**.*

QUAND LES UTILISER ?

❑ La première sert en permanence, car il est plus facile de manipuler des quantités positives telle $|f|$ que des quantités de signe quelconque.

❑ Il est assez simple de voir si, dans un exercice donné, il faut employer Cauchy-Schwarz. On peut en être certain **dès qu'on voit des carrés** se promener dans les intégrales.

METHODE 2 : Découper l'intégrale par la relation de Chasles

Signalons tout d'abord un préjugé erroné sur la relation de Chasles : d'aucuns croient à tort qu'elle n'est vraie que pour c entre a et b.

L'énoncé exact de la relation est :

$$\underline{\underline{\forall (a,b,c) \in D_f^3}} \quad \int_a^b f = \int_a^c f + \int_c^b f$$

(on suppose que f est continue sur D_f).

QUAND L'UTILISER ?

La relation de Chasles permet de distinguer deux **situations différentes sur l'intervalle d'intégration**. Elle est employée quand, lors d'une majoration, on procède différemment sur deux sous intervalles pour majorer l'intégrant.

Exemple : déterminer $\lim\limits_{n\infty} I_n = \int_0^{\pi/4} (\tan t)^n dt$.

Des arguments de monotonie (la suite est décroissante) et une minoration évidente (par 0) assurent de la convergence de I vers une limite positive ou nulle.
Il est bien clair qu'à part en $\pi/4$, la quantité tan t est un réel strictement inférieur à 1 et donc que $(\tan t)^n$ tend vers 0 avec n, ce qui laisse penser que I tend vers 0.

Or nous avons de façon naturelle fait jouer à 1 un **rôle différent** des autres réels. Comme il n'est évidemment pas possible d'isoler seulement le réel 1 de l'intégrale, on va se placer « **autour de 1** », puis « **loin de 1** ».

Supposons choisi (nous verrons comment après) un réel a tel que : $0 < a < \pi/4$.

Sur $[0,a]$, on a $0 \le \tan(t) \le \tan(a) < 1$ donc :

$$0 \le \int_0^a (\tan t)^n dt \le \int_0^a (\tan a)^n dt = a(\tan a)^n \le \frac{\pi}{4}(\tan a)^n.$$

Le majorant tendant alors vers zéro.

Reste l'autre bout ; la fonction $(\tan t)^n$ est bornée par 1, donc on a évidemment :

$$0 \leq \int_a^{\pi/4} (\tan t)^n dt \leq \int_a^{\pi/4} 1\, dt = \left(\frac{\pi}{4} - a\right).$$

On peut rendre le majorant arbitrairement petit par choix de a ; alors les deux termes du découpage par Chasles tendent vers 0, d'où la conclusion.

METHODE 3 : Utiliser la positivité de l'intégrale

Ce résultat, que nous prenons le soin de rappeler ci-dessous, peut, à première vue, sembler très bête : on dirait que ce n'est qu'une inégalité de plus. Il n'en est rien.

Soit deux réels a et b tels que **$a < b$** et f une fonction **positive ou nulle** sur $[a,b]$

Alors $\int_a^b f \geq 0$. De plus, si l'intégrale est nulle, alors la fonction est **identiquement nulle** sur $[a,b]$.

REMARQUES :

❑ *Il est essentiel que les bornes a et b soient dans le bon sens, sinon le théorème est complètement faux.*

❑ *De plus, on appelle ici fonction positive ou nulle une fonction qui prend en tout point des valeurs positives ou nulles (et non une fonction qui prend soit des valeurs toutes strictement positives, soit toutes nulles).*

❑ *On a semblablement un théorème de négativité (il suffit de changer f en - f).*

QUAND L'EMPLOYER ?

Dès qu'un exercice demande de **montrer qu'une fonction s'annule**, et que cette fonction figure dans une intégrale, on peut être certain d'avoir à l'employer.

Exemple 1 : Montrer que $\langle f, g\rangle = \int_0^1 f(t)g(t)dt$ *définit un produit scalaire sur* $C^0[0,1]$.

(Rappel : un produit scalaire est une forme bilinéaire symétrique positive et définie, c'est-à-dire $\langle f, f\rangle \geq 0$ avec égalité si et seulement si $f = 0$).

La bilinéarité est évidente. Si f est continue, alors on peut appliquer le théorème de positivité à f^2:

$f^2(t) \geq 0$ donc $\int_0^1 f^2 \geq 0$ avec égalité si et seulement f^2 est nulle, c'est-à-dire f nulle.

Exemple 2 : que dire d'une fonction f telle que : $\left|\int_0^1 f\right| = \int_0^1 |f|$?

L'égalité précédente équivaut à : $\left(\int_0^1 f = \int_0^1 |f|\right)$ ou $\left(-\int_0^1 f = \int_0^1 |f|\right)$.

Le premier cas se réécrit :

$$\int_0^1 (f - |f|) = 0.$$

Or : $f - |f| \leq 0$ donc d'après le théorème de positivité cette fonction est identiquement nulle donc : $f = |f|$ ce qui veut dire que f est positive.
Le deuxième cas montre à l'identique que f est négative.
En conclusion il n'y a égalité que pour des fonctions de signe constant.

METHODE 4 : Effectuer un changement de variable

Nous ne rappellerons pas cette formule, que tout le monde connaît.
Nous vous mettons seulement en garde : vérifiez bien que le changement de variable que vous souhaitez effectuer est bien un **difféomorphisme continûment différentiable** (c'est-à-dire une bijection, de classe C^1 ainsi que sa réciproque ; beaucoup omettent de vérifier la bijectivité).

QUAND L'UTILISER ?

Il est un fait essentiel à comprendre : le changement de variable modifie :

- ❑ L'expression qu'on intègre.
- ❑ Les bornes de l'intervalle d'intégration.

A partir de là, les buts d'un changement de variable sont clairs :

- ⇨ Rendre l'expression à intégrer plus simple à analyser, ou à calculer.
- ⇨ Modifier les bornes, par ex. pour pouvoir regrouper deux intégrales sous une seule.

Trop de gens pensent que le changement de variable ne sert que pour les *calculs* d'intégrales ; c'est faux...

Exemple : montrer que si f est T-périodique : $\forall a, \quad \int_a^{a+T} f(t)dt = \int_0^T f(t)dt.$

Faire immédiatement le changement de variable $u = a + t$ n'apporte rien (essayez !)
On commence donc par zigzaguer entre les bornes pour faire apparaître celles qu'on veut, en utilisant Chasles :

$$\forall a, \quad \int_a^{a+T} f(t)dt = \int_a^0 f(t)dt + \int_0^T f(t)dt + \int_T^{a+T} f(t)dt.$$

On fait alors le changement de variable u = t + T dans la dernière :

$$\int_T^{a+T} f(t)dt = \int_0^a f(u+T)du = \int_0^a f(u)du$$

où l'on a utilisé la périodicité de f pour conclure.
Le premier et le dernier terme s'éliminent : on ne demandait pas mieux...

*REMARQUE : On peut aussi appliquer la méthode **6**, vide infra.*

METHODE 5 : Effectuer une intégration par parties

Nous mentionnons cette méthode pour mémoire, son intérêt étant essentiellement calculatoire.

Signalons toutefois un dilemme que vous aurez souvent à résoudre :

⇨ Des deux fonctions, **laquelle faut-il dériver**, laquelle faut-il intégrer ?

A vous de voir, selon les hypothèses faites, et selon les propriétés des fonctions respectives. Généralement, une et une seule des deux façons de faire donne un résultat probant.

*Exemple : démontrer le lemme de Lebesgue (méthode **8**).*
Comme on suppose que f est C^1, il y a des chances que cela serve, et donc qu'il faille dériver f. D'autant plus que dériver sin(nt) fait apparaître un terme en « n », ce qui est embarrassant pour montrer que l'intégrale tend vers 0.

METHODE 6 : Utiliser les propriétés d'une intégrale « fonction de ses bornes »

Rappelons deux résultats importants avant de continuer :

Soit f une fonction continue, u et v deux fonctions continûment dérivables.

On pose : $F(x) = \int_a^x f(t)dt$ et $G(x) = \int_{u(x)}^{v(x)} f(t)dt$.

Alors F et G sont continûment dérivables et on a : $F'(x) = f(x)$ et :

$$\boxed{G'(x) = f(v(x)).v'(x) - f(u(x)).u'(x)}$$

REMARQUES :

❑ *Il n'y a pas besoin que f soit dérivable elle-même pour que F et G le soient.*

❑ *La formule donnant la dérivée de G est sujette à des interprétations rocambolesques de la part de candidats en mal de poésie...*

❑ *Et que fait-on quand l'intégrale est fonction de sa borne* ***inférieure****, se demandent peut-être certains ?*

Il suffit pour conclure d'écrire que :

$$\int_x^0 f(t)dt = -\int_0^x f(t)dt.$$

❑ *Pour une étude plus complète des intégrales à paramètre, on se reportera avec profit au chapitre 23.*

Exemple : montrer que si f est T-périodique : $\forall a, \quad \int_a^{a+T} f(t)dt = \int_0^T f(t)dt.$

Cela revient en fait à montrer que la fonction F(a) figurant au premier membre est constante.

Or f étant continue, F est dérivable et : $F'(a) = f(a+T) - f(a) = 0$, puisque f est T-périodique.

Donc F est constante, et égale à F(0), qui n'est autre que l'intégrale du second membre.

METHODE 7 : Utiliser la formule de la moyenne

Il existe plusieurs versions de ce théorème, mais nous ne donnons ici que celle qui figure explicitement au programme.

Soit f et g continues sur $[a,b]$. On suppose de plus que g est **positive** sur $[a,b]$. Alors :

$$\exists c \in [a,b] \ / \ \int_a^b f(t)g(t)dt = f(c)\int_a^b g(t)dt$$

REMARQUE :

❑ *Bien faire attention au fait que l'on laisse sous l'intégrale la fonction positive.*

QUAND L'UTILISER ?

Ce théorème n'est ni plus ni moins qu'une adaptation du théorème des valeurs intermédiaires à une fonction particulière (reportez-vous à sa démonstration).

Il n'apporte donc rien de plus que des inégalités classiques ; et il est vrai que chaque fois qu'on emploie la formule de la moyenne, on peut généralement procéder par des encadrements simples sans y recourir. Néanmoins il a le mérite d'être expéditif.

Il est d'emploi fréquent quand les bornes de l'intégrale dépendent d'un paramètre x et ont la même limite L en un point donné : en effet comme le point c_x dépend de x et est compris entre a_x et b_x, on voit facilement qu'il tend aussi vers L.

Exemple : soit f continue sur ***R*** *; déterminer* $\lim\limits_{x\longrightarrow 0} \displaystyle\int_{ax}^{bx} \frac{f(t)}{t}dt$ *(a et b > 0).*

Les deux bornes tendent vers 0 avec x et la fonction $\frac{1}{t}$ est positive sur l'intervalle d'intégration (alors qu'on ne sait rien du signe de f).

Donc on laisse $\frac{1}{t}$ sous l'intégrale et il vient :

$$\int_{ax}^{bx} \frac{f(t)}{t}dt = f(c_x)\int_{ax}^{bx} \frac{dt}{t} = f(c_x)\ln\left(\frac{bx}{ax}\right) = f(c_x)\ln\left(\frac{b}{a}\right).$$

Comme c_x tend aussi vers 0, la limite cherchée est donc : $f(0)\ln\left(\frac{b}{a}\right)$.

METHODE 8: Utiliser le lemme de Lebesgue

Commençons par en rappeler l'énoncé :

Soit f une fonction $C^1[a,b]$. Alors :

$$\lim_{n\infty} \int_a^b f(t)\cos(nt)dt = \lim_{n\infty} \int_a^b f(t)\sin(nt)dt = 0$$

REMARQUES :

❑ *Ce résultat s'obtient en intégrant par parties (cf. exemple de la méthode* ***5****).*

❑ *Les hypothèses faites sur f sont beaucoup trop fortes, puisque le résultat est vrai même pour des fonctions seulement réglées (mais ce concept est hors-programme).*

METHODE 9 : Interpréter une suite comme une somme de Riemann

Ce qu'on présente ici comme une propriété est en fait ce qui permet de définir, dans le cadre de la théorie de l'intégrale de Riemann, l'intégrale d'une fonction continue quelconque à partir des intégrales des fonctions réglées, dont la définition est facile.

Autant dire donc que ce résultat est plus essentiel qu'il n'en a l'air.

On ne donne ici que l'énoncé pour une subdivision régulière (le « vrai » résultat concerne des subdivisions quelconques dont le pas tend vers 0). Néanmoins ce résultat est amplement suffisant pour les exercices :

Soit f une fonction continue sur $[a,b]$. Alors :

$$\boxed{\frac{b-a}{n} \sum_{k=1}^{n} f(a+k\frac{b-a}{n}) \xrightarrow[n\infty]{} \int_a^b f(t)dt}$$

QUAND L'APPLIQUER ?

❑ Le plus difficile est de **reconnaître les sommes de Riemann** (après, le calcul de l'intégrale ne pose pas de problème si l'exercice est bien fait et le candidat pas trop mauvais).

❑ D'une manière générale lorsqu'on voit une somme sur k variant de 1 à n, avec des éléments faisant intervenir des n, des k et des k/n, on ne perdra rien à regarder s'il s'agit d'une somme de Riemann.

❑ Il faut aussi y penser quand on a un produit, avec des exponentielles et des factorielles dans tous les sens : à tous les coups, un **passage au logarithme** fait apparaître une somme de Riemann.

Exemples de sommes et de ***non*** *sommes de Riemann :*

$S_n = \frac{1}{n}\sum_{k=1}^{n} \ln(k+n) - \ln(n)$ est une somme de Riemann ; en effet : $S_n = \frac{1}{n}\sum_{k=1}^{n} \ln\left(1+\frac{k}{n}\right)$.

$T_n = \sum_{k=1}^{n} \frac{1}{\sqrt{n^2+k}}$ n'est pas une somme de Riemann (essayez !)

$P_n = \left(\frac{(2n)!}{n!n^n}\right)^{\frac{1}{n}}$ cache une somme de Riemann ($\ln(P_n) = S_n$).

Conclusion : méfiez vous des imitations de sommes de Riemann...

METHODE 10 : Utiliser les résultats d'algèbre

Soit pour f et g continues : $\langle f, g\rangle = \int_a^b f(t)g(t)dt$.

Le cours d'algèbre bilinéaire nous apprend que cette formule définit un produit scalaire.

Sans rentrer dans les détails relatifs aux espaces euclidiens (cf. tome **II**), rappelons seulement que l'espace des fonctions continues sur un intervalle peut être muni de la structure d'espace euclidien par l'introduction de ce produit scalaire.

Cela permet alors l'utilisation de nombreux résultats relatifs à ces espaces :

⇨ Orthonormalisation de Schmidt.

⇨ Existence d'un projeté orthogonal...

Nous vous invitons à vous reporter au tome **II**, où tous ces aspects seront évidemment repris de façon très détaillée.

REMARQUE :

Il est illusoire de vouloir étudier séparément les différentes parties des mathématiques. La séparation en chapitres est faite par souci de clarté.

Les intégrales n'échappent pas à cette règle et sont évidemment très liées à d'autres concepts ou théories que vous avez étudiés.

Pour des compléments, et d'autres exercices sur les intégrales, reportez vous aux chapitres concernant :

- ✗ les équations différentielles,
- ✗ les espaces euclidiens,
- ✗ les suites et les séries numériques,
- ✗ les séries de Fourier.

Exercices

1. Déterminer la limite de chacune des suites proposées.

a) $u_n = \sum_{k=1}^{n} \frac{n}{n^2+k^2}$.

b) $v_n = \frac{1}{n}\left(\prod_{k=1}^{n}(n+k)\right)^{1/n}$.

c) $w_n = \sum_{k=1}^{n} \frac{1}{\sqrt{n^2-k^2}}$.

2. Soit f et g deux applications continues de $[0,1]$ dans **R**. Déterminer la limite de :

$$S_n = \frac{1}{n}\sum_{k=1}^{n} f\left(\frac{k}{n}\right).g\left(\frac{k+1}{n}\right).$$

3. Déterminer la limite de la suite $u_n = \sum_{i\leq n, j\leq n} \frac{(-1)^{i+j}}{i+j+1}$.

4. a) Soit P un polynôme de degré n à coefficients complexes. Etablir que l'on a :

$$\int_{-1}^{1} [P(t)]^2 dt = -i\int_{0}^{\pi} \left[P\left(e^{i\theta}\right)\right]^2 e^{i\theta} d\theta.$$

b) Démontrer que pour tout (n+1)-uplet de réels $(a_0, a_1, \ldots a_n)$ on a :

$$\sum_{(i,j)\in\{0,\ldots n\}^2} \frac{a_i a_j}{i+j+1} \leq \pi \sum_{k=0}^{n} a_k{}^2.$$

5. Soit f une fonction continue non identiquement nulle de $[0,1]$ dans **R** telle que :

$$\forall k \in \{0,1,2,\ldots n\} \quad \int_0^1 t^k f(t) dt = 0.$$

Démontrer que la fonction f s'annule au moins n+1 une fois sur $]0,1[$.

6. Soit f une fonction continue de $[0,1]$ dans **R** strictement positive.

a) Montrer qu'il existe une base (P_n) de $\mathbf{R}[X]$ telle que :

$$\forall (i,j) \qquad \int_0^1 f(t)P_i(t)P_j(t)dt = \delta_{ij} \qquad \text{et} \qquad \deg(P_i) = i.$$

b) Montrer qu'alors chaque polynôme P_i admet exactement i racines simples sur $]0,1[$.

7. u et v désignent les racines de l'équation : $x^2 - x + \frac{1}{10} = 0$.
Prouver que pour tout polynôme réel P de degré inférieur ou égal à 5 on a :

$$\int_0^1 P(t)dt = \frac{1}{18}\left[5.P(u) + 8.P\left(\frac{1}{2}\right) + 5.P(v)\right].$$

8. Soit f une fonction continue de $[0,1]$ dans **R** strictement positive. Etudier :

$$\lim_{n\infty} \left[\int_0^1 f^n(t)dt\right]^{1/n}.$$

9. f désigne ici une fonction continue de $[0,1]$ dans $[a,b]$, où $a < 0 < b$. Vérifier :

$$\int_0^1 f(t)dt = 0 \qquad \Rightarrow \qquad \int_0^1 \left[f(t)^2\right]dt \le -ab.$$

10. Soit f une fonction continûment dérivable et 2π-périodique d'intégrale nulle sur $[0,2\pi]$. Etablir, en précisant les cas d'égalité :

$$\int_0^{2\pi} [f(t)]^2 dt \le \int_0^{2\pi} [f'(t)]^2 dt.$$

11. Déterminer :

$$\inf_{(a,b)} \int_0^{\pi} \left(\sin t - at^2 - bt\right)^2 dt.$$

12. Soit f une fonction de classe $C^1([a,b],\mathbf{R})$ telle que f(a) = 0. Prouver que :

$$\int_a^b [f(t)]^2 dt \le \frac{(b-a)^2}{2}\int_a^b [f'(t)]^2 dt.$$

(On commencera par écrire judicieusement f(t) *comme une intégrale...)*

Corrigés

1. On cherche évidemment, conformément à la méthode **9**, à détecter d'éventuelles sommes de Riemann.

a) Il s'agit d'une somme de Riemann et :

$$u_n = \frac{1}{n}\sum_{k=1}^{n} \frac{1}{1+\left(\frac{k}{n}\right)^2} \xrightarrow[n\infty]{} \int_0^1 \frac{dt}{1+t^2} = \operatorname{Arctan} 1 = \frac{\pi}{4}.$$

b) La présence de la racine n-ième et du produit invite à prendre le logarithme :

$$\ln(u_n) = \frac{1}{n}\sum_{k=1}^{n} \ln\left(1+\frac{k}{n}\right) \xrightarrow[n\infty]{} \int_0^1 \ln(1+t)dt = 2(\ln 2 - 1)$$

ce qui donne : $u_n \xrightarrow[n\infty]{} \frac{4}{e^2}$

c) Dans votre lancée, vous aurez sûrement écrit des choses que la morale réprouve (les maths sont-elles morales ?)

En effet la fonction qui est naturellement apparue dans vos calculs est $\left(1-t^2\right)^{-1/2}$, dont l'intégrale en 1 est impropre. On ne peut donc pas appliquer le théorème...
Toutefois, si vous vous reportez au chapitre 24, méthode **2** et son exemple, vous aurez la réponse...

---

2. Comme le dirait une publicité pour une boisson non alcoolisée, ça ressemble à une somme de Riemann mais ça n'en est pas une à cause des termes en k+1 (il faudrait du k).

S'il y avait eu $\frac{k}{n}$ partout on aurait conclu que :

$$T_n = \frac{1}{n}\sum_{k=1}^{n} f\left(\frac{k}{n}\right).g\left(\frac{k}{n}\right) \xrightarrow[n\infty]{} \int_0^1 fg.$$

Cependant on se dit que $\frac{k+1}{n}$ ne diffère de $\frac{k}{n}$ que par le terme $\frac{1}{n}$, qui tend essentiellement vers 0.

Pour évaluer la différence entre S et T, on utilise non la continuité de g (qui ne suffirait pas pour majorer $\left|g\left(\frac{k+1}{n}\right)-g\left(\frac{k}{n}\right)\right|$ **indépendamment de k**) mais **l'uniforme continuité** de g sur $[0,1]$ (g est continue sur un compact, donc y est uniformément continue).
Par définition de l'uniforme continuité :

$$\forall\varepsilon>0 \ \ \exists\alpha>0 \ \ / \ \ \forall(u,v)\in[0,1]^2 \ \ |u-v|<\alpha \ \Rightarrow \ |g(u)-g(v)|\le\varepsilon.$$

Fixons ε. Pour tout n supérieur à $1/\alpha$ on a :

$$\left|g\left(\frac{k+1}{n}\right)-g\left(\frac{k}{n}\right)\right| \le \varepsilon \text{ pour tout k de } [1,n].$$

Il vient alors :

$$|S_n - T_n| \ \le \ \varepsilon.\ \frac{1}{n}\sum_{k=1}^{n}\left|f\left(\frac{k}{n}\right)\right| \ \le \ \varepsilon.\sup_{[0,1]}|f|.$$

Ce qui prouve que S et T ont effectivement la même limite.

---

3. Il convient ici de se rappeler que : $\int_0^1 t^n dt = 1/(n+1)$.

Ce qui permet de réécrire la suite sous la forme :

$$u_n = -\sum_{(i,j)} \left(\int_0^1 (-t)^{i+j} dt \right) = -\int_0^1 \left(\sum_{(i,j)} (-t)^{i+j} \right) dt = -\int_0^1 \left(\sum_{i=0}^{n} (-t)^i \right)^2 dt = -\int_0^1 \left(\frac{1-(-t)^{n+1}}{1+t} \right)^2 dt.$$

En développant le numérateur on obtient, après calcul de la première intégrale :

$$u_n = -\frac{1}{2} + \int_0^1 \frac{2(-t)^{n+1} - (-t)^{2n+2}}{(1+t)^2} dt.$$

On montre alors facilement que le deuxième terme tend vers 0 (en minorant le dénominateur par 1). D'où la limite de u : $\frac{-1}{2}$.

---

4. a) Commençons d'abord par dire **ce qu'il ne faut pas faire :** toute tentative de changement de variable complexe du style $t = e^{i\theta}$ est à proscrire, puisque les changements de variable doivent être des difféomorphismes de **R** dans **R** .

En fait, il n'y a pas besoin d'aller chercher midi à quatorze heures : il suffit d'expliciter P sous la forme : $P(x) = \sum_i a_i x^i$ et d'évaluer séparément les deux membres.

$$\int_{-1}^1 [P(t)]^2 dt = \int_{-1}^1 \left(\sum_{k,l} a_k a_l x^{k+l} \right) dx = \sum_{k,l} \left(a_k a_l \int_{-1}^1 x^{k+l} dx \right) = \sum_{k,l} \frac{a_k a_l}{k+l+1}\left(1+(-1)^{k+l}\right)$$

et

$$-i\int_0^\pi \left[P\left(e^{i\theta}\right)\right]^2 e^{i\theta} d\theta = -i\int_0^\pi \sum_{k,l} a_k a_l e^{i\theta(k+l+1)} d\theta = -\sum_{k,l} \frac{1}{k+l+1}\left(e^{i\pi(k+l+1)} - 1\right).$$

Ces deux termes sont égaux, puisque $e^{i\pi} = -1$.
Il faut parfois savoir condescendre à faire quelques lignes de calcul...

b) Le premier terme n'est par exactement ce qu'on a calculé, car :

$$\sum_{k,l} \frac{a_k a_l}{k+l+1} = \int_0^1 [P(t)]^2 dt.$$

Comment va-t-on se servir du a) ? Le plus simplement du monde, en remarquant que cette intégrale **entre 0 et 1** d'une **fonction positive** (c'est essentiel) est inférieure à l'intégrale de la même fonction **entre** -1 **et 1** :

$$\int_0^1 [P(t)]^2 dt \le \int_{-1}^1 [P(t)]^2 dt = -i\int_0^\pi \left[P\left(e^{i\theta}\right)\right]^2 e^{i\theta} d\theta.$$

On doit alors majorer la dernière intégrale, et le plus simple est de la majorer par l'intégrale de son module, qui, par chance (!!!!) vaut ce qu'il faut :

$$-i\int_0^\pi \left[P\left(e^{i\theta}\right)\right]^2 e^{i\theta} d\theta \le \int_0^\pi \left|P\left(e^{i\theta}\right)\right|^2 d\theta = \int_0^\pi \sum_{k,l} a_k a_l e^{i\theta(k-l)} d\theta.$$

Il faut distinguer les cas k=l (qui donnent le terme majorant) des termes k≠l (qui donnent zéro en regroupant (l,k) et (k,l)). D'où le résultat.
Cette inégalité ne sert évidemment à rien du tout...

---

5. ❑ La méthode s'impose d'elle-même : c'est la méthode **3**.

Il faut toutefois user d'un artifice technique pour la mettre efficacement en œuvre, artifice qui sert d'ailleurs fréquemment dans les exercices sur les polynômes dans les espaces euclidiens.

❑ Il est clair que f s'annule au moins une fois (sinon f serait de signe constant et f ne pourrait pas être d'intégrale nulle (cf. méthode **3**)).

L'ensemble des zéros de f est non vide, et on s'intéresse aux **zéros avec changement de signe de f** (c'est là l'astuce).

Supposons qu'il y ait moins de n tels zéros, notons les $\left(a_1, a_2, \ldots a_p\right)$ $(p \le n)$

❑ Soit $g(t) = f(t).\prod_{k=1}^{p}(t - a_k)$. Il est clair, par définition des a_k, que g est positive sur $[0,1]$.

Comme $p \le n$, le polynôme $\prod_{k=1}^{p}(t - a_k)$ est de degré inférieur ou égal à n et il suffit d'imaginer son expression $\prod_{k=1}^{p}(t - a_k) = \sum_{k=1}^{p} \lambda_k t^k$ pour constater, en utilisant les hypothèses sur f, que :

$$\int_0^1 g = \sum_{k=1}^{p} \lambda_k \left(\int_0^1 f(t) t^k dt \right) = 0.$$

Comme g est positive, g, et donc f, est identiquement nulle, ce qui n'est pas.

Donc il y a strictement plus de n zéros (avec changement de signe) pour f, ce qu'on voulait.

---

6. a) Posons :

$$\langle P, Q \rangle = \int_0^1 f(t) P(t) Q(t) dt.$$

La forme est une forme bilinéaire symétrique définie positive pour les mêmes raisons que celle proposée à l'exemple 1 de la méthode **3**. Sa forme quadratique associée définit donc un produit scalaire.
Le procédé d'orthonormalisation de Schmidt assure de l'existence et de l'unicité d'une base vérifiant les propriétés imposées. (cf. tome II)

b) Remarquons que le polynôme P_0 est constant (degré 0) et que la nullité de l'intégrale $\langle P_0, P_n \rangle$ impose que tout polynôme P_n ait au moins une racine réelle.
Raisonnons par l'absurde comme à l'exemple précédent en supposant que le nombre p de réels a_i en lesquels P_n **s'annule en changeant de signe** soit strictement inférieur à n, et posons alors :

$$Q(x) = \prod_{i=1}^{p} (x - a_i).$$

Comme $p<n$, Q est un élément de $\mathrm{Vect}(P_0, \ldots P_n)$. Comme $\langle P_i, P_n \rangle = 0$ pour $i<n$, par linéarité on obtient la nullité de $\langle Q, P_n \rangle$, ce qui n'est pas possible puisque la fonction $Q.P_n$ est positive par définition de Q, mais non identiquement nulle. Donc on a une contradiction.

Cette façon de procéder peut être qualifiée de méthode, au même titre que celles présentées dans le cours. Souvenez-vous en...

---

7. Rappelons (cf. tome **II**, cf. chapitre sur les polynômes) que $\mathbf{R}_5[X]$ a une structure d'espace vectoriel. Comme la relation à prouver est **linéaire** en P, prouver qu'elle est vraie pour tout P est équivalent à prouver qu'elle est vraie pour une base.

Le tout est de bien **choisir la base**. En particulier, dans ce cas précis, la base la plus naturelle (c'est-à-dire la base canonique $\left(1, X, X^2, X^3, X^4, X^5\right)$) est mal adaptée car elle conduit à des calculs fastidieux (peut-être les avez vous faits ??)

Il est ici plus judicieux de faire **jouer un rôle aux réels u et v** pour montrer la formule. Une base possible est par exemple :

$$1,\ X,\ X^2 - X + \frac{1}{10},\ X\left(X^2 - X + \frac{1}{10}\right),\ X^2\left(X^2 - X + \frac{1}{10}\right) \text{ et } X^3\left(X^2 - X + \frac{1}{10}\right).$$

Pour les quatre derniers polynômes $P(u) = P(v) = 0$.

Il reste pour chaque polynôme à calculer $P\left(\frac{1}{2}\right)$ et l'intégrale et à vérifier la relation proposée, ce qui ne doit (en principe !) vous poser aucun problème. Les 6 calculs donnent comme résultats :

$$1\ ;\ \frac{1}{2}\ ;\ \frac{-1}{15}\ ;\ \frac{-1}{30};\ \frac{-1}{60};\ \frac{-1}{120}$$

REMARQUE : Il ne servait à rien d'expliciter u et v.

---

8. On va prouver que cette suite I_n tend vers $M = \sup_{[0,1]} |f|$.

L'idée importante est **d'isoler** du reste de $[0,1]$, par la relation de Chasles (méthode **2**), un sous intervalle de $[0,1]$ où f prend des valeurs voisines de M.

f étant continue sur le compact $[0,1]$, elle atteint son sup en un point c de $[0,1]$.
On a donc :

$$\forall \varepsilon < M \quad \exists \alpha > 0 \quad / \quad \forall x \in [c-\alpha, c+\alpha] \quad M - \varepsilon \le f(x) \le M.$$

On obtient donc, en élevant à la puissance n (on peut le faire car tout est positif) et en intégrant :

$$(M-\varepsilon)^n\ (b-a) = \int_{c-\alpha}^{c+\alpha} f^n(t)dt \le \int_a^b f^n(t)dt \le \int_a^b M^n dt = M^n(b-a)$$

(on a utilisé, pour la minoration, le fait que f était positive).
Ce qui donne pour I_n :

$$(M-\varepsilon).(b-a)^{\frac{1}{n}} \le I_n \le M.(b-a)^{\frac{1}{n}}.$$

Le majorant (resp. le minorant) tend vers M (resp. $(M-\varepsilon)$) pour $n\infty$; on en déduit :

$$\forall \varepsilon \quad \exists N \ / \ \forall n \ge N \quad M - 2\varepsilon \le I_n \le M + 2\varepsilon.$$

Ceci prouve à l'évidence que la suite tend vers M.

*REMARQUE : On vient de démontrer un résultat qui sert de fondement à la méthode de Laplace (méthode **6**) présentée au chapitre 24.*

---

9. La première idée qu'on peut raisonnablement essayer de mettre en oeuvre est l'inégalité de Cauchy-Schwarz, à cause du carré. Néanmoins, cette tentative est vaine.

La deuxième idée est d'utiliser l'encadrement : $\forall t \in [0,1] \quad a \leq f(t) \leq b \quad (*)$
Le seul problème est qu'**on ne peut pas élever cette inégalité au carré** en vue de l'intégrer puisque a est négatif et b positif.

Ce qui a fait achopper cette méthode doit vous aider à trouver la solution : il faut absolument **intégrer quelque chose de positif**.

Or l'inégalité (*) entraîne immédiatement : $\forall t \in [0,1] \quad (f(t)-a).(b-f(t)) \geq 0$.

Il est parfaitement licite d'intégrer cette inégalité entre 0 et 1 :

$$(a+b)\int_a^b f - ab - \int_a^b f^2 \geq 0.$$

Compte tenu de la nullité de la première intégrale, on obtient l'inégalité souhaitée.

---

10. Cet exercice est en fait un exercice sur les séries de Fourier (la 2π- périodicité a dû vous mettre la puce à l'oreille). Il est repris au chapitre 14.

Nous l'avons mentionné ici pour vous montrer qu'il faut être vigilant et penser à tous les chapitres de votre cours et pas seulement au cours sur les intégrales lorsque vous faites un exercice sur les intégrales.

---

11. Même remarque qu'à l'exercice précédent : cet exercice est en fait un problème sur les espaces euclidiens. Il est repris dans le tome **II**.

Disons pour vous aider à le chercher sans vous précipiter au tome II qu'il faut interpréter ce minimum en termes de distance d'un point à un sous espace, dans un espace fonctionnel euclidien, et qu'on est ramené à la recherche du projeté orthogonal de ce point sur ce sous espace...

---

12. Puisque $f(a)=0$ et qu'on demande d'exprimer f comme l'intégrale de quelque chose (de quoi donc, sinon de sa dérivée ?), il faut évidemment écrire :

$$f(t)=f(a)+\int_a^t f'(u)du=\int_a^t f'(u)du.$$

Comme f intervient dans la première intégrale sous forme de son carré, la première idée qui vient à l'esprit pour cette majoration est évidemment la méthode **1**, avec Cauchy-Schwarz :

$$[f(t)]^2 \leq \int_a^t [f'(u)]^2 du . \int_a^t 1^2 du = (t-a)\int_a^t [f'(u)]^2 du .$$

d'où il résulte, comme on intègre une fonction positive à droite, que :

$$[f(t)]^2 \leq u = (t-a)\int_a^b [f'(u)]^2 du$$

Il ne reste plus qu'à intégrer sur t cette nouvelle inégalité entre a et b pour obtenir l'inégalité voulue.

Chapitre 21
METHODES D'ETUDE PRATIQUE DES INTEGRALES IMPROPRES

On se borne à exposer les méthodes qui servent régulièrement dans les exercices à dominante « calculatoire » dont le but est de prouver la convergence d'une intégrale donnée. D'autres méthodes sont exposées dans le chapitre suivant, concernant les exercices théoriques.

I. Convergence des intégrales de référence

INTEGRALES DE RIEMANN :

$$\int_1^{+\infty} \frac{dt}{t^\alpha} \text{ converge en } 0 \Leftrightarrow \alpha > 1$$

$$\int_0^{1} \frac{dt}{t^\alpha} \text{ converge en } +\infty \Leftrightarrow \alpha < 1$$

REMARQUES UTILES :

❑ *Il s'agit évidemment d'une* ***absolue*** *convergence dans les deux cas.*

❑ *Noter qu'une intégrale de Riemann n'est* ***jamais*** *convergente aux* ***deux bornes en même temps.***

❑ *Noter enfin que dans le cas $\alpha = 1$, il y a divergence aux deux bornes.*

INTEGRALES DE BERTRAND :

$$\int_2^{+\infty} \frac{dt}{t^\alpha (\ln t)^\beta} \text{ converge en } +\infty \Leftrightarrow \begin{cases} \alpha > 1 \\ \alpha = 1 \text{ et } \beta > 1 \end{cases}$$

$$\int_0^{1/2} \frac{dt}{t^\alpha (\ln t)^\beta} \text{ converge en } 0 \Leftrightarrow \begin{cases} \alpha < 1 \\ \alpha = 1 \text{ et } \beta > 1 \end{cases}$$

REMARQUES UTILES :

❑ *Attention : ne pas prendre 1 comme borne, l'intégrale étant alors* ***divergente en 1*** *lorsque $\beta < 0$.*

❑ *Remarquer que le cas « $\alpha = 1$ et $\beta > 1$ » est* ***le même*** *pour les deux bornes.*

❑ *Il s'agit dans tous les cas d'une convergence absolue.*

❑ *Noter un cas particulier intéressant :*

$$\int_0^1 \ln(t)dt \text{ converge à la borne 0}$$

(qu'on peut retrouver autrement car on connaît une primitive de ln t).

FONCTIONS EXPONENTIELLES : $\displaystyle\int_0^{+\infty} e^{-t^\alpha} dt$ converge en $+\infty$ pour tout $\alpha > 0$

REMARQUES :

❑ *La convergence est évidemment absolue (ces fonctions sont positives).*

❑ *Hormis les cas $\alpha = 0$ ou 1 on ne connaît pas de primitive de ces fonctions. On sait néanmoins calculer l'intégrale de Gauss correspondant à $\alpha = 2$ (cf. chapitre).*

Terminons par les intégrales trigonométriques (dont celle de Dirichlet, dont tout le monde connaît la valeur, qui est d'ailleurs calculée au chapitre) dont il est difficile de savoir si elles font réellement partie du cours ou de ses applications classiques, ce qui revient sensiblement au même :

INTEGRALES TRIGONOMETRIQUES : $\displaystyle\int_1^{+\infty} \frac{\sin t}{t^\alpha} dt$ et $\displaystyle\int_1^{+\infty} \frac{\cos t}{t^\alpha} dt$ $\begin{cases} \text{DV pour } \alpha \le 0 \\ \text{SCV pour } 0 < \alpha \le 1 \\ \text{ACV pour } \alpha > 1 \end{cases}$

(démonstrations : cf. exercice 9 de ce chapitre).

Nous voilà suffisamment équipés pour aborder les méthodes proprement dites.

PREMIERE CHOSE A FAIRE QUAND ON VOUS DONNE UNE INTEGRALE A ETUDIER :

DETERMINER LE (OU LES) ENDROITS OU IL Y A UN PROBLEME

Les causes de ces problèmes dépendent de la nature de la borne :

❑ Borne finie : il y a un dénominateur qui s'annule, ou un logarithme en 0.

❑ Borne infinie : là, il y a forcément un problème.

ATTENTION : une erreur classique est de n'étudier l'intégrale qu'en ses bornes, sans regarder « au milieu » :

Exemple flagrant : $\displaystyle\int_{-\infty}^{+\infty} \frac{dx}{x^2}$ *est une intégrale convergente en $-\infty$ et $+\infty$ (de Riemann).*

Seul « détail » : que se passe-t-il en zéro, qui n'est pas l'une des bornes ???
(J'en vois qui rient ; encore une fois, cet exemple était assez évident ; mais méfiez vous des cas plus pernicieux...)

Dans toute la suite de l'exposé, sauf mention contraire, a désigne un réel et b désigne un élément de $\mathbb{R} \cup \{+\infty\}$.
b désignera la borne où l'on cherche à établir la convergence de l'intégrale.

II. Preuves d'absolue convergence

On rappelle ce que tout le monde sait déjà :

ABSOLUE CONVERGENCE ⇒ CONVERGENCE

c'est-à-dire :

$$\int_a^b |f| \text{ converge} \Rightarrow \int_a^b f \text{ converge.}$$

La réciproque est évidemment fausse (par ex. $\frac{\sin t}{t}$).

La deuxième chose à faire lorsqu'on vous donne une intégrale à étudier est de regarder si elle ne serait pas par hasard absolument convergente (ce qui arrive quand même assez souvent).

METHODE 1 : Revenir à la définition

❑ Dire que $\int_a^b |f|$ converge, c'est dire que la fonction $F : x \longrightarrow \int_a^x |f(t)|\,dt$ admet une limite en b. Or cette fonction est clairement croissante (sa dérivée est positive). On a donc :

$$\int_a^b |f| \text{ converge} \quad \Leftrightarrow \quad x \longrightarrow \int_a^x |f(t)|\,dt \text{ est majorée.}$$

❑ On utilise assez rarement cette méthode pour prouver la convergence d'une intégrale, car ici il faut **majorer l'intégrale** alors que dans la méthode suivante on **majore la fonction à intégrer**, ce qui est plus simple.

METHODE 2 : Majorer |f| par une fonction d'intégrale convergente (en b)

❑ On majore souvent par des fonctions de référence du type de celles évoquées ci-dessus.

❑ Nous vous invitons à revoir toutes les techniques classiques d'obtention d'inégalités, exposées en détail au chapitre 4 et au chapitre 25.

METHODE 3 : Comparer |f| à une fonction de référence

On rappelle que si $\int_a^b g$ converge, il en est de même de $\int_a^b |f|$ lorsque :

- $|f| = \underset{b}{o}(g)$ (|f| est « un petit o de g » *au voisinage de b*),
- $|f| = \underset{b}{O}(g)$ (|f| est « un grand O de g » *au voisinage de b*),
- $|f| \underset{b}{\approx} g$ (|f| est équivalente à g *en b*).

METHODE 4 : Appliquer la règle « $x^\alpha f(x)$ »

Cette règle est facile d'emploi, mais il faut prendre garde au fait qu'elle s'énonce **différemment selon que la borne b est finie ou non** (ceci tenant à ce qu'elle repose sur la comparaison aux intégrales de Riemann).

Borne b = +∞ :

- si $x^\alpha f(x) \xrightarrow[x\infty]{} L \neq 0$ alors : $\int_a^{+\infty} f$ *converge* **si et seulement si** $\alpha > 1$,
- si $x^\alpha f(x) \xrightarrow[x\infty]{} 0$ alors : $\int_a^{+\infty} f$ *converge* **si** $\alpha > 1$,
- si $x^\alpha f(x) \xrightarrow[x\infty]{} +\infty$ alors : $\int_a^{+\infty} f$ *diverge* **si** $\alpha \leq 1$.

Borne b finie :

- si $(b-x)^\alpha f(x) \xrightarrow[b]{} L \neq 0$ alors : $\int_a^b f$ *converge* **si et seulement si** $\alpha < 1$,
- si $(b-x)^\alpha f(x) \xrightarrow[b]{} 0$ alors : $\int_a^b f$ *converge* **si** $\alpha < 1$,
- si $(b-x)^\alpha f(x) \xrightarrow[b]{} +\infty$ alors : $\int_a^b f$ *diverge* **si** $\alpha \geq 1$.

Inutile de préciser qu'il faut bien connaître les hypothèses et conclusions dans leurs détails pour appliquer convenablement cette propriété.

COMMENT L'APPLIQUER PRATIQUEMENT ?

❑ On forme la quantité $g(x) = x^\alpha f(x)$.

❑ On étudie la valeur de cette limite selon les valeurs du paramètre α (au besoin en formant, lorsque c'est licite, le logarithme de g) et on regarde dans quel cas on se trouve.
(Se reporter au chapitre 10 méthode 4 pour une explication plus détaillée).

METHODE 5 : Comparer à une série

On mentionne cette méthode pour mémoire (on l'a citée au chapitre concernant les séries numériques) ; elle sert en effet plus souvent à prouver la convergence d'une série à partir de celle de l'intégrale correspondante que le contraire.

Si $|f|$ est une fonction décroissante, alors : $\int_a^{+\infty} |f|$ et $\sum |f(n)|$ sont de même nature.

(Il suffit pour le voir de découper l'intégrale en une somme d'intégrales sur des intervalles de la forme $[n, n+1]$, et d'utiliser ensuite la décroissance de $|f|$ pour encadrer cette intégrale entre des sommes partielles de rang convenable de la série.)

III. Preuves de semi-convergence

Le problème, lorsqu'on n'a pas réussi à prouver l'absolue convergence d'une intégrale impropre, c'est qu'on n'a (presque) rien fait : il « reste » à voir si elle ne serait pas semi-convergente (c'est-à-dire convergente l'être absolument).

METHODE 6 : Développement asymptotique de f

On a exposé tout à l'heure (méthode **3**) comment on pouvait conclure lorsqu'une fonction de signe constant avait un équivalent dont l'intégrale était convergente.
Il est bien clair qu'**ON NE PEUT PAS CONCLURE si les fonctions NE SONT PAS de signe constant** (c'est l'éternel problème des équivalents).
Toutefois, il faut bien se dire que l'équivalent n'est jamais « très loin » de la fonction qu'on considère, et que pour en savoir un peu plus il suffit d'étudier **la différence entre la fonction et son équivalent**.

Exemple : étudier la convergence de $\int_0^{+\infty} \frac{t \sin t}{1+t^2} dt$.

Après s'être assuré que le dénominateur ne s'annule pas, on constate que le seul problème est en $+\infty$.

L'équivalent le plus simple de f est évidemment $\frac{\sin t}{t}$, qui n'est pas de signe constant.

On pourrait s'arrêter là et attendre. Mais on peut aussi remarquer que :

$$\frac{t \sin t}{1+t^2} - \frac{\sin t}{t} = \left(\frac{-1}{t(1+t^2)}\right).\sin t.$$

Or le dernier terme est absolument convergent :

$$\left|\frac{\sin t}{t(1+t^2)}\right| \leq \frac{1}{t^3}.$$

Donc f est la somme d'un terme *semi-convergent* ($\frac{\sin t}{t}$) et d'un terme *absolument convergent* (l'autre). Donc l'intégrale de f est semi-convergente.
Notons qu'on avait aucun espoir de prouver que f était absolument convergente (puisque $\frac{\sin t}{t}$ ne l'est pas elle-même).

REMARQUES :

❑ *Dans certains cas, il peut être nécessaire de poursuivre plus loin le développement pour conclure.*

❑ *Si dans le développement,* ***tous*** *les termes* ***sauf un*** *ont leur intégrale convergente, alors l'intégrale diverge.*
(C'est faux si deux termes ou plus divergent car on peut écrire par exemple :

$$\frac{1}{t^2}=\frac{1}{t^2}-\frac{1}{t}+\frac{1}{t}$$

où les deux derniers termes divergent tandis que la somme des trois converge).

METHODE 7 : Intégration par parties et changement de variables

Ces méthodes peuvent s'appliquer à des intégrales sur lesquelles on n'a aucune idée de la convergence à première vue, en les ramenant par ces transformations à des intégrales plus familières.
Considérez les deux exemples suivants :

Exemple 1 : étudier $\int_1^{+\infty} \sin\left(t^2\right) dt$.

Cette forme là n'est pas très explicite, et le "t^2" dans le sinus est un peu troublant.
Il est donc normal de penser à poser $u = t^2$ qui transforme l'intégrale en :

$$I = \int_1^{+\infty} \frac{\sin(u)}{2\sqrt{u}} du$$

On est donc ramené aux intégrales « trigonométriques » dont la convergence est rappelée plus haut. (Ici on a une semi-convergence).

Exemple 2 : étudier $\int_1^{+\infty} \frac{\sin(t)}{t} dt$.

On a dû vous dire (ou vous l'avez trouvé tout seul, ce qui est encore mieux) que c'était une bonne idée d'intégrer par parties, en intégrant le sinus :

$$\int_1^{+\infty} \frac{\sin(t)}{t} dt = \left[\frac{\cos(t)}{t}\right]_1^{+\infty} - \int_1^{+\infty} \frac{\cos(t)}{t^2}.$$

Le premier terme a un sens (sa limite existe effectivement en $+\infty$) et la seconde intégrale est absolument convergente. Donc l'intégrale converge (on a rappelé ce résultat plus haut).

Conclusion :

L'intégration par parties a pour but d'augmenter le degré des dénominateurs polynômiaux, ce qui accélère la convergence en $+\infty$.

REMARQUES :

❑ *A propos du changement de variable, assurez vous toujours qu'il s'agit bien d'un C^1 difféomorphisme d'un intervalle sur un autre (c'est-à-dire que le changement est bijectif, et que φ **ainsi que** φ^{-1} est dérivable).*

❑ *A propos de l'intégration par parties, il est conseillé de **revenir à des bornes finies** et de les **faire tendre ensuite** vers $+\infty$ (ou, lorsque l'intégrale est impropre en b, de faire tendre la borne X vers b).*

METHODE 8 : Utilisation d'une série

Le problème d'une fonction qui n'est pas de signe constant, c'est précisément qu'elle change de signe (pour une révélation, c'est une révélation...)

D'où l'idée, somme toute très naturelle, de **découper l'intervalle d'intégration en intervalles sur lesquels la fonction est de signe constant.** D'une certaine façon, c'est l'analogue de la sommation par paquets pour les séries.

On décompose donc l'intégrale en une somme — généralement infinie — de termes, ce qui ramène à l'étude d'une série (très souvent alternée si le choix des bornes a été judicieux).

Pour conclure, on utilise le résultat suivant (relativement méconnu, mais efficace) :

S'il existe **une** suite (a_n) telle que :

(i) (a_n) est croissante et tend vers $+\infty$,

(ii) la fonction f est de **signe constant** sur $[a_n, a_{n+1}]$,

(iii) la série de terme général $u_n = \int_{a_n}^{a_{n+1}} f(t)dt$ est **convergente**.

Alors l'intégrale $\int_{a_0}^{+\infty} f(t)dt$ est convergente et vaut la somme de la série.

Exemple : étudier $\int_0^{+\infty} \frac{\sin t}{\sqrt{t}} dt$.

Le sinus est de signe constant sur les intervalles de la forme $[n\pi, (n+1)\pi]$.

On introduit la série dont il est question ci-dessus :

$$u_n = \int_{n\pi}^{(n+1)\pi} \frac{\sin t}{\sqrt{t}} dt = \int_0^{\pi} \frac{\sin(u+n\pi)}{\sqrt{u+n\pi}} du = (-1)^n \int_0^{\pi} \frac{\sin(u)}{\sqrt{u+n\pi}} du.$$

On montre ensuite assez facilement la convergence de cette série, en s'assurant qu'elle satisfait aux hypothèses du théorème des séries alternées :

❑ Elle est alternée : par choix de l'intervalle.

❑ Son module tend vers 0 : immédiat par la majoration $|u_n| \leq \dfrac{\pi}{\sqrt{n\pi}}$.

❑ Son module est décroissant : clair.

On conclut donc par le théorème rappelé que l'intégrale converge.

REMARQUE :

Il est possible que certains d'entre vous ignorent ce théorème et souhaitent savoir comment on le démontre.
On peut par exemple montrer que la différence entre l'intégrale de 0 à x de f et la somme de rang n de la série tend vers 0, pourvu qu'on choisisse n tel que : $a_n \leq x \leq a_{n+1}$ *(c'est possible car la suite a est croissante et divergente). Sachez le démontrer si vous l'utilisez.*

IV. Preuves de non convergence

Terminons par deux méthodes pour montrer qu'une intégrale ne converge pas, utiles lors de discussions de la convergence d'intégrales dépendant par exemple d'un paramètre.

METHODE 9 : Utilisation de la limite de f en +∞

Si, comme on l'a déjà dit à plusieurs reprises dans cet ouvrage, les séries et les intégrales impropres présentent des analogies, cette remarque souffre toutefois quelques exceptions dont celle-ci.

Vous savez qu'une condition nécessaire pour qu'une série converge est que son terme général tende vers 0.

IL N'EN EST PAS DE MEME POUR LES INTEGRALES : une fonction peut très bien avoir son intégrale convergente en +∞ sans tendre pour autant vers 0 en +∞.

(Vérifiez que la fonction f nulle partout sauf que : *f (n) = n pour tout n*

f est affine sur $\left[n-\dfrac{1}{n^3},n+\dfrac{1}{n^3}\right]$

convient).

❑ PAR CONTRE :

SI f a une limite en +∞ et $\int_0^{+\infty} f$ converge **alors** nécessairement cette limite est nulle.

METHODE 10 : Utilisation d'une série

On a le résultat suivant :

S'il existe une suite (a_n) tendant vers $+\infty$ telle que la série $\sum \int_{a_n}^{a_{n+1}} f(t)dt$ diverge, l'intégrale diverge en $+\infty$.

REMARQUES :

❑ *Ce résultat peut par exemple servir à montrer qu'une intégrale n'est pas absolument convergente (en l'appliquant à $|f|$).*

❑ *Il découle du critère séquentiel d'existence d'une limite pour les fonctions, appliqué à la fonction primitive de f.*

Exercices

*Dans les exercices **1** à **10**, on demande de s'intéresser à la convergence (absolue ou semi-convergence) de l'intégrale proposée.*

1. $\displaystyle\int_0^1 t^{x-1}(1-t)^{y-1}dt.$

2. $\displaystyle\int_0^{+\infty} t^{x-1}e^{-t}dt.$

3. $\displaystyle\int_0^{+\infty} \frac{\ln\left(1+t^a\right)}{t^b}dt.$

4. $\displaystyle\int_0^1 \left|1-t^a\right|^b dt$ $\qquad ab\neq 0.$

5. $\displaystyle\int_0^{+\infty} \frac{dt}{e^{t^2}-a}$ $\qquad a \in \mathbf{C}.$

6. $\displaystyle\int_0^{+\infty} \cos\left(e^t\right)dt.$

7. $\displaystyle\int_0^{+\infty} \frac{\sin t}{\sqrt{t}+\cos t}dt.$

8. $\displaystyle\int_{-\infty}^{+\infty} \frac{t^2}{t+t^4}dt.$

9. $\displaystyle\int_1^{+\infty} \frac{\sin t}{t^a}dt.$

10. $\displaystyle\int_0^{+\infty} \frac{e^t}{e^{-t}+e^{2t}|\sin t|}dt.$

11. Soit f une fonction continue telle que $\displaystyle\int_1^{+\infty} f(t)dt$ soit convergente.

Démontrer que l'intégrale $\displaystyle\int_1^{+\infty} \frac{f(t)}{t}dt$ est aussi convergente.

12. Soit f une fonction continûment dérivable bornée, et a un réel positif.

Démontrer que $\displaystyle\int_1^{+\infty} \frac{f'(t)}{t^a}dt$ converge.

13. Calculer : $\displaystyle\int_0^{+\infty}\left(\int_x^{+\infty} \frac{\sin t}{t}dt\right)dx.$

(On rappelle à toutes fins utiles que : $\displaystyle\int_0^{+\infty} \frac{\sin t}{t}dt = \frac{\pi}{2}$*)*

Corrigés

1. Le plus simple est d'employer la méthode **3**, puisque la fonction est de signe constant sur l'intervalle d'intégration et admet un équivalent simple :

$$f(t) \underset{0}{\approx} t^{x-1} \quad \text{et} \quad f(t) \underset{1}{\approx} (1-t)^{y-1}$$

Ces intégrales de Riemann convergent aux bornes finies si et seulement si x et y sont strictement positifs.

Il s'agit de la fonction « bêta » d'Euler.

---

2. ❑ On peut encore trouver un équivalent en zéro : $f(t) \underset{0}{\approx} t^{x-1}$.
Donc il y a convergence si et seulement si $x > 0$.

❑ Par contre en $+\infty$, il sera plus délicat de trouver un équivalent ; on peut par exemple prendre la méthode **4**.

On a évidemment : $t^{\text{n'importe quoi}} f(t) \underset{\infty}{\longrightarrow} 0$; en choisissant « n'importe quoi » = 2 par exemple, on en conclut que l'intégrale est toujours convergente en $+\infty$.
Il s'agit cette fois de la fonction « gamma » d'Euler.

---

3. Les problèmes peuvent survenir en zéro, en $+\infty$ et nulle part ailleurs. Vu la forme de la fonction, on peut chercher des équivalents.

Si a>0 :

❑ En zéro :
$\ln\left(1+t^a\right) \underset{0}{\approx} t^a$ donc $f(t) \underset{0}{\approx} \dfrac{1}{t^{b-a}}$ qui est de Riemann et converge ssi : $b-a < 1$.

❑ En $+\infty$:

$\ln\left(1+t^a\right) \underset{+\infty}{\approx} \ln\left(t^a\right) \underset{+\infty}{\approx} a \ln t$ donc $f(t) \underset{+\infty}{\approx} \dfrac{a\ln t}{t^b}$ qui est de Bertrand donc converge si et seulement si $b> 1$.

Si a=0 :
f est alors égale à $\dfrac{\ln 2}{t^b}$, qui est de Riemann et ne peut donc pas converger simultanément aux deux bornes.

Si a>0 :

❑ En 0 : $\ln\left(1+t^a\right) \underset{0}{\approx} \ln\left(t^a\right) \underset{0}{\approx} a \ln t$ donc $f(t) \underset{0}{\approx} \dfrac{a\ln t}{t^b}$ qui est de Bertrand et converge en 0 si et seulement si $b<1$.

❑ En $+\infty$: $\ln\left(1+t^a\right) \underset{+\infty}{\approx} t^a$, donc $f(t) \underset{+\infty}{\approx} \dfrac{1}{t^{b-a}}$ de Riemann qui converge en $+\infty$ si et seulement si $b-a > 1$.

On vous laisser résumer cette passionnante discussion.

---

4. Les problèmes sont cette fois en 0 et en 1 (ça change un peu, c'est bien...) Vu que les équivalents semblent bien indiqués pour les fonctions positives comme celle-ci, on aurait tort de s'en priver.

En zéro :

- si a>0 : $f(t) \xrightarrow[0]{} 1$ donc l'intégrale converge.

- si a<0 : $f(t) \underset{0}{\approx} t^{ab}$ qui converge si et seulement si ab > -1.

En 1 :

La fonction t^a est toujours dérivable en 1 donc on a, par définition de la dérivée :

$$\frac{1-t^a}{1-t} \underset{1}{\approx} at^{a-1}\Big|_{t=1} = a.$$

Ce qui donne donc : $f(t) \underset{1}{\approx} a^b.|1-t|^b$ qui converge ssi b > -1.

---

5. Il n'y a (pratiquement) aucune raison de s'affoler à cause du nombre complexe a. Reprenons donc nos esprits et procédons avec méthode en commençant par déterminer où se situent les problèmes.

Il est clair qu'il y aura un problème en +∞, comme toujours. Il faut aussi s'inquiéter de savoir s'il peut arriver au **dénominateur de s'annuler**, ce qui ne se produira en tout état de cause que si a est réel positif (il doit être égal à une exponentielle).

❑ En +∞ :

Que a soit complexe ou non change assez peu le comportement de | f | si l'on veut bien lire ici « module » au lieu de « valeur absolue ». En effet : $|f(t)| \underset{+\infty}{\approx} e^{-t^2}$.
Donc l'intégrale est absolument convergente en +∞.

❑ En b>0 tel que : $e^{b^2} = a$ (ce qui ne peut arriver que si $a \in \mathbf{R}$ et $a \geq 1$).

On obtient successivement :

$$f(t) = \frac{1}{e^{b^2}\left(e^{t^2-b^2}-1\right)} \underset{b}{\approx} \frac{1}{e^{b^2}\left(t^2-b^2\right)} = \frac{1}{e^{b^2}(t-b)(t+b)} \underset{b}{\approx} \frac{1}{2be^{b^2}}\frac{1}{t-b}.$$

Le dernier équivalent ne valant que pour b **non nul.** Alors il y a divergence en b.

Si b = 0, c'est-à-dire a = 1, on a plus simplement : $f(t) \underset{0}{\approx} \frac{1}{t^2}$, qui diverge.

En conclusion l'intégrale converge si et seulement si $a \in \mathbf{C} - \{t \in \mathbf{R} \ / t \geq 1\}$.

---

6. Cette intégrale est pratiquement l'analogue des intégrales de Fresnel présentées comme illustration de la méthode **7**. Tout semble donc indiqué pour faire un changement de variable exponentiel :

$$\int_0^{+\infty} \cos\left(e^t\right)dt = \int_1^{+\infty} \frac{\cos u}{u}du.$$

Cette intégrale est réputée semi-convergente, d'où l'exercice est fini.

REMARQUE : Il est évident que le changement de variable effectué induit un C^1 difféomorphisme de $[0,+\infty[$ sur $[1,+\infty[$, c'est la raison pour laquelle nous ne l'avons pas précisé.

---

7. Cet exercice est un bon exercice (ce qui ne veut bien sûr pas dire que les autres soient mauvais) en ce sens qu'il teste si les élèves réfléchissent un petit peu ou raisonnent comme des « bœufs ».

Tout d'abord, où y a-t-il des problèmes ?

❑ En $+\infty$, ça ne fait aucun doute.

❑ En 0, sûrement pas puisque la fonction y vaut $\frac{0}{0+1}$.

❑ Ailleurs ? Ce n'est pas *a priori* exclus, car le dénominateur peut parfaitement s'annuler.
Une telle annulation surviendrait forcément pour $t \geq \pi/2$ (avant les deux fonctions sont strictement positives) mais alors on aurait :

$$-\cos t = \sqrt{t} \geq \sqrt{\pi/2} \geq 1.$$

Ceci est impossible, donc le dénominateur ne s'annule jamais.

En $+\infty$, la fonction sera équivalente à $\frac{\sin t}{\sqrt{t}}$ (puisque le cosinus est borné) mais cette fonction n'est évidemment pas de signe constant. On repense alors aux explications de la méthode **6** et on se dit que :

$$\frac{\sin t}{\sqrt{t}+\cos t} - \frac{\sin t}{\sqrt{t}} = -\frac{\sin t.\cos t}{\left(\sqrt{t}+\cos t\right)\sqrt{t}} \underset{\infty}{\approx} -\frac{\sin 2t}{2t}$$

On n'est pas plus avancé qu'avant car le dernier membre est de signe variable ; on recommence :

$$\frac{\sin t}{\sqrt{t}+\cos t} - \frac{\sin t}{\sqrt{t}} + \frac{\sin 2t}{2t} = \frac{\sin 2t}{2}\left(\frac{\cos t}{t\left(\sqrt{t}+\cos t\right)}\right).$$

Mais cette fois le dernier membre est absolument convergent car :

$$\left|\frac{\sin 2t}{2}\left(\frac{\cos t}{t\left(\sqrt{t}+\cos t\right)}\right)\right| \leq \frac{1}{2t\left(\sqrt{t}+\cos t\right)} \approx \frac{1}{2t^{3/2}}.$$

Donc l'intégrale de départ est semi-convergente, comme somme de deux intégrales semi-convergentes et d'une intégrale absolument convergente.

---

8. Cette fois, outre les problèmes en $+\infty$ et $-\infty$ (où l'intégrale est clairement convergente car la fonction y est de signe constant et équivalent à t^{-3}), il y a le problème de (-1) où le dénominateur s'annule.

Appelons g la fonction $t+t^4$; on a $g(-1)=0$ et $g'(-1)=-5$ donc par définition de la dérivée :

$$\frac{g(t)-g(-1)}{t+1} \underset{-1}{\approx} -5.$$

Donc la fonction à intégrer est équivalente à $\frac{1}{5(t+1)}$ au voisinage de (-1) et est par conséquent divergente.

---

9. On se contente de fournir un corrigé succinct, puisqu'aussi bien la discussion que les méthodes à employer ont été données dans la partie méthodes de ce chapitre.

❑ $\mathbf{a \leq 0}$: l'intégrale est divergente.

Puisque la méthode **9** ne s'applique pas (la fonction n'a pas de limite en $+\infty$), on peut essayer la méthode **10**.
On peut par exemple choisir comme suite d'intervalles les $[2n\pi, (2n+1)\pi]$, où le sinus est positif et où on a la minoration évidente :

$$\int_{2n\pi}^{(2n+1)\pi} \frac{\sin t}{t^a} dt \geq \frac{1}{(2n\pi)^a} \int_{2n\pi}^{(2n+1)\pi} \sin t dt = \frac{2}{(2n\pi)^a}.$$

La série minorante est de Riemann, et divergente vu la valeur de a. Il en est donc de même de l'intégrale envisagée.

❑ $\mathbf{0 < a \leq 1}$

On peut penser à deux méthodes.

D'une part la méthode **8**, où il suffit de reprendre l'exemple qui l'accompagne et de remplacer $\sqrt{t}$ par t^a ($\sqrt{t}$ n'étant qu'un cas particulier correspondant à a = 1/2 qui rentre bien dans notre cas d'étude).

Mais le plus simple est sans aucun doute d'augmenter d'une unité le degré du dénominateur en effectuant une intégration par parties, comme il a été expliqué à l'exemple 1 de la méthode **7** qui n'en était encore une fois qu'un cas particulier.

❑ $\mathbf{a>1}$

L'absolue convergence est immédiate par la méthode **2**.

---

10. La première chose à faire est évidemment de voir si le dénominateur s'annule, ce qui est fort improbable, vu qu'il est somme d'un terme positif et d'un terme strictement positif.

Ceci dit, on vous laisse essayer de prouver l'absolue convergence (c'est-à-dire la convergence ici, puisque f est de signe constant) avec les méthodes « classiques » (**2** à **5**) et vous convaincre que « ça ne marche pas ».

L'une des raisons pour lesquelles ça ne marche pas est que majorer f revient à minorer les dénominateurs, et que **la seule** minoration intéressante du sinus que l'on connaisse vaut uniquement sur $[0,\pi/2]$ (cf. chapitre 25).

Ceci doit vous inciter à vous ramener à cet intervalle. Or on vous a dit qu'avec les sinus, c'était souvent les développements asymptotiques ou les séries façon méthode **8**...

Tous ces préliminaires pour montrer qu'il est ***naturel*** de découper l'intégrales selon la suite $n\pi$.

On étudie donc la convergence de la série d'intégrales :

$$u_n = \int_{n\pi}^{(n+1)\pi} \frac{e^t}{e^{-t}+e^{2t}|\sin t|}dt = \int_0^{\pi} \frac{e^{u+n\pi}}{e^{-(u+n\pi)}+e^{2(u+n\pi)}|\sin u|}du.$$

On obtient donc, en majorant *dans un premier temps* les exponentielles **seulement :**

$$0 \le u_n \le \int_0^{\pi} \frac{e^{2(n+1)\pi}}{1+e^{3(n+1)\pi}|\sin u|}du.$$

Cette nouvelle fonction ayant le mérite d'être symétrique par rapport au point $\pi/2$:

$$0 \le u_n \le 2\int_0^{\pi/2} \frac{e^{2(n+1)\pi}}{1+e^{3(n+1)\pi}|\sin u|}du.$$

On peut *alors* introduire la minoration du sinus pour obtenir :

$$0 \le u_n \le 2e^{2(n+1)\pi}\int_0^{\pi/2} \frac{1}{1+e^{3(n+1)\pi}\frac{2}{\pi}u}du.$$

L'intégrant est de la forme $\frac{1}{1+At}$, dont une primitive est $\frac{1}{A}\ln(1+At)$, ce qui donne :

$$0 \le u_n \le 2e^{2(n+1)\pi}.\left(\frac{\pi}{2}e^{-3(n+1)\pi}\right).\ln\left(1+e^{3(n+1)\pi}\frac{2}{\pi}\frac{\pi}{2}\right).$$

Et là, on a de la chance !!!! Car la série majorante est équivalente à $K.n.e^{-n\pi}$, qui converge. La méthode **8** assure que l'intégrale converge elle aussi.

REMARQUES :

❑ *L'exercice n'est pas évident. (!!)*

❑ *On peut se demander si les majorations qu'on a faites sont fines ou larges ; en fait, il n'est pas compliqué de minorer l'intégrale en même temps qu'on la majore (en majorant évidemment le sinus par 1). On constate alors que le minorant obtenu a un équivalent de la même forme, ce qui montre que l'encadrement effectué est très précis.*

11. Il faut être convaincu du fait qu'**on n'arrivera à rien en majorant le module** de la fonction qu'on considère, puisqu'on ne sait pas si f est *absolument* convergente

(si tel était le cas, il suffirait d'écrire : $\forall t \geq 1 \quad \left|\frac{f(t)}{t}\right| \leq |f(t)|$, point à la ligne).

Si donc f est simplement convergente, il faut visiter les méthodes **6** à **8**. La présence du t au dénominateur peut inciter à intégrer par parties pour augmenter le degré. En désignant par F la primitive de f qui s'annule en 1 et **en repassant à des bornes finies** (on ne sait pas si l'intégrale converge) :

$$I(x) = \left[\frac{F(t)}{t}\right]_1^x + \int_1^x \frac{F(t)}{t^2}\,dt.$$

Par hypothèse F a une limite en $+\infty$, donc est bornée ce qui prouve que le crochet tend vers $-F(1)$ et que l'intégrale du second terme est absolument convergente.

En définitive notre intégrale converge.

---

12. C'est exactement la même histoire qu'à l'exercice précédent, puisque ici la primitive F de f' n'est autre que f, supposée bornée, ce qui permet d'appliquer mot pour mot les arguments précédents (on intègre f ', et on dérive l'autre bout pour augmenter le degré du dénominateur).

---

13. On prouve ici la convergence en même temps que l'on calcule I. On pose :

$$F(x) = \int_x^{+\infty} \frac{\sin t}{t}\,dt = \frac{\pi}{2} - \int_0^x \frac{\sin t}{t}\,dt.$$

On a évidemment :

$$F'(x) = -\frac{\sin x}{x}.$$

On se ramène **à une borne finie** X puisque on ne sait pas a priori si cela converge.

Soit :

$$I(X) = \int_0^X \left(\int_x^{+\infty} \frac{\sin t}{t}\,dt\right) dx = \int_0^X F(t)\,dt.$$

Vu qu'on connaît F ' il est logique de tenter d'intégrer par parties :

$$I(X) = XF(X) + (1 - \cos X).$$

Il faut donc s'intéresser au comportement de XF(X) en $+\infty$, ce qui incite à faire une intégration par parties **sur F :**

$$F(X) = \frac{\cos X}{X} - \int_X^{+\infty} \frac{\cos t}{t^2}.$$

C'est encore insuffisant car la majoration de l'intégrale donne :

$$\left|\int_X^{+\infty} \frac{\cos t}{t^2}\right| \leq \int_X^{+\infty} \frac{1}{t^2}dt = \frac{1}{X}$$

qui nous montrer que XF(X) est **bornée mais ne nous renseigne pas sur sa limite**.

En réintégrant par parties, on montre que :

$$F(X) = \frac{\cos X}{X} - \frac{\sin X}{X^2} - 2\int_X^{+\infty} \frac{\sin t}{t^3}.$$

Cette fois, on en déduit que :

$$I(X) = 1 - \cos X + X\left(\frac{\cos X}{X} - \frac{\sin X}{X^2} - 2\int_X^{+\infty} \frac{\sin t}{t^3}\right) = 1 + \frac{\sin X}{X} X + X.O\left(\frac{1}{X^2}\right).$$

Donc I a pour limite 1 en +∞, autrement dit :

$$\int_0^{+\infty}\left(\int_x^{+\infty} \frac{\sin t}{t}dt\right)dx = 1.$$

L'intégration par parties a encore eu pour effet d'augmenter les degrés du dénominateur.

Chapitre 22

METHODES D'ETUDE THEORIQUE DES INTEGRALES IMPROPRES

Il est plus difficile de présenter ici des méthodes à proprement parler, puisque tout dépend des questions qu'on peut être amené à vous poser.

C'est pourquoi on a préféré vous exposer les idées « classiques » qui sont constamment utilisées, en indiquant sommairement à quoi elles peuvent servir et comment on les emploie.

IDEE 1 : Revenir à la définition de la convergence d'une intégrale

❑ Rappelons que la phrase :

$$\text{« l'intégrale } \int_a^b f(t)dt \text{ converge en b »}$$

signifie très exactement que la fonction :

$$F : x \longrightarrow \int_a^x f(t)dt$$

a une limite quand x tend vers b.

COMMENT L'UTILISER ?

On peut l'utiliser dans les deux sens, c'est-à-dire :

- ➪ Pour **prouver** qu'une intégrale converge, en étudiant si cette limite existe.
- ➪ Pour **utiliser** le fait qu'une intégrale converge, en disant que F a une limite.

En particulier, si un énoncé dit que $\int_0^{+\infty} |f'(t)|dt$ est convergente, on en déduit que la fonction f elle-même a une limite en $+\infty$ (puisque l'intégrale de f ' est absolument convergente, donc convergente, et que la valeur de cette intégrale est calculable).

Exemples :
cf. exercices 11 et 12 du chapitre précédent.

IDEE 1bis : Utiliser le critère de Cauchy

Rappelons une nouvelle fois que la supériorité du critère de Cauchy tient au fait qu'il ne nécessite pas qu'on connaisse la valeur de la limite de F pour montrer que celle-ci existe.

Il s'agit donc d'appliquer le critère de Cauchy à la fonction F définie ci-dessus au voisinage de la borne litigieuse.

IDEE 2 : Faire intervenir la valeur de la limite de f en $+\infty$

Rappelons cet énoncé :

$$\textbf{f a une limite L en } +\infty \textbf{ et } \int_0^{+\infty} f \textbf{ converge} \Rightarrow L = 0$$

Evidemment, on ne peut utiliser ce résultat que « dans un sens » (c'est une condition nécessaire, clairement non suffisante).
Ce résultat n'est néanmoins pas le plus maniable, on lui préfère le suivant pour étudier le comportement de f en $+\infty$.

IDEE 3 : Faire intervenir la limite de f (f uniformément continue)

Si (i) $\int_0^{+\infty} f$ converge,

(ii) f est uniformément continue sur R^+, alors : $\lim_{\infty} f = 0$.

❑ Signalons qu'un cas particulier fréquent est celui d'une fonction lipschitzienne, ou encore plus fréquent d'une fonction à dérivée bornée, qui est alors uniformément continue.

❑ Ce lemme est de ceux qui ne font pas partie du sacro-saint programme officiel, mais que tout le monde connaît.
Vous avez donc intérêt à le connaître, et à **savoir le prouver**, ce que vous aurez tout loisir de faire à l'exercice **1** du présent chapitre...

❑ Plusieurs exemples d'application sont proposés en exercice.

REMARQUE :

*On a maintes fois souligné le lien étroit entre séries et intégrales. Il ne faut pas l'étendre ici trop vite, car l'énoncé équivalent pour les séries (le terme général d'une série convergente tend vers 0) est faux sans hypothèse supplémentaire sur f. cf. contre exemple méthode **9**, chapitre précédent.*

IDEE 4 : Utiliser l'inégalité de Cauchy-Schwarz...

... Avec précaution, car elle n'est valable a priori que sur des intégrales **propres**, et qu'il faudra donc passer par des bornes fixes qu'on fait tendre vers des limites pour obtenir les inégalités voulues.

On peut aussi bien mentionner les inégalités « classiques » avec des intégrales, du genre :

$$\left|\int_a^b f\right| \leq \left|\int_a^b |f|\right|.$$

❑ Mais il faut avoir « le réflexe Cauchy Schwarz » (on dirait un mauvais slogan publicitaire !) **dès qu'on aperçoit des carrés et des racines** dans l'inégalité.

IDEE 5 : Intégration par parties et changement de variables

On se contente de vous renvoyer à tout ce qui a été dit au chapitre précédent lors de la méthode **7**.

N'oubliez jamais que l'intégration par parties est dans le doute par excellence le moyen de débloquer les situations inextricables et le calculs en impasse.

IDEE 6 : Intégrer les relations de comparaison

Lorsqu'on a affaire à des fonctions **positives**, on a (entre autres) les résultats suivants :

Si f et g sont positives équivalentes et d'intégrales **divergentes** en $+\infty$ alors :

$$\int_0^x f \underset{x\infty}{\approx} \int_0^x g.$$

Si f et g sont positives équivalentes et d'intégrales **convergentes** en $+\infty$ alors :

$$\int_x^{+\infty} f \underset{x\infty}{\approx} \int_x^{+\infty} g.$$

Le but de cette méthode est évidemment de remplacer une fonction compliquée à intégrer par une fonction plus simple qui lui soit équivalente.

Exercices

1. Démontrer que pour une fonction uniformément continue :

$$\int_0^{+\infty} f \text{ converge} \quad \Rightarrow \quad f \text{ a une limite nulle en } +\infty.$$

2. Soit f une fonction positive continûment dérivable à dérivée bornée.
Démontrer que :

$$\int_0^{+\infty} f \text{ converge} \quad \Rightarrow \quad \int_0^{+\infty} f^p(t)dt \text{ converge pour tout entier p non nul.}$$

3. Soit f une fonction C^2 telle que $\lim\limits_{+\infty} f = 0$ et vérifiant :

$$\exists (a, M) \in \mathbf{R}^{+*2} \text{ tels que : } \forall x \geq a \quad \int_x^{x+1} \left[f''(t)\right]^2 dt \leq M$$

Montrer que f ' tend vers 0 en $+\infty$.

4. Soit f une fonction C^2 telle que $\int_0^{+\infty} f(t)dt$ et $\int_0^{+\infty} f''(t)dt$ soient convergentes.

a) Montrer que f et f ' tendent vers 0 en $+\infty$.

b) Calculer, après vous être assuré que cela avait un sens : $\int_0^{+\infty} f'(t)dt$.

5. Soit $E = C^0(\mathbf{R}^+, \mathbf{R})$ et $L_2 = \left\{ f \in E \ / \ \int_0^{+\infty} f^2 \text{ converge} \right\}$. Dans la suite, f désigne un élément de L_2 tel que f " soit aussi dans L_2.

a) Démontrer que L_2 est un sous-espace vectoriel de E.

b) Démontrer que f ' est aussi un élément de L_2.

c) Déterminer la limite en $+\infty$ de $(f.f')$.

d) Calculer $\left(f + f' + f''\right)^2 - \left[\left(f + f'\right)^2\right]'$.

e) Etablir qu'on a, pour de telles f, l'inégalité :

$$\int_0^{+\infty} \left(f^2 + f''^2 - f'^2\right) \geq 0.$$

6. Soit f un élément de $C^1(\,]0,1],\mathbf{R}\,)$.

1) On suppose qu'il existe un réel a tel que : $I = \int_0^1 t^a.|\,f'(t)\,|\,dt$ converge.

a) a = 0. Montrer que f a une limite finie en zéro et qu'elle est bornée sur $]0,1]$.

b) a > 0. Montrer que $t^a.f(t)$ tend vers 0 en 0.

2) On suppose qu'il existe un réel a tel que $J = \int_0^1 t^{2a}.\left(f'(t)\right)^2 dt$ converge.

a) 0 < a < 1/2. Montrer que f a une limite en zéro ; peut-on la déterminer ?

b) a > 1/2. Montrer que $t^{a-\frac{1}{2}}.f(t)$ tend vers 0 en 0.

Corrigés

1. ❑ Il faut sentir ce que la continuité uniforme a de mieux que la continuité : elle dit en effet que pourvu que des points soient suffisamment près, leurs images sont proches, indépendamment de l'endroit où se situent ces points.
C'est-à-dire que pour tout x, f varie peu autour de x, et ceci laisse penser que l'intégrale de f sur $[x, x+a]$ sera proche de a.f(x), indépendamment de x.

Par ailleurs, on traduira le fait que l'intégrale de f converge par le critère de Cauchy (méthode **1bis**) puisqu'on ne connaît pas sa valeur.

Allons-y donc, avec les epsilon...

❑ Fixons un réel $\varepsilon > 0$.

La continuité uniforme assure que : $\exists \eta > 0 \ / \ \forall (x,y) \quad |x-y| < \eta \quad \Rightarrow \quad |f(x)-f(y)| < \varepsilon$.

Le critère de Cauchy nous dit que : $\exists A > 0 \ / \ \forall (x,y) \quad x > A,\ y > A \Rightarrow \left| \int_x^y f(t)dt \right| < \varepsilon\eta$.

On peut donc comparer $\eta f(x)$ à l'intégrale de f sur $[x, x+\eta]$ en intégrant la première inégalité :

$$\forall x, \quad \left| \eta f(x) - \int_x^{x+\eta} f(t)dt \right| \leq \varepsilon\eta$$

Par inégalité triangulaire, et si on prend des réels x>A qui vérifient la deuxième inégalité, on a :

$$\forall x > A, \quad |\eta f(x)| \leq \varepsilon\eta + \left| \int_x^{x+\eta} f(t)dt \right| \leq \varepsilon\eta + \varepsilon\eta.$$

Ce qui se réécrit :

$$\forall \varepsilon > 0, \ \exists A > 0 \ / \ x > A \ \Rightarrow \ |f(x)| \leq 2\varepsilon.$$

C'est dire que f tend vers 0 en $+\infty$.

REMARQUE : Comme toujours lorque l'on manipule des epsilon, il faut veiller à l'ordre de choix des quantités ε, η et A qui interviennent dans les démonstrations.

---

2. Si vous avez lu la méthode **3**, vous savez que l'hypothèse faite ici sur la dérivée de f est un cas classique d'application du lemme précédent.

f est donc lipshitzienne, donc uniformément continue sur **R** et à intégrale convergente, donc de limite nulle en $+\infty$ donc par exemple :

$$\exists A \ / \ x > A \ \Rightarrow \ 0 \leq f(x) \leq 1.$$

Si p=1, il n'y a bien évidemment rien à démontrer. Si p≥2, $f^p = f.f^{p-1}$ et :

$$\forall x > A \ , \ \ 0 \leq f^p(x) \leq 1^{p-1}.f(x) = f(x).$$

Cette inégalité assure clairement que l'intégrale de f^p converge.

---

3. On vous a dit et répété que dire que f avait une limite en $+\infty$ revenait à dire que $\int_0^{+\infty} f'$ était convergente.

Par ailleurs la présence du carré doit — ça aussi on vous l'a dit ! — vous faire irrésistiblement penser à Cauchy-Schwarz.

Prenons x et y tels que : $x \leq y \leq x+1$; alors, comme $(f'')^2$ est positive :

$$\left(\int_x^y f''\right)^2 \leq \int_x^y 1.dt \int_x^y f''^2(t)dt \leq (y-x)\int_x^{x+1} f''^2 \leq M.(y-x)$$

en prenant la racine des deux membres :

$$\left|\int_x^y f''(t)dt\right| = |f'(y)-f'(x)| \leq M.\sqrt{y-x}\,.$$

Ce qui prouve que f ' est uniformément continue. D'après la méthode **3**, comme son intégrale est convergente, elle tend vers 0 en $+\infty$.

---

4. a) ❑ Il faut réfléchir un tout petit peu : pour prouver que f a une limite en $+\infty$, on aimerait utiliser le lemme de la méthode **3** qui a l'air de bien marcher. Seulement il faudrait que f soit **uniformément** continue, ce qui serait possible par exemple si f ' était bornée. Or on demande de prouver que f ' tend vers 0 ; on va donc commencer par là...

❑ Remarquons déjà que f ' possède une limite en $+\infty$, puisque $\int_0^{+\infty} f''(t)dt$ converge.

Reste à **prouver que cette limite L est nulle**. Il y a toutes les chances que cela se fasse **par l'absurde**. Si $L \neq 0$, par exemple $L>0$, on a $f' \underset{\infty}{\approx} L$.

L'intégration des relations de comparaison (méthode **6)** montre alors (comme la fonction constante L est positive et d'intégrale divergente) que : $f \underset{\infty}{\approx} L.x$.

Ceci est en contradiction avec la convergence de l'intégrale de f en $+\infty$.

Donc $L = 0$.

❑ A partir de là, f ' étant continue et possédant une limite en $+\infty$ est bornée sur $\mathbf{R}^+$ (résultat usuel important, cf. chapitre sur les fonctions numériques).

Donc f est lipschitzienne, donc uniformément continue et comme elle est d'intégrale convergente en $+\infty$, elle a une limite nulle en $+\infty$.

b) Il n'y a rien à faire : on connaît une primitive de f ' — à savoir f — qui est de limite nulle en $+\infty$ donc cette intégrale existe et vaut $-f(0)$.

---

5. *Avant même de répondre aux questions, on peut se douter qu'il y aura du Cauchy-Schwarz...*

a) Il y a trois axiomes à vérifier :

❑ La fonction identiquement nulle est dans L_2 : c'est transparent.

❑ Si g est dans L_2, alors a.g aussi : idem.

❑ Si g et h sont dans L_2, alors g+h aussi : c'est facile, si l'on se rappelle l'une des **inégalités classiques** présentées au chapitre 25 :

$$(g+h)^2 \leq 2.(g^2+h^2)$$

qui permet de conclure à la convergence de l'intégrale.

b) Le plus simple est d'appliquer la méthode **1**, c'est-à-dire de s'intéresser à la limite pour X infini de :

$$\int_0^X f'^2(t)dt.$$

Comme on n'a pas de renseignements sur f et f ", il faut les faire apparaître un jour ou l'autre, et une **intégration par parties** serait la bienvenue :

$$\int_0^X f'^2(t)dt = [f(t)f'(t)]_0^X - \int_0^X f(t)f''(t)dt.$$

Le produit, avec les carrés des hypothèses... : c'est le moment d'appliquer Cauchy-Schwarz, qui assure facilement que le deuxième morceau a une limite finie pour X infini.

Reste le premier morceau ; mais **vu la deuxième question**, on ne va pas montrer facilement que ff ' a une limite (puisque en fait on le *déduira* de a)) ; il faut donc faire autrement, par exemple **par l'absurde**.

Si l'intégrale diverge, alors elle tend vers +∞ (la fonction est positive) donc ff ', et 2ff ' aussi, ce qui s'écrit :

$$\exists A \ / \ x > A \ \Rightarrow \ \left(f^2(x)\right)' \geq 1.$$

L'intégration de cette inégalité entre A et x compromet alors sérieusement la convergence de l'intégrale de f^2.
Finalement on a prouvé que ff ' avait une limite en +∞, et que l'intégrale converge.

c) On montre que la limite en question est nulle, exactement comme au **4**a), en supposant qu'elle est strictement positive et en intégrant l'équivalent.

d) Lisez la question suivante pour en déduire si vous avez juste.

e) Attention à la façon de **rédiger** la réponse ; repassons aux bornes finies :

$$\int_0^X \left(f^2+f''^2-f'^2\right)(t)dt = \int_0^X (f+f'+f'')^2(t)dt + [f(0)+f'(0)]^2 - [f(X)+f'(X)]^2.$$

❑ Le second terme est une constante positive.

❑ D'après la structure d'espace vectoriel de L_2, comme f, f ' et f " sont dedans, leur somme aussi, donc le premier terme a une limite positive.

❑ Reste le dernier terme : on sait que *le membre de gauche* est fini pour X infini (car f, f ' et f " sont dans L_2) donc *le membre de droite* aussi, donc *son* dernier terme l'est, puisque on a montré que les deux premiers l'étaient.

Donc : $[f(X)+f'(X)]$ a une limite en $+\infty$; mais cette fonction est dans L_2 (espace vectoriel), et d'après le lemme de la méthode **3**, cette limite est nulle.

L'intégrale impropre est somme de trois termes, dont deux positifs et un nul, et est donc positive.

---

6. 1) a) Pour cette question, ainsi que pour la 2)a), on utilise évidemment le critère de Cauchy pour vérifier l'existence de la limite puisqu'on ne connaît pas sa valeur.
Pour tous x et y de $[0,1]$, on a :

$$|f(y)-f(x)| = \left|\int_x^y f'(t)dt\right| \leq \left|\int_x^y |f'(t)|\,dt\right|.$$

Cette dernière quantité peut être inférieure à ε pourvu que $|x-y|$ soit inférieur à η : c'est l'expression de la convergence de I par le critère de Cauchy.
Donc f a une limite en zéro.

b) Pour $0 < x < \eta$ on a :

$$\varepsilon \geq \left|\int_x^\eta t^a |f'(t)|dt\right| \geq x^a \left|\int_x^\eta |f'(t)|dt\right| \geq x^a \left|\int_x^\eta f'(t)dt\right| = x^a.|f(\eta)-f(x)|.$$

Par inégalité triangulaire :

$$x^a.|f(x)| \leq x^a|f(\eta)| + \varepsilon.$$

Pour x assez petit, le majorant est inférieur à 2ε d'où la conclusion.

2) a) Avec tous ces carrés, il serait dommage de ne pas penser à Cauchy-Schwarz...
Soit des réels x, tels que : $0 < x \leq y \leq 1$; on a par Cauchy-Schwarz :

$$\left(\int_x^y f'(t)dt\right)^2 \leq \int_x^y t^{-2a}dt \int_x^y t^{2a}.f'^2(t)dt.$$

L'intégrale de t^{-2a} est convergente en zéro, ce qui permet de majorer facilement le premier terme.

Le second est inférieur à ε pour $|x-y| < \eta$: c'est la convergence J traduite par le critère de Cauchy.

Donc :

$$|x-y|<\eta \;\Rightarrow\; |f(y)-f(x)| \le \left(\int_0^1 t^{-2a}dt\right).\varepsilon.$$

Ce qui veut dire que f vérifie le critère de Cauchy, et qu'elle a une limite.

On ne peut pas déterminer cette limite (la forme même de la question devait vous inciter à répondre non !) : en effet, pour tout réel A, la fonction :

$$g(x) = f(x) + A$$

satisfait aux mêmes hypothèses que f et a donc une limite, ce qui prouve que la limite prend une valeur inconnue...

b) C'est exactement comme au 1)b) : on écrit que :

$$x^{a-\frac{1}{2}}.|f(x)| \le x^{a-\frac{1}{2}}.|f(\eta)| + x^{a-\frac{1}{2}}.|f(x)-f(\eta)|.$$

Puis on transforme le dernier terme en l'intégrale de f ', qu'on majore par Cauchy Schwarz... bref, vous pourrez terminer tout seul en modifiant un peu le 1)b). Nous, on est fatigués...

Chapitre 23
METHODES D'ETUDE DES INTEGRALES DEPENDANT D'UN PARAMETRE

Les résultats qui sont exposés dans le présent chapitre figurent au programme du cours des mathématiques spéciales M', non des P'. C'est pourquoi nous donnons parmi les exercices un problème sur les intégrales à paramètre qui n'utilise pas les méthodes exposées ci-dessous, mais revient aux définitions de la dérivation pour aboutir. **Il est conseillé à tous de le faire** (car il constitue une bonne synthèse d'analyse).

Nous nous intéressons d'abord aux intégrales propres, puis aux intégrales impropres, en étudiant successivement leur continuité et leur dérivabilité.

Intégrales propres :

Soit u et v deux fonctions dont on précisera la régularité et F la fonction :

$$x \longrightarrow F(x) = \int_{u(x)}^{v(x)} f(t,x)dt.$$

METHODE 1 : Comment prouver la continuité de F

On vérifie que les conditions suivantes sont remplies :

(i) $f : [a,b] \times I \longrightarrow \mathbf{R}$

$(t,x) \longrightarrow f(t,x)$ continue **par rapport au couple** (t,x),

(ii) u et v fonctions continues à valeurs dans $[a,b]$.

Alors la fonction F de la variable x est continue sur l'intervalle I.

REMARQUES :

❑ *Vérifier que les fonctions u et v sont à valeurs dans un sous domaine de l'intervalle de continuité (donc de définition) de f.*

❑ *S'assurer de la continuité de f comme fonction de deux variables, et **non** comme fonction **séparément** continue en x, et en t (cf. chapitre calcul différentiel).*

CAS PARTICULIER IMPORTANT : u et v sont des fonctions constantes.

$F(x) = \int_a^b f(t,x)dt$ est continue dès que $f(t,x)$ est continue **par rapport au couple** (t,x).

METHODE 2 : Comment prouver la dérivabilité de F

On vérifie que les conditions suivantes sont remplies :

(i) $f : [a,b] \times I \longrightarrow \mathbf{R}$

$(t,x) \longrightarrow f(t,x)$ continue **par rapport au couple** (t,x),

(ii) $\frac{\partial f}{\partial x}(t,x)$ existe et est **continue** sur I,

(iii) u et v fonctions continûment dérivables à valeurs dans $[a,b]$.

Alors la fonction F de la variable x est dérivable sur l'intervalle I et :

$$F'(x) = f[v(x),x].v'(x) - f[u(x),x].u'(x) + \int_{u(x)}^{v(x)} \frac{\partial f}{\partial x}(t,x)dt.$$

REMARQUES :

❑ *Il ne suffit pas que la dérivée partielle existe pour que F soit dérivable : en effet F' fait apparaître l'intégrale de la dérivée partielle, et pour que cette intégrale ait un sens, il faut bien supposer que la dérivée partielle est continue.*

❑ *Il ne faut oublier aucun terme dans la formule donnant F' ; de plus, il faut prendre garde au signe moins qui y figure. En fait, ces termes sont faciles à retrouver (voir ci-dessous).*

CAS PARTICULIERS IMPORTANTS :

❑ Si f ne dépend **pas de x**, on retrouve la classique formule des « intégrales fonctions de leurs bornes » :

$$\left(\int_{u(x)}^{v(x)} f(t)dt \right)' = f[v(x),x].v'(x) - f[u(x),x].u'(x)$$

❑ Si u et v sont constantes : « l'intégrale de la dérivée est la dérivée de l'intégrale » :

$$\left(\int_a^b \frac{\partial f}{\partial x}(t,x)dt \right)' = \int_a^b \frac{\partial f}{\partial x}(t,x)dt$$

(vous employez constamment cette formule en physique, où, c'est bien connu (!!!) toutes les fonctions sont continues…)

❑ Le cas général n'est rien d'autre que la superposition de ces deux cas particuliers.

Intégrales impropres :

METHODE 3 : Comment prouver la continuité de $F(x) = \int_0^{+\infty} f(x,t)dt$

Il n'existe pas de théorème général à appliquer aux intégrales impropres à paramètre.

Le principe usuel consiste à considérer des **suites d'intégrales** propres auxquelles on applique la méthode **1**, puis les résultats sur les suites de fonctions.

Supposons par exemple que l'intégrale soit impropre aux bornes 0 et $+\infty$.

On introduit la suite de fonctions :

$$F_n(x) = \int_{1/n}^{n} f(x,t)dt.$$

La méthode se déroule en **trois temps** :

❑ On s'assure que chaque terme de la suite est une fonction **continue** en appliquant la méthode **1**.

❑ On montre que la suite de fonctions **converge uniformément** sur une certaine partie A de **R** vers la fonction F(x), en majorant la différence, c'est-à-dire en l'occurrence :

$$\Delta_n(x) = \int_0^{1/n} f(x,t)dt + \int_n^{+\infty} f(x,t)dt.$$

❑ On conclut en invoquant le **théorème** bien connu (?) : une suite de fonctions continues sur A convergeant uniformément sur A a sa limite continue sur A.

❑ *Il va de soi que si l'intégrale est propre en 0, il n'est pas nécessaire de mettre le terme en 1/n à la borne inférieure, il suffit de considérer une intégrale de 0 à n.*

❑ *On adapte de façon évidente au cas où l'intégrale est impropre en a et $b<+\infty$*

METHODE 4 : Comment prouver la dérivabilité de $F(x) = \int_0^{+\infty} f(x,t)dt$

Le principe est analogue à celui qui vient d'être exposé. Il faut cependant être très vigilant en ce qui concerne le théorème de dérivation terme à terme d'une suite de fonctions, dont l'énoncé est souvent méconnu.

On procède en **trois temps** :

❑ On montre que chaque fonction $F_n(x)$ est **de classe** C^1 sur une partie A de **R**, en appliquant la méthode **1**.

❑ On vérifie que **la suite des dérivées** $F_n'(x)$ **converge uniformément** vers l'intégrale de la dérivée de f sur cette partie A, en majorant la différence :

$$\Delta_n(x) = \int_0^{1/n} \frac{\partial f}{\partial x}(x,t)dt + \int_n^{+\infty} \frac{\partial f}{\partial x}(x,t)dt.$$

❑ On conclut enfin en invoquant le **théorème de dérivation terme à terme** d'une suite de fonctions (cf. chapitre 12).

METHODE 5 : Comment calculer une intégrale dépendant d'un paramètre ?

Le principe général est de trouver une équation différentielle aussi simple que possible satisfaite par la fonction $F(x)$. On procède comme suit :

❑ On montre que la fonction $F(x)$ est dérivable une fois, deux fois ou plus sur une certaine partie de **R** et on calcule ses dérivées (méthodes **1** ou **3**).

❑ On détermine une équation différentielle aussi simple que possible satisfaite par F.

❑ On résout cette équation (si c'est possible) et on montre l'unicité de la solution en appliquant le théorème de Cauchy-Lipschitz.

REMARQUE :

*La dernière partie de cette méthode est l'analogue de la méthode de l'équation différentielle exposée pour les séries entières (chapitre correspondant, méthode **9**).*

Erreurs

❑ Il est évidemment faux de dire qu'une fonction qui ne vérifierait pas les hypothèses requises pour l'application des méthodes ne serait pas continue ou dérivable.

En effet les conditions à remplir ne sont que des **conditions suffisantes** et en aucun cas nécessaires…

(Elles sont néanmoins remplies dans la majeure partie des cas).

❑ L'une des erreurs classiques est de ne pas vérifier la continuité de f par rapport **au couple** (x, t) mais seulement par rapport à x (dans le cadre de la méthode **1**), ce qui n'est évidemment pas du tout la même chose.

❑ L'autre résulte d'une application incorrecte du théorème de dérivation terme à terme (dans le cadre de la méthode **4**).

❑ Il ne faut pas croire que l'on aura forcément convergence uniforme sur **R** tout entier : il est tout à fait possible que la convergence ait lieu sur un compact...

Astuces

❑ Cet alinéa fait écho au premier de la rubrique précédente : que faire dans les cas où les théorèmes connus ne s'appliquent pas (ou sont **interdits**, *ce qui est le cas dans les programmes de spéciales P'*)

⇨ La plupart du temps vous serez guidé par des questions intermédiaires qui relèvent du cas par cas.

⇨ Sinon, il faut revenir à la définition de la continuité et de la dérivabilité d'une fonction et faire des majorations d'intégrales...

⇨ En particulier on s'apercevra que la formule de Taylor-Lagrange est très fréquemment utilisée.

❑ Ce n'est pas franchement une astuce, mais plutôt une constatation : la plupart des exercices posés sur les intégrales à paramètre sont de la même forme, et ont tous pour but le calcul de ces intégrales. Faites donc avec soin l'exercice 1 ci-après, vous ne vous en porterez que mieux…

Exercices

1. Calculer : $F(x) = \int_0^{+\infty} \frac{1-\cos(tx)}{t^2}.e^{-t}dt$ pour $x > 0$.

2. On pose, pour $x > 0$: $F(x) = \int_0^{+\infty} \frac{\sin t}{t+x}dt$ et $G(x) = \int_0^{+\infty} \frac{e^{-tx}}{1+t^2}dt$.

a) Montrer que F et G vérifient la même équation différentielle : $y'' + y = \frac{1}{x}$.

b) Montrer que F = G (on s'intéressera au comportement de F et G en $+\infty$)

c) En déduire la valeur de l'intégrale de Dirichlet : $\int_0^{+\infty} \frac{\sin t}{t}dt$.

3. Soit f une application continue et bornée sur $\mathbf{R}^+$. On définit pour $x > 0$:

$$F(x) = \int_0^{+\infty} f(t)e^{-xt}dt \quad \text{et} \quad G(x) = \int_0^{+\infty} t.f(t)e^{-xt}dt.$$

a) Vérifier que ces définitions ont un sens.

b) Déterminer la limite de F en $+\infty$.

c) En démontrant l'inégalité ci-dessous, montrer que F est dérivable, calculer F'

$$\forall u \neq 0 \quad \left|\frac{e^u - 1}{u} + 1\right| \leq \frac{|u|}{2}.e^{|u|}.$$

Corrigés

1. ❑ L'intégrale proposée est impropre aux deux bornes 0 et $+\infty$, mais elle y est néanmoins convergente, ce qui fait que l'énoncé a un sens. En effet :

- en $+\infty$ on a une majoration pour prouver l'absolue convergence :

$$\left|\frac{1-\cos(tx)}{t^2}e^{-t}\right| \leq \frac{e^{-t}}{t^2}\quad x^2.$$

- en 0 il est facile de trouver la limite de l'intégrant par des équivalents :

$$\frac{1-\cos(tx)}{t^2}e^{-t} \underset{0}{\approx} \frac{(tx)^2/2}{t^2} \underset{0}{\approx} \frac{x^2}{2}.$$

L'intégrale étant impropre aux deux bornes, on est bon pour essayer la méthode **4**.

❑ Posons donc : $F_n(x) = \int_{1/n}^{n} \frac{1-\cos(tx)}{t^2}.e^{-t}dt.$

Il faut en premier lieu s'intéresser à ces intégrales propres, par la méthode **2**.
On a évidemment :

$$\frac{\partial f}{\partial x}(t,x) = \frac{\sin(tx)}{t}.e^{-t} \qquad \text{et} \qquad \frac{\partial^2 f}{\partial x^2}(t,x) = \cos(tx).e^{-t}.$$

On applique deux fois de suite la méthode **2** :

$\frac{\partial f}{\partial x}(t,x)$ existe et est continue sur $\mathbf{R}^{+*} \times \mathbf{R}^{+}$ donc $F_n'(x) = \int_{1/n}^{n} \frac{\sin(tx)}{t}.e^{-t}dt.$

$\frac{\partial^2 f}{\partial x^2}(t,x)$ existe et est continue sur $\mathbf{R}^{+*} \times \mathbf{R}^{+}$ donc $F_n''(x) = \int_{1/n}^{n} \cos(tx).e^{-t}dt.$

❑ On procède encore en deux étapes pour montrer que la suite $F_n'(x)$, puis la suite $F_n''(x)$ convergent uniformément sur certaines parties de $\mathbf{R}^+$.

En utilisant $|\sin(u)| \leq |u|$, on obtient la majoration :

$$\left|\int_0^{1/n} \frac{\sin(tx)}{t}.e^{-t}dt + \int_n^{+\infty} \frac{\sin(tx)}{t}.e^{-t}dt\right| \leq x\int_0^{1/n} e^{-t}dt + \int_n^{+\infty} e^{-t}dt$$

qui prouve la convergence uniforme de $F_n'(x)$ sur tout intervalle de la forme $]0, A]$.

Semblablement, on obtient :

$$\left|\int_0^{1/n} \cos(tx).e^{-t}dt + \int_n^{+\infty} \cos(tx).e^{-t}dt\right| \leq \int_0^{1/n} e^{-t}dt + \int_n^{+\infty} e^{-t}dt$$

qui prouve la convergence uniforme de $F_n''(x)$ sur $\mathbf{R}^{+*}$.

On conclut comme à l'habitude en appliquant convenablement le théorème de dérivation terme à terme deux fois, d'abord pour montrer que F est dérivable, puis pour montrer que F ' l'est aussi.

❑ L'équation différentielle vérifiée par F est simple : $F''(x)=\int_0^{+\infty}\cos(tx).e^{-t}dt$.

En effet l'intégrale figurant au second membre se calcule soit par parties, soit en passant en complexes, et donne dans un cas comme dans l'autre :

$$F''(x)=\frac{1}{1+x^2}.$$

Une première intégration conduit à Arctanx, dont on obtient la primitive qui s'annule en zéro par intégration par parties pour finalement trouver :

$$F(x)=x.\arctan(x)-\frac{\ln\left(1+x^2\right)}{2}.$$

Attention aux constantes d'intégration...

---

2. a) On va s'occuper séparément de F et de G.

❑ La convergence de F à la borne +∞ s'établit classiquement en intégrant par parties (pour augmenter le degré du dénominateur).

La borne zéro ne pose pas de problème de convergence puisque $x \neq 0$.

❑ On ne se pose pas trop de questions et on définit : $F_n(x)=\int_0^n \frac{\sin t}{t+x}dt$.

La méthode **3** prouve, puisque $\frac{\partial}{\partial x}\left(\frac{\sin t}{t+x}\right)=\frac{-\sin t}{(t+x)^2}$ est continue du couple (t,x) que :

$$F_n'(x)=\int_0^n \frac{-\sin t}{(t+x)^2}dt.$$

Comme on espère que $F'(x)=\int_0^{+\infty}\frac{-\sin t}{(t+x)^2}dt$, on majore la différence :

$$\left|F_n'(x)-\int_0^{+\infty}\frac{-\sin t}{(t+x)^2}dt\right| \leq \int_n^{+\infty}\frac{dt}{t^2} = \frac{1}{n}.$$

Ce qui prouve que la suite des dérivées converge uniformément sur $\mathbf{R}^+$ et que F est dérivable.

De plus, on peut remarquer en intégrant par parties que :

$$F'(x)=\int_0^{+\infty}\frac{-\sin t}{(t+x)^2}dt=\left[\frac{\sin t}{t+x}\right]_0^{+\infty}-\int_0^{+\infty}\frac{\cos t}{t+x}dt=-\int_0^{+\infty}\frac{\cos t}{t+x}dt.$$

❑ On peut évidemment reprendre mot pour mot ce qui vient d'être dit en remplaçant « sin t » par « - cos t » pour prouver que F ' est dérivable et que :

$$F'(x) = \int_0^{+\infty} \frac{\cos t}{(t+x)^2} dt = \left[\frac{-\cos t}{t+x}\right]_0^{+\infty} - \int_0^{+\infty} \frac{\sin t}{t+x} dt = \frac{1}{x} - F(x).$$

Ce qui prouve exactement que F vérifie l'équation différentielle proposée.

On peut faire différemment, ce qui a le mérite de changer par rapport à la rengaine sur ce genre d'exercice, en faisant un changement de variable $u = t + x$ *qui met F sous la forme :*

$$F(x) = \int_x^{+\infty} \frac{\sin(u-x)}{u} du.$$

En développant le numérateur à l'aide de la formule de trigonométrie adéquate :

$$F(x) = \cos x \int_x^{+\infty} \frac{\sin(u)}{u} du - \sin x \int_x^{+\infty} \frac{\cos(u)}{u} du \quad (*)$$

Il ne reste plus qu'à dériver des intégrales fonction de leur borne inférieure...

❑ L'intégrale définissant G est absolument convergente à la borne +∞. Il n'y a pas de problème en zéro.

On définit naturellement : $G_n(x) = \displaystyle\int_0^n \frac{e^{-tx}}{1+t^2} dt.$

On applique la méthode **4** et on montre facilement que : $G_n'(x) = \displaystyle\int_0^n \frac{-te^{-tx}}{1+t^2} dt.$

La majoration valable pour $x \in [a, +\infty[$:

$$\left| \int_0^{+\infty} \frac{-te^{-tx}}{1+t^2} dt - \int_0^n \frac{-te^{-tx}}{1+t^2} dt \right| \leq \int_n^{+\infty} \frac{te^{-ta}}{t^2+1} dt$$

montre la convergence uniforme sur $[a, +\infty[$ de la suite des dérivées. Donc G est dérivable pour x > 0 et :

$$G'(x) = \int_0^{+\infty} \frac{-te^{-tx}}{1+t^2} dt.$$

De même (on recommence mot pour mot la même chose, ou presque) :

$$G''(x) = \int_0^{+\infty} \frac{t^2 e^{-tx}}{1+t^2} dt.$$

On voit alors facilement que : $G(x) + G''(x) = \displaystyle\int_0^{+\infty} e^{-tx} dt = \frac{1}{x}$, ce qu'on voulait.

b) La différence $(F - G)$ vérifie l'équation homogène $y'' + y = 0$ dont les solutions sont de la forme : $A.\cos(x) + B.\sin(x)$.

Pour montrer que F et G sont égales il est équivalent de montrer que A = B = 0.

On peut comme indiqué considérer les limites de F et G en $+\infty$:

- pour F en étudiant la forme (*) il est évident que F tend vers 0, puisque les intégrales impropres écrites sont de Fresnel et convergentes, donc que :

$$\lim_{x\to+\infty}\int_x^{+\infty}\frac{\sin u}{u}du=\lim_{x\to+\infty}\int_x^{+\infty}\frac{\cos u}{u}du=0$$

- pour G, la minoration du dénominateur par 1 fournit la majoration de G par $\frac{1}{x}$, qui tend évidemment vers 0.

Donc $(F-G)$ tend vers 0 en $+\infty$, ce qui n'est possible que si $A=B=0$.

---

3. a) Dès qu'on a une exponentielle, il faut penser à la méthode « $t^\alpha.f(t)$ » pour prouver la convergence d'une intégrale impropre. Elle donne ici, comme f est bornée :

$$f(t).e^{-xt}=O\left(\frac{1}{t^2}\right)\quad\text{et}\quad t.f(t).e^{-xt}=O\left(\frac{1}{t^2}\right)$$

ce qui prouve que les deux intégrales sont absolument convergentes.

b) L'encadrement évident : $0\le f(t).e^{-xt}\le M.e^{-xt}$ donne par intégration :

$$0\le F(x)\le\frac{M}{x}$$

qui prouve que la limite de F en $+\infty$ est nulle.

c) On peut par exemple appliquer la formule de Taylor-Lagrange à la fonction $\exp(-x)$ entre 0 et u, qui donne :

$$\exists c\quad\text{tel que}\quad |c|\le|u|\quad\text{et}\quad \exp(-u)=1-u+\frac{u^2}{2}e^c$$

qui donne par majoration l'encadrement voulu.

Pour avoir une idée de la réponse, on peut dériver sous le signe somme pour voir : on s'aperçoit qu'on obtient $-G(x)$. On doit donc évaluer la limite pour h tendant vers 0 de :

$$\Delta(h)=\frac{F(x+h)-F(x)}{h}+G(x)=\int_0^{+\infty}t.f(t).e^{-xt}\left(\frac{e^{-ht}-1}{ht}+1\right)dt$$

quantité qu'on peut majorer grâce à l'inégalité précédente :

$$|\Delta(h)|\le\int_0^{+\infty}t.|f(t)|.e^{-xt}\frac{|ht|}{2}.e^{|ht|}dt.$$

Il est clair qu'il faut majorer f par son sup, M. On ne peut pas majorer brutalement e^{-xt} par 1, sinon l'intégrale majorante n'est plus convergente. Mais comme h tend vers 0, on peut toujours, sans restreindre la généralité du problème, supposer que $|h|\le\frac{x}{2}$, qui donne :

$$|\Delta(h)|\le M\frac{|h|}{2}\int_0^{+\infty}t^2\exp\left(-\frac{xt}{2}\right)dt.$$

Comme ça, le majorant est une intégrale convergente, et en plus il tend vers 0. Quelle chance...

Chapitre 24

METHODES DE RECHERCHE DE LIMITES ET D'EQUIVALENTS DANS LES INTEGRALES

Sous des formes très diverses, de nombreux exercices ont pour but la détermination de limites ou d'équivalents simples d'intégrales propres ou impropres dépendant d'un paramètre entier ou réel en un point.

Le but de ce chapitre est de permettre au candidat de se rendre compte de la diversité des méthodes qu'il a sans le savoir à sa portée, et de leurs efficacités comparées.

En particulier, **il ne faut pas croire que la méthode de Laplace soit la panacée**, et il faut évidemment la démontrer à chaque fois qu'on l'utilise — il serait ridicule de plaquer la formule que nous ne donnerons volontairement pas dans le cadre de cet exposé. (cf. méthode 6).

Pour formaliser un peu nos propos, nous considérerons ici des intégrales du type :

$$F(x) = \int_{u(x)}^{v(x)} f(t,x)dt$$

où u et v prennent éventuellement des valeurs infinies, et x désigne un entier ou un réel. On cherchera les limites ou équivalents en un point a.

REMARQUE : Nous laissons le soin au lecteur de s'assurer que les intégrales impropres étudiées dans la suite sont effectivement convergentes.

METHODE 1 : Intégration des relations de comparaison

❑ L'idée est simple : elle consiste à remplacer la fonction à intégrer par une fonction équivalente en a, mais dont on connaît une primitive ou dont on sait calculer l'intégrale.

❑ On s'appuie évidemment sur les résultats déjà mentionnés, en soulignant bien qu'ils ne sont valables que pour des fonctions de signe constant (positives, ou négatives) :

Si f et g sont ***positives*** équivalentes et d'intégrales **divergentes** en $+\infty$ alors :

$$\int_0^x f \approx \int_0^x g$$

Si f et g sont ***positives*** équivalentes et d'intégrales **convergentes** en $+\infty$ alors :

$$\int_x^{+\infty} f \approx \int_x^{+\infty} g$$

Exemple : équivalent en +∞ de $F(x)=\int_1^x e^{t^2}dt$.

En cherchant un équivalent simple facilement primitivable de e^{t^2} on trouve facilement :

$$e^{t^2} \underset{\infty}{\approx} e^{t^2}\left(1-\frac{1}{2t^2}\right)=\left(\frac{e^{t^2}}{2t}\right)'.$$

Comme l'intégrale proposée diverge à la borne +∞, on applique le premier lemme :

$$F(x) \underset{\infty}{\approx} \frac{e^{x^2}}{2x}$$

Cette méthode est paradoxalement la plus connue — sans doute parce qu'elle figure dans tous les cours de taupe — et la moins utilisée dans les exercices...

METHODE 2 : Utilisation d'une formule de récurrence

❑ Lorsque le paramètre est entier, chacun sait que le calcul le plus naturel d'une intégrale I_n est le passage par la formule de récurrence, qui s'obtient dans 99% des cas par intégration(s) par parties.
Il y a évidemment la situation favorable où l'on peut alors calculer explicitement I_n, et le problème de l'équivalent perd alors de son intérêt.
Si les calculs sont lourds ou impossibles, il se peut que la formule de récurrence se laisse mettre sous la forme :

$$\frac{I_{n+1}}{I_n}=\phi(n).$$

❑ Si ϕ admet un développement limité convenable, on a alors facilement l'équivalent à l'aide du lemme suivant :

Si $\frac{I_{n+1}}{I_n}=\phi(n)$, où ϕ admet un développement de la forme : $\boxed{\phi(n)=1-\frac{\alpha}{n}+\varepsilon_n}$
avec la série $\sum \varepsilon_n$ **absolument convergente** alors I_n a un équivalent de la forme :

$$\boxed{I_n \approx \frac{A}{n^\alpha}}$$

où A est une constante réelle strictement positive.

REMARQUES :

❑ Ce lemme est un exercice très classique sur les séries numériques, que vous trouverez évidemment dans cet ouvrage au chapitre correspondant (exercice 1, chapitre 10). Il faut, bien entendu, en connaître la démonstration si vous l'utilisez.

❑ Ceux qui ne sont pas contents parce qu'on ne connaît pas la valeur de la constante A n'ont qu'à trouver une autre méthode ou acheter des livres mieux que celui-là...

❑ Plus sérieusement, il y a des cas particuliers où l'on peut calculer A, mais d'une part ça n'a pas grand intérêt (ce qui importe c'est ***l'ordre de grandeur*** *de l'intégrale), et d'autre part souvent fort alambiqué. Autant s'abstenir...*

Exemple 1 : si p est un entier non nul, équivalent de $I_n = \int_0^{+\infty} \frac{dt}{(1+t^p)^n}$.

Le calcul récurrent de ce type d'intégrale se fait en faisant apparaître la dérivée du dénominateur au numérateur (cf. chapitre 19) sous forme :

$$1 = 1 + t^p - t.t^{p-1}$$

ce qui fournit facilement la relation :

$$I_{n+1} = I_n\left(1 - \frac{1}{np}\right)$$

qui est exactement du type souhaité avec la série $\sum \varepsilon_n$ identiquement nulle donc évidemment absolument convergente. On obtient donc instantanément :

$$I_n \approx \frac{A}{n^{1/p}}.$$

Exemple 2 : intégrales de Wallis $I_n = \int_0^{\pi/2} (\cos t)^n dt$.

On a obtenu au chapitre de calcul intégral la formule de récurrence :

$$\frac{I_{2p+2}}{I_{2p}} = \frac{2p}{2p+1} = 1 - \frac{1}{2p} + o\left(\frac{1}{p^2}\right).$$

On est encore une fois dans la situation favorable puisque la série $\sum p^{-2}$ est évidemment absolument convergente et on en déduit donc :

$$I_{2p} \approx \frac{A}{\sqrt{p}}.$$

Dans ce cas particulier, on peut (on l'a d'ailleurs fait au chapitre précité où l'on n'avait sans doute rien de mieux à faire) calculer la valeur exacte de la constante A, par des moyens très détournés (qui utilisent la formule de Stirling, si vous vous souvenez bien...)

METHODE 3 : Utilisation de la formule de la moyenne

On rappelle le résultat bien (?) connu :

Si u est une fonction **continue** et v une fonction **positive** alors :

il existe un réel c de $]a,b[$ tel que : $\int_a^b u(t)v(t)dt = u(c).\int_a^b v(t)dt$

❑ Quel rapport avec la recherche d'équivalents ? Le principe est toujours le même : remplacer f par une fonction équivalente g plus simple à intégrer et écrire :

$$f = g.\frac{f}{g}$$

et essayer de « sortir » f/g de l'intégrale en laissant g dedans.

❑ La méthode est tout particulièrement indiquée lorsque les bornes u(x) et v(x) de l'intégrale admettent la même limite pour x tendant vers a.

Exemple : déterminer $\lim\limits_{x \longrightarrow 1} \displaystyle\int_x^{x^2} \frac{dt}{\ln t}$.

❑ On est bien dans la situation où les bornes x et x^2 tendent toutes deux vers la même limite, à savoir 1, lorsque x tend vers 1.

❑ Le problème est de trouver un équivalent simple de $\dfrac{1}{\ln(t)}$en 1 : comme $\ln(1+u)$ est équivalent à u, on peut prendre :

$$g(t) = \frac{1}{1-t}.$$

On applique alors la formule de la moyenne : il existe un réel c dans l'intervalle $\left[x, x^2\right]$ (**dépendant** évidemment de x) tel que l'on ait :

$$I(x) = \int_x^{x^2} \frac{dt}{1-t} \cdot \frac{1-t}{\ln t} = \frac{1-c}{\ln c} \int_x^{x^2} \frac{dt}{1-t} = \frac{1-c}{\ln c} . \ln\left(\frac{1-x^2}{1-x}\right) = \frac{1-c}{\ln c} . \ln(1+x).$$

Lorsque x tend vers 1, le logarithme tend évidemment vers ln2 et comme c tend aussi vers 1 et que f et g sont équivalentes, l'autre terme tend vers 1. Donc :

$$\lim_{x \longrightarrow 1} I(x) = \ln 2.$$

On aurait pu prendre comme fonction g la fonction : $g(t) = \dfrac{1}{t \ln t}$.

On est alors conduit à l'existence de c dans $\left[x, x^2\right]$ tel que :

$$I(x) = \int_x^{x^2} \frac{dt}{t \ln t} . t = c \int_x^{x^2} \frac{dt}{t \ln t} = c . \ln\left(\frac{\ln\left(x^2\right)}{\ln x}\right) = c . \ln 2$$

qui donne fort heureusement le même résultat quand c tend vers 1.

REMARQUE :

Il est facile de retenir quel morceau on sort et lequel on laisse dans l'intégrale :

❑ *On **laisse** celui qu'on sait intégrer.*

❑ *On **sort** celui qui tend vers 1 (le rapport de f sur son équivalent).*

METHODE 4 : Utilisation du lemme de Lebesgue

Commençons par en rappeler l'énoncé (sous des conditions assez fortes) :

Soit f une fonction $C^1[a,b]$. Alors :

$$\lim_{n\infty} \int_a^b f(t)\cos(nt)dt = \lim_{n\infty} \int_a^b f(t)\sin(nt)dt = 0.$$

REMARQUES :

❑ *Ce résultat se démontre immédiatement par une intégration par parties (dériver f).*

❑ *On peut imposer à f des conditions beaucoup moins restrictives, par exemple f réglée (oh, pardon, ce mot est hors-programme) mais la démonstration est beaucoup plus longue).*

❑ Les conditions d'emploi sont assez claires : il faut penser à ce lemme dès qu'un sinus ou un cosinus se ballade dans l'intégrale (attention, ce n'est pas forcément la méthode qui marchera, cf. les exercices de ce chapitre).

❑ Que faire si par malheur la fonction f n'était pas C^1 ?

Le plus simple est de chercher une fonction g telle que :

⇨ g soit équivalente à f au point litigieux (où f est non dérivable).

⇨ La différence $(f-g)$ soit, elle, C^1.

Exemple : étudier $\lim\limits_{n\infty} \displaystyle\int_0^{\pi/2} \frac{\sin(2n+1)t}{\sin t}\,dt$.

On peut presque appliquer le lemme, le « seul » problème étant que $f(t)=(\sin t)^{-1}$ n'est pas continue (et donc pas dérivable en 0).

Mais comme on a lu les conseils qui précèdent, on peut chercher un équivalent simple de f tel que la différence soit régulière.

L'équivalent le plus simple qui vienne à l'esprit est évidemment : $g(t)=\frac{1}{t}$.

Or il est classique que : $h=f-g$ est prolongeable en une fonction $C^1[0,1]$ (il n'y a qu'à utiliser des développements limités pour le voir).

De plus un changement de variable montre que pour l'intégrale avec g :

$$\int_0^{\pi/2} \frac{\sin(2n+1)t}{t}\,dt = \int_0^{(2n+1)\pi/2} \frac{\sin u}{u}\,du \xrightarrow[n\infty]{} \int_0^{+\infty} \frac{\sin u}{u}\,du = \frac{\pi}{2}$$

Comme h est C^1, on peut lui appliquer le lemme pour conclure que :

$$\lim_{n\infty} \int_0^{\pi/2} f(t)\sin(2n+1)t\,dt = \lim_{n\infty} \int_0^{\pi/2} [f(t)-g(t)]\sin(2n+1)t\,dt + \lim_{n\infty} \int_0^{\pi/2} g(t)\sin(2n+1)t\,dt = \frac{\pi}{2}.$$

Il faut que vous sachiez qu'il y a deux arnaques dans cet exemple :

❑ *D'une part, un rapide calcul par récurrence montre que la différence* $(I_{n+1}-I_n)$ *est identiquement nulle, donc que* I_n *est* ***constamment égale*** *à* I_0, *qui vaut* $\pi/2$.
Il est donc très « approché » de dire d'une ***suite constante*** *qu'elle* ***tend*** *vers sa limite !*

❑ *D'autre part, les esprits avertis n'auront pas manqué de constater que nous balançons sans preuve la valeur de l'intégrale de Dirichlet.*

Or c'est précisément grâce à ces intégrales I_n, et à leur valeur exacte, qu'on en déduit, par application de Lebesgue, la valeur de Dirichlet.

Nous dirons pour notre défense qu'il existe 32 067 autres méthodes pour calculer cette intégrale et que donc par conséquent notre exercice est intéressant.

D'autant qu'il a été posé aux concours l'an dernier...

METHODE 5 : Expression de l'intégrale sous forme d'une somme

Il peut arriver, dans certains cas (très rares à notre connaissance) que l'intégrale se laisse mettre sous forme d'une somme de termes dont le comportement est plus facile à étudier que l'intégrale elle-même.

La raison de la rareté de ce phénomène (qui le rend beaucoup plus dur à repérer) est simple : on sait beaucoup mieux étudier une intégrale (phénomène **continu**) qu'une somme (phénomène **discret**).

Vous en trouverez dans les exercices un exemple d'application significatif.

METHODE 6 : La méthode de Laplace

MISE EN GARDE :

Cette méthode est parfois présentée comme LA méthode, la seule et unique qui résolve tous les problèmes d'équivalents.
C'est faux pour plusieurs raisons :
- d'une part, il y beaucoup d'autres méthodes (la preuve : ce chapitre) ;
- d'autre part, elle ne fonctionne que dans des cas bien ciblés.

Vu sa complexité assez importante à nos yeux, nous avons choisi de ne pas la présenter dans un cadre général mais seulement de façon détaillée sur un exemple, pour que vous voyiez comment elle fonctionne.

CAS D'APPLICATION :
Elle s'applique aux intégrales de la forme :

$$\int_a^b \exp(xg(t))dt$$

avec (a,b) éventuellement infinis et g présentant un « **maximum net** » en $c \in]a,b[$

On cherche un équivalent pour x tendant vers $+\infty$.

Le principe est d'**isoler ce qui se passe en c du reste de l'intégrale**, en se disant que c'est autour de c que l'intégrale se concentre.

Exemple d'application : équivalent en $+\infty$ de $I(x) = \int_0^{+\infty} \left(t.e^{-t}\right)^x dt = \int_0^{+\infty} \exp(x[\ln t - t])$.

On vérifie que cette intégrale converge **pour x > 0.**

Posons donc : $g(t) = \ln t - t$.

On a facilement : $g'(t) = 1/t - 1$, qui s'annule en c = 1 et $g(c) = -1$.

Comme $g''(1) = -1$, c est bien un maximum pour g.

1ère étape : encadrer $g(t) - g(c)$ localement autour de c à l'aide de Taylor-Young

D'après Taylor-Young, on a : $g(t) = g(c) + \frac{t-c}{1!}g'(1) + \frac{(t-c)^2}{2!}g''(c) + o\left((t-c)^2\right)$

ce qui donne : $$g(t) = g(1) - \frac{(t-1)^2}{2} + o\left((t-1)^2\right).$$

Fixons donc un ε de $]0,1[$; il existe d'après la relation précédente $\alpha \in]0,1[$ tel que :

$$\forall t \in]1-\alpha, 1+\alpha[\qquad -\frac{(1+\varepsilon)(t-1)^2}{2} \leq g(t) - g(1) \leq -\frac{(1-\varepsilon)(t-1)^2}{2}.$$

En multipliant par x>0, prenant l'exponentielle (croissante) et en intégrant la nouvelle inégalité sur $]1-\alpha, 1+\alpha[$:

$$\int_{1-\alpha}^{1+\alpha} \exp\left[-\frac{x}{2}(1+\varepsilon)(t-1)^2\right]dt \leq \int_{1-\alpha}^{1+\alpha} \exp\left[x(g(t)-g(1))\right]dt \leq \int_{1-\alpha}^{1+\alpha} \exp\left[-\frac{x}{2}(1-\varepsilon)(t-1)^2\right]dt \quad (1)$$

Soit K le membre de gauche, J celui de droite de cette inégalité.

2ème étape : déterminer un équivalent de J(x) et K(x) pour x infini

Un changement de variable affine, suivi d'un argument de parité donne que :

$$K(x) = 2\int_0^{\alpha} \exp\left[-\frac{x}{2}(1+\varepsilon)u^2\right]du.$$

Si on pose ensuite $v = u\sqrt{x(1+\varepsilon)/2}$ on est ramené à la fonction de Gauss :

$$K(x) = \frac{2\sqrt{2}}{\sqrt{x(1+\varepsilon)}} \int_0^{\alpha\sqrt{x(1+\varepsilon)/2}} \exp\left(-v^2\right)dv.$$

La borne supérieure de l'intégrale tend vers $+\infty$ avec x donc :

$$K(x) \underset{\infty}{\approx} \frac{\sqrt{2\pi}}{\sqrt{x(1+\varepsilon)}}$$

(on rappelle que : $\int_0^{+\infty} e^{-v^2}dv = \frac{\sqrt{\pi}}{2}$).

On trouve de même pour J : $J(x) \underset{\infty}{\approx} \frac{\sqrt{2\pi}}{\sqrt{x(1-\varepsilon)}}$.

3ème étape : majorer de l'intégrale loin de c

Soit M le sup de g(t) sur l'intervalle $[1+\alpha,+\infty[$; d'après les variations de g : M < g(c) (noter que l'inégalité est **stricte**, ce qui est essentiel).

On va majorer l'intégrale de exp(x(g(t)-g(1)) sur cet intervalle par un terme en A^x avec A < 1.

Une majoration trop brutale de l'exponentielle par $e^{x(M-g(c))}$ donne évidemment, si on intègre par rapport à t, une intégrale divergente en $+\infty$.

Par contre, si on prend x > c et qu'on écrit :

$$e^{x(g(t)-g(c))}=e^{(x-c)(g(t)-g(c))}.e^{c(g(t)-g(c))} \leq e^{c(g(t)-g(c))}e^{(x-c)(M-g(c))}$$

alors on peut intégrer $e^{c(g(t)-g(c))}$ sans problème de convergence donc :

$$0 \leq \int_{1+\alpha}^{+\infty} \exp[x(g(t)-g(c))]dt \leq e^{(x-c)(M-g(c))}. \int_{1+\alpha}^{+\infty} \exp[c(g(t)-g(c))]dt.$$

En appelant λ l'intégrale du second membre et A la constante $e^{M-g(c)}$ (qui est strictement inférieure à 1 puisque M < g(c)) on obtient finalement :

$$0 \leq \int_{1+\alpha}^{+\infty} \exp[x(g(t)-g(c))]dt \leq \lambda.A^{x-c} \qquad (2)$$

On procède évidemment de façon analogue pour l'intégrale sur $[0,1-\alpha]$ et on obtient une majoration du même type.

4ème étape : regrouper les résultats et conclure

En regroupant les inégalités (1) et (2) on trouve :

$$\mu A^x + K(x) \leq \int_0^{1-\alpha} + \int_{1-\alpha}^{1+\alpha} + \int_{1+\alpha}^{+\infty} \left(e^{x(g(t)-g(1))}dt\right) \leq \lambda A^x + J(x)$$

en multipliant par $\sqrt{x}$ il vient alors :

$$\sqrt{x}\left(\mu A^x + K(x)\right) \leq \sqrt{x}.e^{-xg(1)}.I(x) \leq \left(\lambda A^x + J(x)\right)\sqrt{x}.$$

Comme A < 1, les termes en $A^x\sqrt{x}$ tendent vers 0 quand x tend vers $+\infty$; on obtient donc, compte tenu des équivalents de J et K en $\sqrt{x}$, en passant à la **limite sup** et **limite inf :**

$$\forall\varepsilon>0 \quad \sqrt{\frac{2\pi}{1+\varepsilon}} \leq \underline{\lim}\left(I(x).\sqrt{x}.e^{-xg(1)}\right) \leq \overline{\lim}\left(I(x).\sqrt{x}.e^{-xg(1)}\right) \leq \sqrt{\frac{2\pi}{1-\varepsilon}}.$$

On fait alors tendre ε vers 0 pour obtenir :

$$\sqrt{2\pi} \leq \underline{\lim}\left(I(x).\sqrt{x}.e^{-xg(1)}\right) \leq \overline{\lim}\left(I(x).\sqrt{x}.e^{-xg(1)}\right) \leq \sqrt{2\pi}$$

Comme les extrêmes sont égaux, toutes ces inégalités sont des égalités donc la limite sup et la limite inf en $+\infty$ de $\left(I(x).\sqrt{x}.e^{-xg(1)}\right)$ sont égales à $\sqrt{2\pi}$.

Ceci prouve finalement que $\left(I(x).\sqrt{x}.e^{-xg(1)}\right)$ **a une limite**, à savoir $\sqrt{2\pi}$.

En remplaçant g(1) par sa valeur, on trouve l'équivalent cherché :

$$I(x) \underset{\infty}{\approx} e^{-x}.\sqrt{\frac{2\pi}{x}}$$

REMARQUES A PROPOS DE LA METHODE DE LAPLACE :

1ère étape :
Dans la majeure partie des cas le développement s'arrête à l'ordre 2 ; il peut s'arrêter à l'ordre 1 si c est l'une des bornes de l'intervalle.

2ème étape :
Lorsque le développement de Taylor est à l'ordre 2, on est sûr de trouver la fonction de Gauss, et il n'y a qu'à faire trois changements de variable pour y arriver.
(Si le développement doit se faire plus loin, on verra apparaître la fonction gamma d'Euler).

3ème étape :
Le résultat sera toujours le même pour toutes les fonctions : le « reste » de l'intégrale sera un grand O d'un certain A^x. C'est techniquement l'étape la plus pénible.

4ème étape :
Il faut se rappeler l'ordre des étapes : d'abord introduire les limites sup et inf, puis faire tendre ε vers 0. On constate alors leur égalité pour conclure.

Si aucune des théories précédentes ne semble s'appliquer, il faut analyser la situation et voir un peu ce qui se passe, pour avoir une **intuition de l'équivalent**.

⇨ Commencer par étudier la fonction $t \longrightarrow f(x,t)$ que vous intégrez

- ❑ **Monotonie** ?
- ❑ Existence d'un **extremum** net en un point c ? (cf. la méthode **6**)
- ❑ L'intégrale devient **impropre** à une borne lorsque x tend vers a ? (cf. **8** et **9**)

⇨ Etudier ensuite (si elle existe) limite simple de f, soit $f(t) = \lim\limits_{x \longrightarrow a} f(x,t)$:

- ❑ Y a-t-il **convergence simple** partout ? **uniforme** sur un compact fixe ? (cf. 7)
- ❑ Y a-t-il un point t qui a un comportement **singulier** à la limite ? (cf. **8**)

Passons donc maintenant en revue les dernières techniques que vous essaierez après cette analyse :

METHODE 7 : Intégration de la limite ou d'un équivalent de f (en a)

Le problème de la recherche de la limite d'une intégrale serait simpifié si l'on pouvait intervertir limite et intégrale impunément.

Chacun sait que l'on peut intervertir limite et intégrale lorsqu'on intègre sur un **compact fixe** une fonction continue lorsqu'il y a convergence **uniforme** (cf. chapitre suites et séries de fonctions).

Mais que faire si l'intégrale est impropre, la fonction non continue, ou la convergence non uniforme ? On peut toujours se demander, si PAR HASARD, on n'aurait pas :

$$\lim_{x \longrightarrow a} \left(\int f(x,t)dt \right) \overset{????}{=} \int \lim_{x \longrightarrow a} f(x,t)$$

(Que les puristes excusent cette notation malheureuse...)

Ce que nous cherchons à vous dire ici, c'est qu'en l'absence d'idées, il faut vous demander si la limite de l'intégrale ne serait pas l'intégrale de la limite : c'est souvent le cas, même si on ne satisfait pas les hypothèses requises.

Dans ce cas, il faut ***revenir aux méthodes classiques de l'analyse : majorations, encadrements... et essayer de prouver le résultat escompté.***

METHODE 8 : Découpage de l'intégrale (relation de Chasles)

Certains points du domaine d'intégration peuvent jouer un rôle important :

- ❑ Point où l'intégrale est (ou devient, lorsque x tend vers a) impropre (ex. 1).
- ❑ Point où a lieu « l'accumulation de f » lorsque x tend vers a (ex. 2).

Il est alors intéressant de découper l'intégrale en deux, en isolant le point litigieux.
On obtient alors deux termes, dont on peut alors regarder lequel a une comportement déterminant dans l'intégrale par rapport au premier.
Il arrive fréquemment que l'un des morceaux diverge, alors que l'autre est borné, et donc négligeable.

Exemple 1 : limite pour x infini de $\displaystyle\int_0^{+\infty} \frac{te^{-t}}{x+t} dt$.

Lorsque x tend vers +∞, l'intégrant tend vers 0 pour tout t, mais l'intégrale est impropre. On peut néanmoins espérer (méthode **7**) que la limite soit nulle.

Il faut donc isoler le point litigieux (+∞).

Pour tout A positif, on a les inégalités suivantes :

$$0 \leq \int_0^{+\infty} \frac{te^{-t}}{x+t} dt = \int_0^{A} \frac{te^{-t}}{x+t} dt + \int_A^{+\infty} \frac{te^{-t}}{x+t} dt \leq \frac{1}{x} \int_0^{A} te^{-t} dt + \int_A^{+\infty} e^{-t} dt.$$

Il suffit de choisir A pour que la dernière intégrale (**qui ne dépend plus de x**) soit inférieure à $\varepsilon / 2$. Le premier morceau tend vers 0 quand x tend vers +∞.

Exemple 2 : étudier $\lim_{n\infty} n\int_0^1 t^{n-1}f(t)dt$ *(f continue).*

On a évidemment : $\forall t\in[0,1]-\{1\}$: $\lim_{n\infty}\left(t^n\right)=0$ et pour $t=1$: $\lim_{n\infty}\left(1^n\right)=1$.

On se dit que la **valeur importante** est donc f(1).

Si f était constamment égale à f(1), on aurait :

$$n\int_0^1 t^{n-1}f(t)dt = nf(1)\int_0^1 t^{n-1}dt = f(1).$$

On calcule donc :

$$n\int_0^1 t^{n-1}f(t)dt - f(1) = n\int_0^1 t^{n-1}\left[f(t)-f(1)\right]dt$$

(on a « homogénéisé » la différence, cf. chapitre 4, principe 3).

On a alors, en isolant la borne 1 :

$$n\int_0^1 t^{n-1}\left[f(t)-f(1)\right]dt = n\int_0^{1-\alpha} t^{n-1}\left[f(t)-f(1)\right]dt + n\int_{1-\alpha}^1 t^{n-1}\left[f(t)-f(1)\right]dt \le 2\sup_{[0,1]}|f(t)|.(1-\alpha)^n+\frac{\varepsilon}{2}$$

(si on choisit bien α en exploitant la continuité de f en 1).

Cette majoration permet de conclure que la différence tend vers 0, et donc que l'intégrale de départ tend vers f(1), comme escompté.

⇨ Il apparaît clairement sur ces deux exemples que cette méthode nécessite que l'on choisisse des paramètres (A, α, ε) : il faut prendre garde à **l'ordre de choix**.

METHODE 9 : Changement(s) de variable

Le changement de variable peut permettre par exemple de :

❑ **Simplifier** la dépendance en le paramètre x des fonctions sin, cos et exp :

Il faut éliminer les groupements :

$$\sin\left(t^n\right)dt\ ,\ \cos\left(nt^2\right)dt\ ,\ e^{-nt^2}dt\ \ldots$$

Car il est difficile de faire des conjectures là-dessus.

On les transforme facilement en :

$$\frac{1}{n}\frac{\sin u}{u}u^{1/n}du\ ,\ \frac{1}{2\sqrt{n}}\frac{\cos u}{\sqrt{u}}du\ ,\ \frac{1}{\sqrt{n}}e^{-u^2}du$$

qui donnent tout de suite beaucoup plus d'idées...

❑ Faire en sorte que **les bornes ne dépendent plus du paramètre**.

Exemple : limite quand x tend vers 0 de $\displaystyle\int_0^x \frac{dt}{\sqrt{t(2-t)(x-t)}}$.

Il est difficile de faire la moindre conjecture, puisque l'intervalle d'intégration se réduit au point 0 alors que la fonction devient divergente à cette borne.

Le changement de variable affine t = xu donne : $\displaystyle I(x)=\int_0^1 \frac{du}{\sqrt{u(2-xu)(1-u)}}$.

Sur cette forme, on peut *conjecturer* que l'intégrale tend vers $\displaystyle I(0)=\int_0^1 \frac{du}{\sqrt{2u(1-u)}}$

qui est convergente. Des majorations naturelles de la différence le confirment.

METHODE 10 : Intégration par parties

On rappelle ici pour mémoire cette méthode qui permet d'accélérer les convergences, en augmentant par exemple les degrés de dénominateurs de fractions rationnelles.

Voici un bref récapitulatif des idées présentées dans ce long et riche chapitre :

METHODE 1 : Intégration des relations de comparaison

METHODE 2 : Utilisation d'une formule de récurrence + lemme

METHODE 3 : Utilisation de la formule de la moyenne

METHODE 4 : Utilisation du lemme de Lebesgue

METHODE 5 : Expression de l'intégrale sous forme de somme

METHODE 6 : La méthode de Laplace

METHODE 7 : Se demander si par chance : $\displaystyle\lim_{x\to a}\left(\int f(x,t)dt\right) \overset{????}{=} \int \lim_{x\to a} f(x,t)$

METHODE 8 : Découpage de l'intégrale

METHODE 9 : Changement(s) de variable

METHODE 10 : Intégration par parties

Exercices

Dans les exercices proposés, on demande de donner, selon les cas, la limite ou un équivalent de l'intégrale indiquée ***SANS S'INTERESSER AUX PROBLEMES DE CONVERGENCE.***

1. $I_n = \int_0^1 \ln\left(1+t^n\right)dt$ Equivalent en $+\infty$?

2. $I(x) = \int_0^{+\infty} \frac{e^{-t}}{x+t}dt$ Equivalent quand x tend vers 0^+ ?

3. $I_n = \int_0^1 \left[\ln(1+t)\right]^n dt$ Equivalent en $+\infty$?

4. $I_n = \int_0^1 \frac{t^n}{\sqrt{1+t^n}}dt$ Equivalent en $+\infty$?

5. $I(x) = \int_{-x}^{x} \sqrt{\frac{1+t^2}{x^2-t^2}}dt$ Limite L pour x tendant vers 0 et équivalent de $L - I(x)$?

6. $I_n = \int_0^1 \frac{dt}{1+t+\ldots+t^n}$ Limite en $+\infty$?

7. $I_n = \int_0^{\pi/2} \left|\frac{\sin((2n+1)t)}{\sin t}\right|dt$ Equivalent en $+\infty$?

8. $I(x) = \int_0^{+\infty} \frac{\sin^2(tx)}{t^2\left(1+t^2\right)}dt$ Equivalent en $+\infty$?

9. $I_n = \int_0^{+\infty} e^{-t}(\sin t)^{2n}dt$ Equivalent en $+\infty$?

10. $I_n = \int_0^1 \frac{t^n - t^{2n}}{1-t}dt$ Limite en $+\infty$?

11. $I(x) = \int_x^{2x} \frac{e^t}{\operatorname{Arc}\sin t}dt$ Limite en 0 ?

Corrigés

1. Le t^n est gênant pour y voir clair, et la présence des bornes 0 et 1 invite à changer de variable en posant $u = t^n$ (méthode **9**) :

$$I_n = \frac{1}{n}\int_0^1 \frac{\ln(1+u)}{u} u^{1/n} du.$$

D'après les conseils de la méthode **7**, on remarque que pour $u > 0$: $\lim_{n\infty} u^{1/n} = 1$.
On peut donc penser que :

$$nI_n \xrightarrow[n\infty]{} I = \int_0^1 \frac{\ln(1+u)}{u} du.$$

On revient à l'analyse élémentaire :

$$|nI_n - I| \leq \int_0^1 \left(1-u^{1/n}\right)\frac{\ln(1+u)}{u} du \leq \sup_{[0,1]}\left(\frac{\ln(1+u)}{u}\right)\int_0^1 \left(1-u^{1/n}\right)du = \frac{M}{n+1}.$$

Ce qui confirme nos prévisions et montre que : $I_n \approx \frac{I}{n}$.

REMARQUE : L'intégrale I a été calculée au chapitre de calcul intégral : $I = \frac{\pi^2}{6}$.

---

2. Quand x tend vers 0, l'intégrale devient impropre en 0 ; on va donc (méthode **8**) couper en t = 1 (ou en 2, ou ailleurs !).

❑ Considérons d'abord le morceau $t \geq 1$: on voit immédiatement :

$$\int_1^{+\infty} \frac{e^{-t}}{x+t} dt \leq \int_1^{+\infty} \frac{e^{-t}}{t} dt = \text{constante}.$$

Cette partie est **bornée** et sera donc **négligeable devant le morceau divergent**.

❑ Pour l'autre bout, on peut remarquer que la fonction qu'on intègre a un équivalent en zéro facile à intégrer :

$$\frac{e^{-t}}{x+t} \underset{0}{\approx} \frac{1}{x+t}.$$

On s'intéresse à la différence des intégrales de ces fonctions :

$$|\Delta(x)| = \left|\int_0^1 \frac{e^{-t}-1}{x+t} dt\right| = \int_0^1 \frac{1-e^{-t}}{x+t} dt \underset{(x>0)}{\leq} \int_0^1 \frac{1-e^{-t}}{t} dt = \text{constante}.$$

❑ En revenant à l'intégrale de départ :

$$\int_0^{+\infty} \frac{e^{-t}}{x+t} dt = \int_0^1 \frac{dt}{x+t} + \Delta(x) + \int_1^{+\infty} \frac{e^{-t}}{x+t} dt = -\ln(x) + \ln(x+1) + \Delta(x) + \int_1^{+\infty} \frac{e^{-t}}{x+t} dt.$$

Le premier terme tend vers l'infini, le deuxième vers 0 et les deux derniers bornés ; les trois derniers termes sont négligeables par rapport au premier.

Finalement : $I(x) \underset{\infty}{\approx} \ln\left(\frac{1}{x}\right)$.

---

3. La forme de l'intégrale doit vous rappeler la méthode de Laplace.

Avec les notations de la méthode **6** : $I_n = \int_0^1 \exp(n\ln(1+t))dt$.

Soit $g(t)=\ln(1+t)$. Un étude rapide montre que le maximum est $g(c)=g(1)=\ln 2$ sur l'intervalle considéré, et que : $g'(1)=1/(2\ln 2)$.

On vous laisse reproduire les différentes étapes ; on verra notamment que :

$$\int_{1-\alpha}^{1} \exp\left[-n\frac{1+\varepsilon}{2\ln 2}(1-t)dt\right]=\int_0^{\alpha} \exp\left[-n\frac{1+\varepsilon}{2\ln 2}udu\right] = \frac{2\ln 2}{n(1+\varepsilon)}\int_0^{n\frac{1+\varepsilon}{2\ln 2}\alpha} e^{-v}dv.$$

Ce qui donne comme équivalent de cette intégrale :

$$J_n \underset{n\infty}{\approx} \frac{2\ln 2}{n(1+\varepsilon)}\int_0^{+\infty} e^{-v}dv = \frac{2\ln 2}{n(1+\varepsilon)}.$$

On en déduira sans difficulté que :

$$I_n \approx \frac{2(\ln 2)^{n+1}}{n}.$$

---

4. La démarche est exactement la même que pour l'exercice 1.

Vous montrerez donc de façon analogue que : $I_n = \frac{1}{n}\int_0^1 u^{1/n}\frac{du}{\sqrt{1+u}}$.

Il est alors possible d'en déduire que :

$$I_n \approx \frac{1}{n}\left(\int_0^1 \frac{du}{\sqrt{1+u}}\right) = \frac{2}{n}\left(\sqrt{2}-1\right).$$

---

5. Analysons un peu la situation : lorsque x tend vers 0, les bornes tendent toutes deux vers 0, cependant que la fonction devient divergente à la borne 0.

Pas d'hésitation : la méthode **9** nous guide en nous suggérant de fixer les bornes pour y voir un peu plus clair :

$$I(x) = \int_{-x}^{x} \sqrt{\frac{1+t^2}{x^2-t^2}}dt = \int_{-1}^{1} \sqrt{\frac{1+x^2u^2}{1-u^2}}du = 2\int_0^1 \sqrt{\frac{1+x^2u^2}{1-u^2}}du.$$

Sous cette forme là on conjecture que l'intégrale va se rapprocher de :

$$2\int_0^1 \frac{1}{\sqrt{1-u^2}}du = 2[\operatorname{Arcsin} u]_0^1 = \pi.$$

On peut alternativement procéder en deux étapes (limite **puis** équivalent) ou plus directement faire d'une pierre deux coups en essayant d'intégrer le développement limité de la différence.

Pour évaluer la différence du numérateur avec 1 on utilise la formule de Taylor-Lagrange à l'ordre 2 :

$$\forall u \in [0,1] \quad \left|\sqrt{1+x^2u^2} - 1 - \frac{x^2u^2}{2}\right| \leq \frac{x^4}{8}$$

qui s'intègre en :

$$\left|\frac{I(x)}{2} - \frac{\pi}{2} - \frac{x^2}{2}\int_0^1 \frac{u^2}{\sqrt{1-u^2}}du\right| \leq \frac{x^4}{8}.$$

L'intégrale qui apparaît se calcule par exemple en posant t = Arcsin u :

$$\int_0^1 \frac{u^2}{\sqrt{1-u^2}}du = \int_0^{\pi/2} \sin^2 t\,dt = \frac{\pi}{4}.$$

En définitive on a bien obtenu le développement souhaité :

$$I(x) = \pi\left(1+\frac{x^2}{8}\right) + o(x^4).$$

REMARQUE : Vous montrerez sans peine qu'on peut continuer à intégrer ce développement. Les coefficients qui interviennent sont les intégrales de Wallis.

---

6. Il est évidemment très tentant de calculer le dénominateur :

$$I_n = \int_0^1 \frac{1-t}{1-t^{n+1}}dt.$$

On peut penser à réfléchir à travers la méthode **7** : en effet pour tout $t \neq 1$,

$$\lim_{n\infty}\left(\frac{1-t}{1-t^{n+1}}\right) = (1-t)$$

qui peut amener à croire que l'intégrale tend vers $\int_0^1 (1-t)dt = \frac{1}{2}$.

Pour s'en assurer, on étudie la différence :

$$\left|I_n - \frac{1}{2}\right| \leq \int_0^1 (1-t)\left(\frac{1}{1-t^{n+1}} - 1\right)dt = \int_0^1 (1-t)\frac{t^{n+1}}{1-t^{n+1}}dt \leq \int_0^1 t^{n+1}dt = \frac{1}{n+2}$$

(on a utilisé l'évidence : $\forall t \in [0,1] \quad 0 \le t^n \le t \le 1$).

L'inégalité assure que la différence tend vers 0, et donc que l'intégrale tend vers 1/2, comme on l'avait judicieusement prédit.

---

7. La présence du terme en $\sin((2n+1)t)$ au numérateur peut faire penser au lemme de Lebesgue, qu'on aurait tort de ne pas essayer (méthode **4**).

Cependant **deux obstacles** surgissent immédiatement pour l'appliquer :

❑ D'une part, la fonction $f(t) = \dfrac{1}{\sin t}$ n'est pas C^1 (elle n'est même pas continue en 0).

On peut envisager de poser : $g(t) = \dfrac{1}{\sin t} - \dfrac{1}{t}$ comme dans l'exemple illustratif.

Ceci fait donc naturellement apparaître l'intégrale sous forme :

$$I_n = \int_0^{\pi/2} \frac{|\sin((2n+1)t)|}{\sin t} dt = \int_0^{\pi/2} \frac{|\sin((2n+1)t)|}{t} dt + \int_0^{\pi/2} |\sin((2n+1)t)| g(t) dt.$$

Le deuxième terme est bien évidemment borné, mais **rien n'assure qu'il ne tende vers zéro** (mais on va voir que cela va suffire).

❑ D'autre part, ces valeurs absolues sont gênantes dans le premier terme, qu'on a d'ailleurs vu apparaître dans la méthode **8** du chapitre sur la convergence des intégrales impropres (chapitre 21).
D'où l'idée de traiter ce terme comme dans cette méthode :

$$\int_0^{\pi/2} \frac{|\sin((2n+1)t)|}{t} dt = \int_0^{(2n+1)\pi/2} \frac{|\sin u|}{u} du.$$

L'intégrale du second terme est divergente puisque sint/t n'est pas absolument convergente ; on va donc faire apparaître une série, comme à la méthode citée :

$$\int_0^{n\pi+\pi/2} \frac{|\sin u|}{u} du = \sum_{k=0}^{n-1} \int_{k\pi}^{(k+1)\pi} \frac{|\sin u|}{u} du + \int_{n\pi}^{n\pi+\pi/2} \frac{|\sin u|}{u} du$$

Les valeurs absolues sautent (c'est fait exprès) et il est facile de voir alors que :

$$\frac{2}{(k+1)\pi} \le \int_{k\pi}^{(k+1)\pi} \frac{|\sin u|}{u} du = \int_0^{\pi} \frac{\sin v}{v+k\pi} dv \le \frac{2}{k\pi}$$

qui fournit un équivalent de chacune des intégrales et donc de la somme :

$$\sum_{k=0}^{n-1} \int_{k\pi}^{(k+1)\pi} \frac{|\sin u|}{u} du \approx \frac{2}{\pi} \sum_{k=0}^{n-1} \frac{1}{k} \approx \frac{2}{\pi} \ln(n).$$

En récapitulant, on voit que comme cette somme diverge, alors que les deux termes écartés (dont l'intégrale de g, qui est bornée) sont négligeables, l'équivalent est :

$$I_n \approx \frac{2}{\pi}\ln(n).$$

---

8. La première chose à faire est un changement de variable pour sortir le paramètre x du sinus (comme indiqué dans la méthode **9**) en posant u = tx :

$$I(x) = x\int_0^{+\infty}\frac{\sin^2 u}{u^2}\frac{du}{1+\left(\frac{u}{x}\right)^2}.$$

Sous cette forme, on peut intuiter la limite de la nouvelle intégrale ; en effet pour u fixé :

$$\lim_{x\infty}\frac{1}{1+\left(\frac{u}{x}\right)^2} = 1.$$

Donc il est légitime de se dire (d'après la méthode **7**) :

$$\lim_{x\infty}\int_0^{+\infty}\frac{\sin^2 u}{u^2}\frac{du}{1+\left(\frac{u}{x}\right)^2} = \int_0^{+\infty}\frac{\sin^2 u}{u^2}du = I.$$

On va évidemment faire la différence de I(x)/x avec I ; mais comme l'intégrale est impropre, il va falloir couper comme dans l'exemple de la méthode **8**.

Soit A > 0. On a alors facilement :

$$\left|\frac{I(x)}{x} - I\right| = \int_0^{+\infty}\frac{\sin^2 u}{u^2+x^2}du \leq \frac{1}{x^2}\int_0^{A}\sin^2 u.du + \int_A^{+\infty}\left(\frac{\sin u}{u}\right)^2 du.$$

Le deuxième terme peut être rendu petit pour A grand ; on fixe alors A convenable et en faisant tendre x vers +∞, on s'aperçoit que le premier terme tend vers 0.

Ceci prouve que $\frac{I(x)}{x}$ tend vers I (qui est strictement positive) donc :

$$\frac{I(x)}{x} \underset{\infty}{\approx} x\int_0^{+\infty}\frac{\sin^2 u}{u^2}du.$$

---

9. La forme de l'intégrale invite à essayer de la calculer. On ne peut hélas pas aller jusque là, mais une double intégration par parties fournit une relation de récurrence :

$$I_n = 2n\left[(2n-1)(I_n - I_{n-1}) - I_n\right]$$

qui, par chance se laisse mettre sous la forme même qui permet l'application de la méthode **1** :

$$\frac{I_n}{I_{n-1}} = \frac{2n(2n-1)}{4n^2+1} = 1 - \frac{1}{2n} + o\left(\frac{1}{n\sqrt{n}}\right).$$

On sait donc qu'il existe A > 0 tel que : $I_n \underset{\infty}{\approx} \frac{A}{\sqrt{n}}$.

REMARQUE :

Il se trouve que dans ce cas précis on peut calculer la constante A. C'est encore une fois la méthode de Laplace qui la fournit ; on commence par découper l'intégrale en une somme infinie d'intégrales sur $[k\pi,(k+1)\pi]$. On obtient facilement :

$$I_n = \left(\sum_{k=0}^{+\infty} e^{-\pi k}\right).\int_0^{\pi} e^{-u}(\sin u)^{2n}du = \frac{1}{1-e^{-\pi}}\int_0^{\pi} e^{-u}(\sin u)^{2n}du.$$

La méthode de Laplace, appliquée à la nouvelle intégrale, donne finalement :

$$I_n \underset{\infty}{\approx} \frac{e^{-\pi/2}\sqrt{\pi}}{1-e^{-\pi}}.\frac{1}{\sqrt{n}}.$$

Comme toujours, l'ordre de l'équivalent est plus simple à trouver que la constante...

---

10. Faute d'avoir des idées, on peut en chercher.

❑ Tout d'abord (méthode **7**) la limite de l'intégrant : elle vaut 0 partout sauf en 1 où elle vaut $+\infty$.
On n'a donc **pas d'espoir d'avoir de CVU** (pour des raisons de continuité).

❑ La seconde idée serait de poser $u = t^n$, ce qu'on a souvent fait :

$$I_n = \frac{1}{n}\int_0^1 \frac{1-u}{u^{-1/n}-1}du.$$

On peut alors regarder la limite de l'intégrant : comme $u^{-1/n}-1 \underset{\infty}{\approx} \frac{-1}{n}\ln u$, on peut penser que l'intégrale tend vers :

$$I = \int_0^1 \frac{u-1}{\ln u}du.$$

Cette intégrale vaut ln2 (cf. chapitre 19).

On vous laisse continuer cette voie, qui marche, mais est un peu complexe, d'autant que le calcul de I lui-même n'est pas simple.

❑ La dernière idée (que vous avez peut-être eu en premier) est de se dire que l'intégrant n'est rien qu'une somme de progression géométrique :

$$I_n = \int_0^1 \left(\sum_{k=n}^{2n} t^k\right)dt = \sum_{k=1}^{2n}\left(\int_0^1 t^k dt\right) = \sum_{k=1}^{n}\frac{1}{n+k}.$$

L'interversion somme-intégrale étant légitime puisque la somme est finie ; or on a le bonheur de tomber sur une somme de Riemann :

$$\sum_{k=1}^{n} \frac{1}{n+k} = \frac{1}{n} \sum_{k=1}^{n} \frac{1}{1+\frac{k}{n}} \xrightarrow[n\infty]{} \int_0^1 \frac{dt}{1+t} = \ln 2.$$

On est donc tombé sans le savoir sur l'exercice auquel il est fait allusion dans la méthode **5**.

---

11. Lorsque le paramètre tend vers 0, les bornes tendent toutes les deux vers 0. Par ailleurs, on n'est guère attiré par la fonction à intégrer et on voudrait bien la remplacer par quelque chose de plus simple. Or en 0 on a l'équivalent :

$$\frac{e^t}{\operatorname{Arc}\sin t} \underset{\infty}{\approx} \frac{1}{t}.$$

On est donc dans les conditions précises d'application de la méthode **3**, conformément à laquelle on écrit :

$$I(x) = \int_x^{2x} \frac{e^t}{\operatorname{Arc}\sin t} dt = \int_x^{2x} \left(\frac{te^t}{\operatorname{Arc}\sin t} \right) \frac{dt}{t} = \frac{ce^c}{\operatorname{Arc}\sin c} \int_x^{2x} \frac{dt}{t} = \ln 2 . \frac{ce^c}{\operatorname{Arc}\sin c}$$

où c est un élément de $[x,2x]$ d'après la formule de la moyenne, et tend donc vers 0 comme x.

La limite recherchée est alors : ln2.

Chapitre 25
FORMULAIRE

Inégalités classiques

❑ **Inégalité triangulaire** :

$|a+b| \leq |a|+|b|$ et $|a-b| \geq ||a|-|b||$

❑ **Inégalité de Cauchy-Schwarz :**

- pour les sommes : $$\left(\sum_i x_i y_i\right)^2 \leq \left(\sum_i x_i^2\right).\left(\sum_i y_i^2\right)$$

- pour les intégrales : $$\left(\int fg\right)^2 \leq \left(\int f^2\right).\left(\int g^2\right)$$

❑ **Inégalité entre moyenne** arithmétique (A), géométrique (G) et harmonique (H) :

$$A \geq G \geq H$$

❑ **Conséquence** de cette inégalité :

$$ab \leq \frac{a^2+b^2}{2}$$

❑ **Inégalité des accroissements finis** (f de classe $C^1([a,b],\mathbf{R})$) :

$$|f(b)-f(a)| \leq (b-a).\sup_{t\in[a,b]} |f'(t)|$$

❑ Inégalité sur **la norme d'un endomorphisme continu** ($u \in \mathcal{L}'(E)$, $x \in E$) :

$$\| u(x) \| \leq ||| u |||.\| x \|$$

❑ Inégalités portant sur le **logarithme et l'exponentielle** :

- pour tout $x \geq 0$: $\ln(1+x) \leq x$ $\qquad x-\frac{x^2}{2} \leq \ln(1+x) \leq x$

- pour tout x : $e^x \geq 1+x$

❑ Inégalités sur les **fonctions trigonométriques** :

- pour tout x : $|\cos(x)| \leq 1$ $\qquad |\sin(x)| \leq 1$ et $|\sin(x)| \leq |x|$

- pour $x \in \left[0,\frac{\pi}{2}\right]$: $\sin(x) \geq \frac{2}{\pi}x$

- pour $x \in \left[0,\frac{\pi}{2}\right[$: $\tan(x) \geq x$

Trigonométrie

$\cos^2 x + \sin^2 x = 1$ $\quad \cos^2 x = \dfrac{1}{1+\tan^2 x}$ $\quad \sin^2 x = \dfrac{1}{1+\cot\text{an}^2 x}$

$\cos(a+b) = \cos(a)\cos(b) - \sin(a)\sin(b)$

$\cos(a-b) = \cos(a)\cos(b) + \sin(a)\sin(b)$

$\sin(a+b) = \sin(a)\cos(b) + \cos(a)\sin(b)$

$\sin(a-b) = \sin(a)\cos(b) - \cos(a)\sin(b)$

$$\tan(a+b) = \frac{\tan(a)+\tan(b)}{1-\tan(a)\tan(b)} \qquad \tan(a-b) = \frac{\tan(a)-\tan(b)}{1+\tan(a)\tan(b)}$$

$\cos(p)+\cos(q) = 2\cos\dfrac{p+q}{2}\cos\dfrac{p-q}{2}$

$\cos(p)-\cos(q) = -2\sin\dfrac{p+q}{2}\sin\dfrac{p-q}{2}$

$\sin(p)+\sin(q) = 2\sin\dfrac{p+q}{2}\cos\dfrac{p-q}{2}$

$\sin(p)-\sin(q) = 2\cos\dfrac{p+q}{2}\sin\dfrac{p-q}{2}$

$$\tan(p+q) = \frac{\sin(p+q)}{\cos(p).\cos(q)}$$

$\cos(2x) = 2\cos^2 x - 1 = 1 - 2\sin^2 x = \cos^2 x - \sin^2 x$ $\quad \sin(2x) = 2\sin(x)\cos(x)$

$$\tan(2x) = \frac{2\tan(x)}{1-\tan^2 x}$$

si $t = \tan\left(\dfrac{x}{2}\right)$ $\quad \cos(x) = \dfrac{1-t^2}{1+t^2}$ $\quad \sin(x) = \dfrac{2t}{1+t^2}$ $\quad \tan(x) = \dfrac{2t}{1-t^2}$

Trigonométrie hyperbolique

$\text{ch}(x) = \dfrac{e^x + e^{-x}}{2}$ $\quad \text{sh}(x) = \dfrac{e^x - e^{-x}}{2}$ $\quad \text{ch}^2 x - \text{sh}^2 x = 1$

$\text{ch}(a+b) = \text{ch}(a)\text{ch}(b) + \text{sh}(a)\text{sh}(b)$

$\text{ch}(a-b) = \text{ch}(a)\text{ch}(b) - \text{sh}(a)\text{sh}(b)$

$\text{sh}(a+b) = \text{sh}(a)\text{ch}(b) + \text{ch}(a)\text{sh}(b)$

$\text{sh}(a-b) = \text{sh}(a)\text{ch}(b) - \text{ch}(a)\text{sh}(b)$

$$\text{th}(a+b) = \frac{\text{th}(a)+\text{th}(b)}{1+\text{th}(a)\text{th}(b)} \qquad \text{th}(a-b) = \frac{\text{th}(a)-\text{th}(b)}{1-\text{th}(a)\text{th}(b)}$$

$\text{ch}(2x) = \text{ch}^2 x + \text{sh}^2 x = 2\text{ch}^2 x - 1 = 2\text{sh}^2 x + 1$ $\quad \text{sh}(2x) = 2\text{sh}(x).\text{ch}(x)$

$$\text{th}(2x) = \frac{2\text{th}(x)}{1+\text{th}^2 x}$$

Les formules correspondant aux autres opérations existent évidemment, mais sont peu usitées.

Développements en série entière

$\forall x \in \mathbf{R}$, $\cos(x) = \sum_{n=0}^{+\infty} \frac{(-1)^n}{(2n)!} x^{2n}$

$\forall x \in \mathbf{R}$, $\sin(x) = \sum_{n=0}^{+\infty} \frac{(-1)^n}{(2n+1)!} x^{2n+1}$

$\forall x \in]-1,1[$, $\text{Arc}\tan(x) = \sum_{n=0}^{+\infty} \frac{(-1)^n}{2n+1} x^{2n+1}$

$\forall x \in \mathbf{R}$, $\text{ch}(x) = \sum_{n=0}^{+\infty} \frac{1}{(2n)!} x^{2n}$

$\forall x \in \mathbf{R}$, $\text{sh}(x) = \sum_{n=0}^{+\infty} \frac{1}{(2n+1)!} x^{2n+1}$

$\forall x \in]-1,1[$, $\text{Argth}(x) = \sum_{n=0}^{+\infty} \frac{1}{2n+1} x^{2n+1}$

$\forall x \in \mathbf{R}$, $e^x = \sum_{n=0}^{+\infty} \frac{1}{n!} x^n$

$\forall x \in]-1,1[$, $\ln(1+x) = \sum_{n=1}^{+\infty} \frac{(-1)^{n+1}}{n} x^n$

$\forall x \in]-1,1[$, $\frac{1}{1-x} = \sum_{n=0}^{+\infty} x^n$

$\forall x \in]-1,1[$, $(1+x)^\alpha = \sum_{n=0}^{+\infty} \frac{\alpha(\alpha-1)\ldots(\alpha-n+1)}{n!} x^n$ (α non entier)

Développements limités

Ils ont les mêmes coefficients que les développements en série entière précédents.
Il suffit par conséquent de les tronquer à l'ordre souhaité.

Dérivées n-ièmes

$\cos^{(n)}(x) = \cos\left(x + n\frac{\pi}{2}\right)$

$\sin^{(n)}(x) = \sin\left(x + n\frac{\pi}{2}\right)$

$\ln^{(n)}(1+x) = (-1)^{n+1}.(n-1)!.(1+x)^{-n}$

$\left[(1+x)^p\right]^{(n)} = p(p-1)\ldots(p-n+1).(1+x)^{p-n}$

Primitives

Toutes les primitives sont évidemment données à une constante additive près.

$$\int \frac{dt}{t} = \ln |t|$$

$$\int t^{\alpha} dt = \frac{t^{\alpha+1}}{\alpha+1} \qquad (\alpha \neq -1)$$

$$\int e^{at} dt = \frac{e^{at}}{a} \qquad (a \neq 0)$$

$$\int \frac{1}{t^2+a^2} dt = \frac{1}{a} \operatorname{Arc\,tan}\left(\frac{t}{a}\right) \qquad (a \neq 0)$$

$$\int \frac{1}{t^2-a^2} dt = \frac{1}{2a} \ln \left| \frac{t-a}{t+a} \right| = \frac{1}{a} \operatorname{Argth}\left(\frac{t}{a}\right) \qquad (a \neq 0)$$

$$\int \frac{1}{\sqrt{t^2+a}} dt = \ln \left| t + \sqrt{t^2+a} \right| \qquad (a \neq 0)$$

$$\int \cos(t) dt = \sin(t) \qquad \int \sin(t) dt = -\cos(t)$$

$$\int \tan(t) dt = -\ln |\cos(t)| \qquad \int \operatorname{cotan}(t) dt = \ln |\sin(t)|$$

$$\int \frac{1}{\cos(t)} dt = \ln \left| \tan\left(\frac{t}{2} + \frac{\pi}{4}\right) \right| \qquad \int \frac{1}{\sin(t)} dt = \ln \left| \tan\left(\frac{t}{2}\right) \right|$$

$$\int \frac{1}{\cos^2 t} dt = \tan(t) \qquad \int \frac{1}{\sin^2 t} dt = -\operatorname{cotan}(t)$$

$$\int \operatorname{ch}(t) dt = \operatorname{sh}(t) \qquad \int \operatorname{sh}(t) dt = \operatorname{ch}(t)$$

$$\int \operatorname{th}(t) dt = \ln(\operatorname{ch}(t)) \qquad \int \operatorname{coth}(t) dt = \ln |\operatorname{sh}(t)|$$

$$\int \frac{1}{\operatorname{ch} t} dt = 2 \operatorname{Arc\,tan}(e^t) \qquad \int \frac{1}{\operatorname{sh} t} dt = \ln \left| \operatorname{th}\left(\frac{t}{2}\right) \right|$$

$$\int \frac{1}{\operatorname{ch}^2 t} dt = \operatorname{th}(t) \qquad \int \frac{1}{\operatorname{sh}^2 t} dt = -\operatorname{coth}(t)$$

Table des matières

Quatrième partie
Calcul différentiel 201

Cinquième partie
Calcul intégral 247

Formulaire
Chapitre 25 347

Aubin Imprimeur
LIGUGÉ, POITIERS

Achevé d'imprimer en septembre 1995
N° d'impression L 49969
Dépôt légal septembre 1995 / Imprimé en France